全国电子信息类
优秀教材

"十四五"江苏省职业教育规划教材

"十三五"江苏省高等学校重点教材

电工基础及应用

——信息化教程

第二版

严金云 主 编
李玉芬 陈 琳 刘瑞涛 副主编
沈国良 主 审

化学工业出版社
·北京·

内容简介

《电工基础及应用——信息化教程》是针对高等职业技术教育的特点，根据编者多年教学和实践经验，以“够用、实用”为度，采用现代教学技术编写而成的新形态教材。教材中关键知识点和技能点旁边插入了二维码资源标志，随扫随学，移动终端扫描的数字资源主要包括动画及微课等，方便师生线上与线下教学互动。

本书主要内容包括电路模型与电路定律、电路的等效变换、电路的基本分析方法、相量法、正弦稳态电路的分析、三相电路的分析、互感耦合电路的分析、非正弦周期电流电路、动态电路分析及安全用电，合计10个单元39个模块。全书语言通俗易懂，条理清晰，形式新颖。“单元导读、课前思考”方便师生翻转课堂。“温馨提示、知识拓展”等方便提升学生自主学习能力。

本书可供高职高专电气类、电子信息类、自动化类及机电类专业作为教材使用。为方便教学，本教材还配套出版了《电工基础及应用学习指导》一书。

本书提供免费的全套教学课件、习题参考答案和授课进程表等。凡选用本书作为授课教材的学校，均可免费索取，请联系461233203@qq.com。

图书在版编目（CIP）数据

电工基础及应用：信息化教程/严金云主编. —2版. —北京：化学工业出版社，2021.1（2024.10重印）
ISBN 978-7-122-37889-7

Ⅰ.①电… Ⅱ.①严… Ⅲ.①电工-高等职业教育-教材 Ⅳ.①TM

中国版本图书馆CIP数据核字（2020）第192987号

责任编辑：廉　静　　装帧设计：王晓宇
责任校对：王　静

出版发行：化学工业出版社（北京市东城区青年湖南街13号　邮政编码100011）
印　　装：涿州市般润文化传播有限公司
787mm×1092mm　1/16　印张13¾　字数340千字　　2024年10月北京第2版第3次印刷

购书咨询：010-64518888　　售后服务：010-64518899
网　　址：http://www.cip.com.cn
凡购买本书，如有缺损质量问题，本社销售中心负责调换。

定　　价：48.00元

第二版前言

本书为江苏省高等学校重点教材（修订教材）建设项目成果，是在2016年7月第一版的基础上修订而成。

为了更好地满足高职高专自动化类等专业电工基础教学的要求，本书保留了第一版内容精炼、条理清晰、形式新颖、重点突出的特点，进一步强化了教材的基础性和工程实用性，同时优化了原有的数字化资源。在第一版基础上，由严金云、李玉芬等老师对全书做了较大幅度的充实、修正和删减。

首先，响应教育部"所有高校、所有学科专业全面推进课程思政"纲要的号召，遵循教材建设以立德树人为宗旨，进一步融入思政元素，在全书增加了近百条名人名言，让读者既学习知识又滋养心灵。

其次，对教材中的例题做了补充，增加了24个典型例题，弥补了第一版部分知识点无例题覆盖的状况；第6单元新增了"无中线三相四线制不对称电路分析"及知识拓展"三相对称电源三角形连接时，始端、末端要为什么依次相连？"的讨论，进一步强化理论与实际的结合。

再次，第10单元做了较大幅度的拓展扩充，修订单元名称为"电气安全与电工基本操作"，增加了电工常用工具、仪表的使用及导线连接等基本电工操作内容，引导学生掌握电气人员必备的基本操作规程和操作技能，单元导读、专业词汇、思维导图也同步修订。

最后，对全书数字化资源做了更新与调整。排版上微调了原有的部分微课、动画二维码位置，确保与知识点最近距离匹配；新增了部分知识点微课，并将原有少数动画融入最新微课教学视频，教材上同步做了删除。新增8个"例题精讲"微视频、新增18个"概念对对碰"动画以及8个电气"名人历史珍闻"材料，均以二维码插入教材合适的位置。

本书由严金云担任主编，李玉芬、陈琳、刘瑞涛担任副主编，沈国良担任主审。

与第一版相比，修改后的第二版内容，实用且重点更加突出，优质数字化资源随扫随学，师生乐学易教，通俗易懂。

由于编者水平有限，书中难免有缺点和不妥之处，真诚希望读者批评指正。

编者

2020年7月于南京

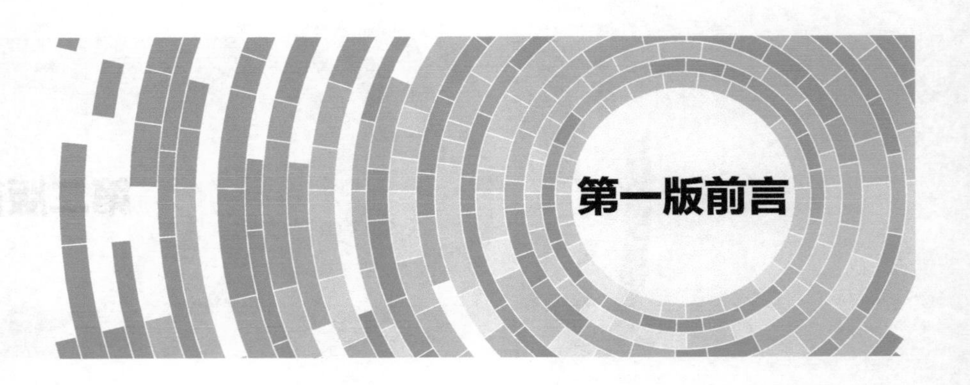

第一版前言

为适应现代化教学的需要，《电工基础及应用——信息化教程》新形态教材借助现代信息技术，配套了数字课程网站和丰富的数字资源，教材中关键知识点和技能点旁边插入了二维码资源标志，随扫随学，移动终端扫描的数字资源主要包括动画及微课等，方便师生线上与线下教学互动，实现师生教学相长，配套教学课件请登录“www.cipedu.com.cn”。

本书邀请校内外老师及企业人员参与研讨并确立教材体系，南京科技职业学院承担了教材的主要编写工作，扬州工业职业技术学院、吉林工业职业技术学院、咸阳职业技术学院也参与了大纲和内容的讨论及编写工作。本书针对高等职业技术教育的特点，根据笔者多年的教学和实践经验，以“够用、实用”为度，在使用多年的校本教材体系上适度调整，以线性电路的变换与分析、电路的正弦稳态分析和动态电路分析为主体，讲授基本电路理论、电路的基本分析方法及电工操作的基本技能，以更好地为后续专业课程服务。

全书分 10 个单元，每个单元设置学习模块（合计 35 个，※ 部分为选学模块），突出教学内容的基础性和工程实用性。全书力求做到概念准确、内容精炼、重点突出，语言通俗易懂，条理清晰，形式新颖。“单元导读、课前思考”方便师生翻转课堂。“温馨提示、知识拓展”等方便提升学生自主学习能力。

全书由南京科技职业学院严金云副教授担任主编，李玉芬、陈琳老师担任副主编，沈国良研究员、高级工程师担任主审。单元 1、单元 2 和单元 8 由严金云完成，单元 4 和单元 5 由李玉芬完成，单元 3 和单元 10 由陈琳完成，单元 6 由扬州工业职业技术学院杨润贤完成，单元 7 由吉林工业职业技术学院黄鹤完成，单元 9 由咸阳职业技术学院殷小娣完成，全书统稿工作由严金云主要负责。本教材配套的电子资源由化学工业出版社全额资助，南京科技职业学院严金云、李玉芬、陈琳、陈柬及泰州市最终幻想文化传媒有限公司合作完成，其中部分资源的创造思路采纳了网上一些视频及兄弟院校的教学课件，教材编写过程中还采纳了尹俊、冀俊茹等课程组老师的中肯建议，在此对他们一并表示衷心的感谢！

本书可供电气类、电子信息类、自动化类及机电类专业作为教材使用。为方便教学，本教材还配套出版了《电工基础及应用学习指导》一书。

本教材虽经校内多次使用并修订才出版，疏漏和不妥之处难免，恳请读者给予批评指正。

编者
2016.5

目 录

第 1 单元

电路模型与电路定律

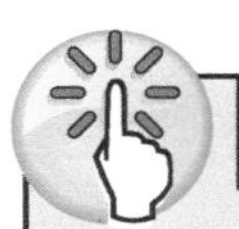

单元导读

电气工程包括电力工程、通信工程及控制工程三大部分。电气工程无论多么复杂都离不开基本的电路理论作为基础。本课程主要阐述电路的基本原理和基本规律，介绍电路的基本分析方法及其应用，是电类、自动化类专业的重要专业基础课。

用电常识告诉我们，无论发电、用电还是控制，均离不开电路，与人们日常生活和工作息息相关的电工电子产品及电气控制装置，也是通过各种电工电子元器件连接起来发挥作用的。基本电路理论是电工基础的主要部分，为了研究电路中的规律，本单元首先了解什么是电路、电路的组成及基本物理量等，然后认识电路的五个基本元件，最后学习电路中非常重要的基尔霍夫定律及分析、解决复杂电路问题最基本的方法——支路电流法。

专业词汇

电路——circuit
电路模型——circuit model
物理量——physical quantity
电功率——electric power
电位——electric potential
电阻——resistance
电感——inductance
电容——capacitance
断路（开路）——open circuit
短路——short circuit
电流源——current source
电压源——voltage source
负载——load
额定值——rated value
伏安特性——voltage current relationship
储能元件——energy storage element
基尔霍夫电流定律——Kirchhoff's current law
直流电路——direct current circuit（DC）
基尔霍夫电压定律——Kirchhoff's voltage law
支路电流法——branch current method

知识结构

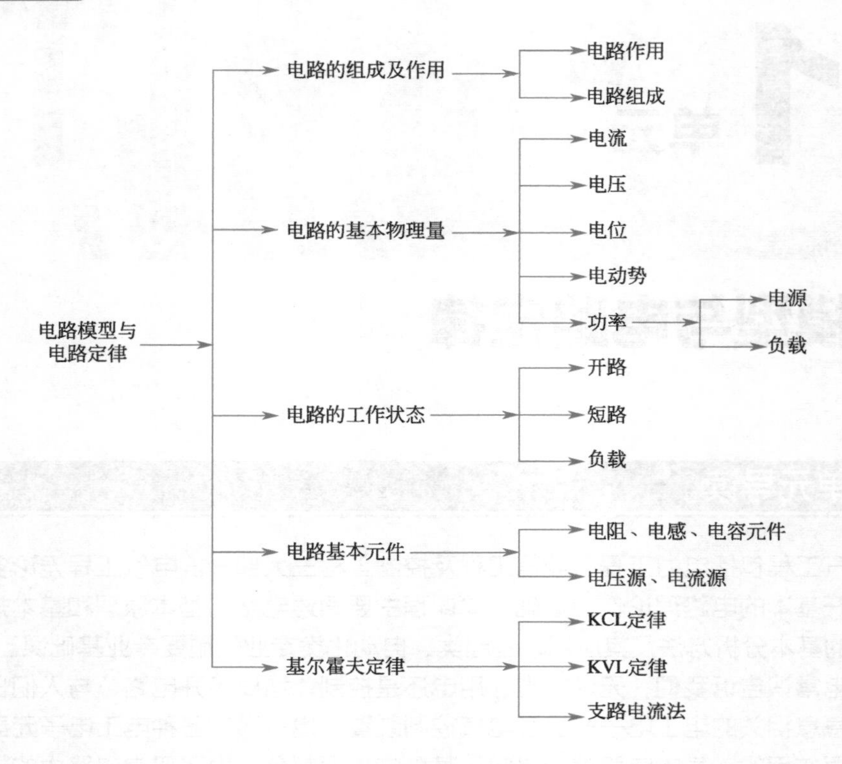

模块 1 电路的组成及作用

课前思考

① 什么是电路?
② 电路的类别有哪些?
③ 实际的电路是怎样用模型来表示的?

当今，在人类社会生活的各个领域，电无处不在。在电气、电子技术的应用中，从简单到复杂，从手动到自动，从模拟到数字，技术越来越先进，电的应用也越来越广。面对各种各样的实际电路，我们要认识电路的相关概念，学会电路的基本分析方法。

微课－电路的组成及作用

所谓电路就是电流的通路，由各种元器件为实现某种应用目的、按一定方式连接而成的整体，复杂的电路也可称之为网络。由于电的应用非常广泛，所以电路的形式也多种多样，有长达数千公里的电力线路，也有小到只有几微米的集成电路，功能各异，概括起来主要有以下两个方面：

① 电能的传输和转换　例如照明电路将电能由电源传输到照明灯，照明灯将电能转换

为光能；动力电路将电能由电源传输到电动机，电动机将电能转换为机械能。将电能转换为其他形式的能量的元器件或设备统称为负载，因此，电路都是由电源、负载和中间环节（导线、开关等）等三个基本部分组成。此类电路的电压较高，电流和功率较大，习惯称之为“强电”电路。

② 电信号的传递和处理　通过电路把施加的信号（称为激励）转换成所需要的输出信号（称为响应）。例如收音机中的调谐电路，它可以从发射台发出的不同信号中选出所需要的信号。此类电路的电压较低，电流和功率较小，习惯称之为“弱电”电路。

根据电源提供的电流不同，电路还可以分为直流电路和交流电路两种。

综上所述，电路主要由电源、负载和中间环节等三部分组成，如图 1.1 所示手电筒电路即为一简单的电路。其中电源是提供电能或信号的设备，负载是消耗电能或输出信号的设备；电源与负载之间通过中间环节相连接，为了保证电路按不同的需要完成工作，在电路中还需加入适当的控制元件，如开关、主令控制器等。

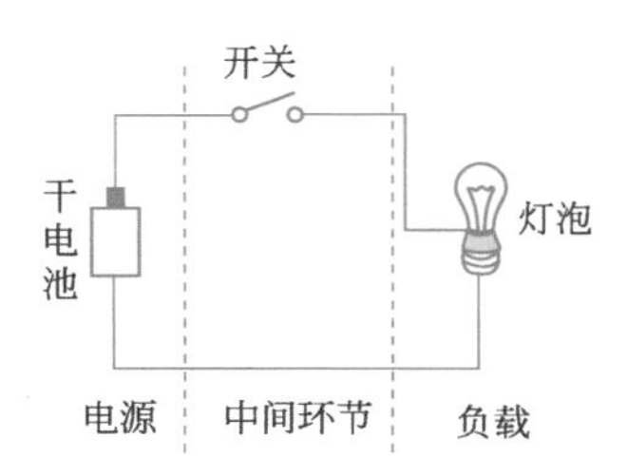

图 1.1　手电筒电路

用于组成电路的电工、电子设备或元器件统称为实际电路元件，用实际元件组成的电路称为实际电路。

电路中一个实际元件往往呈现出多种物理性质，例如一个用导线绕成的线圈，当有电流通过时不仅产生磁通，形成磁场，而且还会消耗电能。可以看出，线圈不仅具有电感性质，而且具有电阻性质。不仅如此，线圈的匝与匝之间还存在分布电容，具有电容性质，因此直接分析由实际元件组成的电路是比较复杂的。

温馨提示

① 为了便于分析和数学描述，常常在一定条件下对实际元件进行理想化处理；
② 用来表征将电能转换成热能的元件叫电阻器；
③ 用来表征电场储能现象的元件叫电容器；
④ 用来表征磁场储能现象的元件叫电感器。

某一种实际元件在一定条件下，常忽略其他现象只考虑起主要作用的电磁现象，也就是用理想元件来替代实际元件的模型，这种模型称之为理想电路元件。例如上面所述的线圈，如果忽略其电阻和电容性质，就成为具有电感性质的元件，称为理想电感元件。用一个或几个理想电路元件构成的电路去模拟一个实际电路，称为电路模型。模型中出现的电磁现象与实际电路中的电磁现象十分接近，因此又称为等效电路。

建立电路模型给实际电路的分析带来了很大的方便，是研究电路问题的常用方法。

如图 1.2 所示电路为图 1.1 手电筒电路的电路模型。

图 1.2　电路模型

练一练

1. 一个实际电路器件是否只能由一个理想电路元件来抽象？为什么？试举例说明。
2. 你知道白炽灯的电路模型是什么样子的吗？

模块 2 电路的基本物理量

课前思考

① 为什么在电路分析和计算之前要标出电流、电压的参考方向？何谓关联参考方向？

② 电路中，电压、电位、电位差、电动势关系如何？试举例说明。

电路的作用是进行电能与其他形式能量之间的相互转换，必须用一些物理量来表示电路的状态及电路中各部分之间能量转换的相互关系。这些物理量主要有**电流、电压、电位、电动势、电功率**等。认识和了解这些物理量是分析和计算电路的基础。

1. 电流及其参考方向

带电粒子（电荷）在电场力作用下有规则的定向移动就形成了电流。电流等于单位时间内通过导体某一横截面的电荷量。

电流分为两类：一是大小和方向均不随时间变化，称为恒定电流，简称直流，用I表示。二是大小和方向均随时间变化，称为交变电流，简称交流，用i表示。

电气名人历史珍闻－安德烈·玛丽·安培

对于直流电流，单位时间内通过导体截面的电荷量是恒定不变的，其大小为

$$I=\frac{Q}{T} \tag{1-1}$$

对于交流，若在一个无限小的时间间隔 dt 内，通过导体横截面的电荷量为 dq，则该瞬间的电流为

$$i=\frac{dq}{dt} \tag{1-2}$$

在国际单位制（SI）中，电流的单位是安培（A）。在如图 1.2 所示的简单电路中，电流的实际方向可根据电源的极性直接确定。而在复杂电路中，电流的实际方向有时难以确定。为了便于分析计算，便引入电流参考方向的概念。

习惯上，人们规定正电荷移动的方向为电流的实际方向。电流方向客观存在，简单电路很容易判断电流的实际方向。如图1.2电路中，在外电路，电流由正极流向负极；在电源内部，电流则由负极流向正极。交流电路中，电流是随时间变化的，图上无法表示其实际方向，需引入电流的参考方向概念。所谓电流的参考方向，就是在分析计算电路时，先任意选定某一方向，作为待求电流的方向，并根据此方向进行分析计算。若计算结果为正，说明电流的参考方向与实际方向相同；若计算结果为负，说明电流的参考方向与实际方向相反。图1.3表示了电流的参考方向（图中虚线所示）与实际方向（图中实线所示）之间的关系。

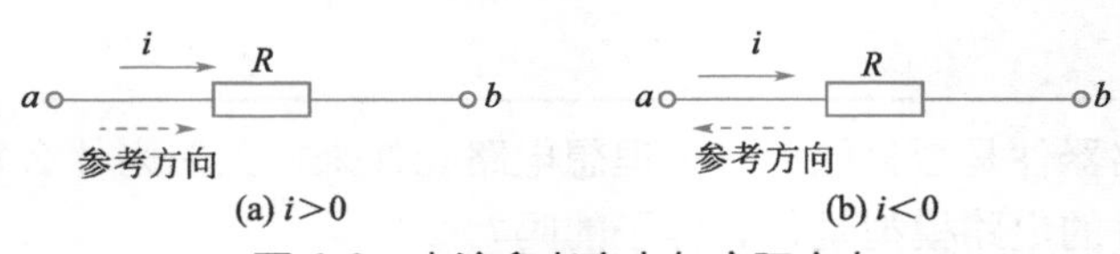

图 1.3　电流参考方向与实际方向

温馨提示

① 采用了电流参考方向以后，电流就变为代数量（有正、有负）；

② 在选定的参考方向下，根据正负就可以确定电流的实际方向；

③ 一般标出的电流方向都为参考方向；

④ 电流的测量常用钳形电流表。

微课 – 电路的基本物理量 – 电压、电流

【例 1.1】如图 1.4 所示，电流的参考方向已标出，并已知 $I_1=-1\text{A}$，$I_2=1\text{A}$，试指出电流的实际方向。

解：图 1.4（a）中 $I_1=-1\text{A}<0$，则 I_1 的实际方向与参考方向相反，应由点 B 流向点 A。图 1.4（b）中 $I_2=1\text{A}>0$，则 I_2 的实际方向与参考方向相同，由点 B 流向点 A。

I_1　A　B　(a)　I_2　A　B　(b)

图 1.4　例 1.1 图

2. 电压及其参考方向

在电路中，电场力把单位正电荷（q）从 a 点移到 b 点所做的功（W）就称为 a、b 两点间的电压，也称电位差，为

$$u_{\text{ab}}=\frac{\text{d}w}{\text{d}q} \tag{1-3}$$

对于直流，则为

$$U_{\text{AB}}=\frac{W}{Q} \tag{1-4}$$

电气名人历史珍闻 – 亚历山德罗 · 伏特

电压的单位为伏特（V），计量微小电压时，以 mV 或 μV 为单位。

电压方向习惯上规定从高电位指向低电位，这是电压的实际方向，分析电路时也需要选取电压的参考方向，当参考方向与实际方向相同时，电压值为正；反之，电压值则为负。标定参考方向后电压数值就有了正负之分。

电压方向有三种表示方法，如图 1.5 所示。可用箭头表示，如图 1.5（a）所示；也可用“+”“−”极性表示，如图 1.5（b）所示；还可以用双下标表示，如 U_{ab} 表示 a 指向 b，如图 1.5（c）所示，显然 $U_{\text{ab}}=-U_{\text{ba}}$。值得注意的是电压总是针对电路中的两点而言。

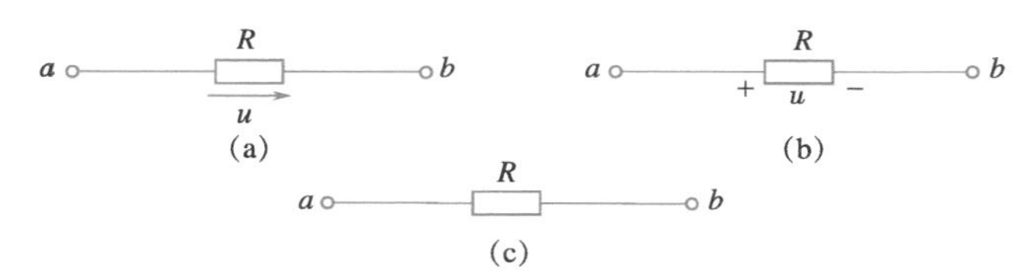

图 1.5　电压参考方向的设定

温馨提示

① 电流与电压的参考方向可以任意选择，彼此无关；

② 为分析方便，对于负载一般把电流和电压的参考方向选为一致，称之为关联参考方向；对于电源一般把两者的参考方向选择为相反，则称之为非关联参考方向；

③ 参考方向一经选定，在电路的分析计算过程中不应改变。

【例 1.2】如图 1.6 所示，电压的参考方向已标出，并已知 $U_1 = 1\text{V}$，$U_2 = -1\text{V}$，试指出电压的实际方向。

解：图 1.6（a）中 $U_1 = 1\text{V} > 0$，则 U_1 的实际方向与参考方向相同，由 A 指向 B。

图 1.6（b）中 $U_2 = -1\text{V} < 0$，则 U_2 的实际方向与参考方向相反，应由 A 指向 B。

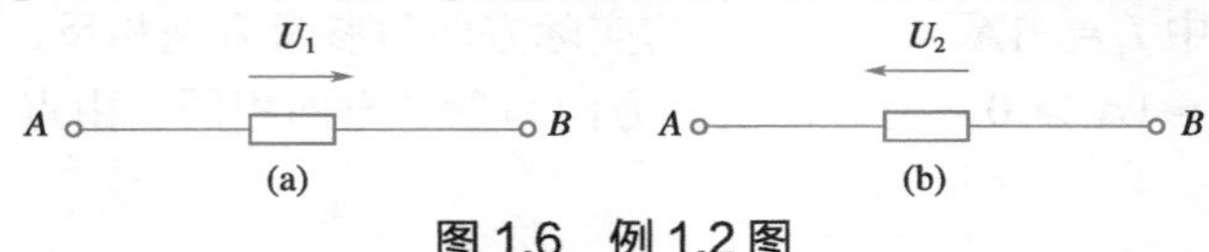

图 1.6　例 1.2 图

3. 电位

在电工技术中，大多使用电压的概念，例如日光灯的电压为 220V，干电池的电压为 1.5V 等。而在电子技术中，经常要用到电位的概念。在电路中任选一点作为参考点，则电路中某一点与参考点之间的电压称为该点的电位。一般规定参考点的电位为零，因此参考点也称零电位点。

微课 – 电路的基本物理量 – 电位、电动势、电功率

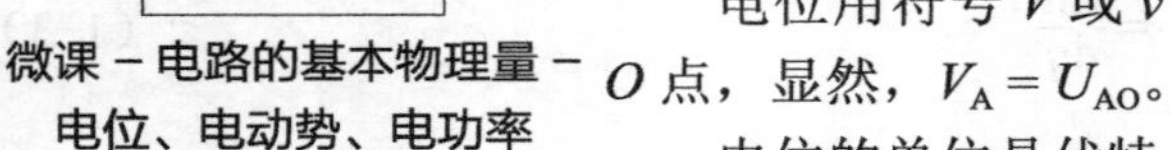

电位用符号 V 或 v 表示。例如 A 点的电位记为 V_A，参考点为 O 点，显然，$V_A = U_{AO}$。

电位的单位是伏特（V）。

电位具有相对性和单值性。相对性是指：电位随参考点选择而异，参考点不同，即使是电路中的同一点，其电位值也不同。单值性是指：参考点一经选定，电路中各点的电位即为确定值。和电压一样，电位也是一个代数量，凡比参考点电位高的各点为正电位，比参考点电位低的各点为负电位。

微课 – 概念对对碰 – 电位与电压

电路中的参考点可任意选定。当电路中有接地点时，则以地为参考点。若没有接地点时，则选择较多导线的汇集点为参考点。在电子线路中，通常以设备外壳为参考点。参考点用符号“⊥”表示。

有了电位的概念后，电压可用电位来表示，即

$$\left.\begin{aligned} U_{AB} &= V_A - V_B \\ u_{AB} &= v_A - v_B \end{aligned}\right\} \tag{1-5}$$

温馨提示

① 电压也称为电位差；

② 电路中任意两点间的电压与参考点的选择无关；

③ 对于不同的参考点，各点的电位不同。

【例 1.3】图 1.7 所示的电路中，已知各元件的电压为：$U_1=10\text{V}$，$U_2=5\text{V}$，$U_3=8\text{V}$，$U_4=-23\text{V}$。若分别选 A 点、B 点、C 点与 D 点为参考点，试求电路中各点的电位。

解：① 选 A 点为参考点，则 $V_A=0$

$$V_B=U_{BA}=U_1=10\text{V}$$

$$V_C=U_{CA}=U_{CB}+U_{BA}=U_2+U_1=5+10=15\text{V}$$

或 $$V_C=U_{CA}=U_{CD}+U_{DA}=-U_3-U_4=-8-(-23)=15\text{V}$$

$$V_D=U_{DA}=-U_4=23\text{V}$$

图 1.7　例 1.3 图

② 选 B 点为参考点，则 $V_B=0$

$$V_A=U_{AB}=-U_1=-10\text{V}$$

$$V_C=U_{CB}=U_2=5\text{V}$$

$$V_D=U_{DB}=U_{DC}+U_{CB}=U_3+U_2=8+5=13\text{V}$$

③ 选 C 点为参考点，则 $V_C=0$

$$V_A=U_{AC}=U_{AB}+U_{BC}=-U_1-U_2=-10-5=-15\text{V}$$

或 $$V_A=U_{AC}=U_{AD}+U_{DC}=U_4+U_3=-23+8=-15\text{V}$$

$$V_B=U_{BC}=-U_2=-5\text{V}$$

$$V_D=U_{DC}=U_3=8\text{V}$$

④ 选 D 点为参考点，则 $V_D=0$

$$V_A=U_{AD}=U_4=-23\text{V}$$

$$V_B=U_{BD}=U_{BC}+U_{CD}=-U_2-U_3=-5-8=-13\text{V}$$

或 $$V_B=U_{BD}=U_{BA}+U_{AD}=U_1+U_4=10-23=-13\text{V}$$

$$V_C=U_{CD}=-U_3=-8\text{V}$$

【例 1.4】电路如图 1.8（a）所示，分别计算开关 K 合上及断开时 A 点的电位 $V_A=?$

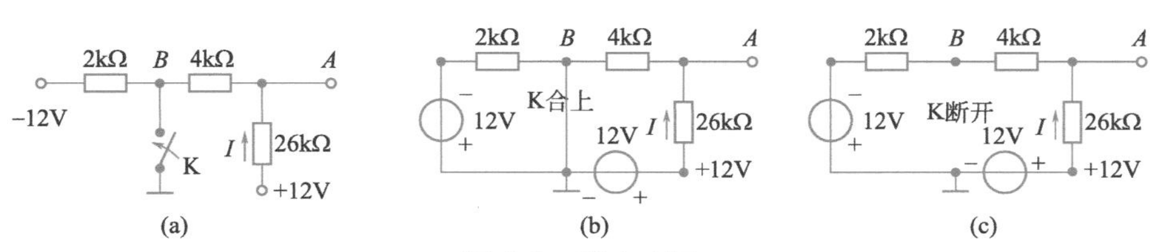
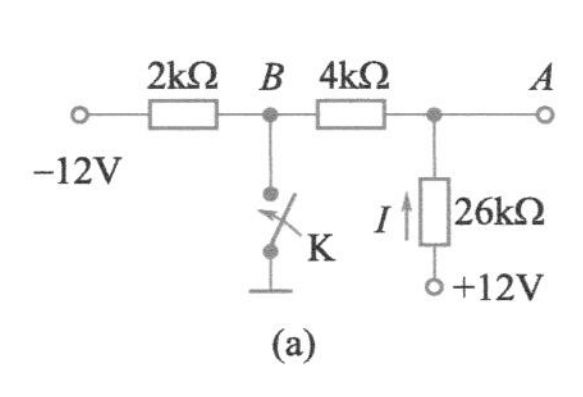

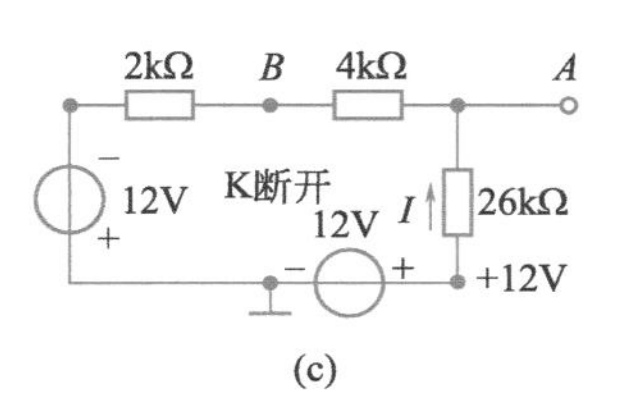

图 1.8　例 1.4 图

解：① K 合上，此处 +12V 电位用电压源补充，电流方向如图 1.8（b）所示。

$V_B=V_{地}=0\text{V}$，则 $$I=\frac{12\text{V}}{(4+26)\text{k}\Omega}=0.4\text{mA}$$

$$V_A=U_{A地}=U_{AB}=4\text{k}\Omega\times0.4\text{mA}=1.6\text{V}\text{（左路径）}$$

$$V_A=U_{A地}=(-0.4\text{mA})\times26\text{k}\Omega+12\text{V}=1.6\text{V}\text{（右路径）}$$

② K 断开，电路及电流方向如图 1.8（c）所示：

$V_{地}=0\text{V}$，则 $$I=\frac{12\text{V}+12\text{V}}{(2+4+26)\text{k}\Omega}=0.75\text{mA}$$

$$V_A=U_{A地}=(-0.75\text{mA})\times26\text{k}\Omega+12\text{V}=-7.5\text{V}\text{（右路径）}$$

$$V_A=U_{A地}=0.75\times(2+4)\text{k}\Omega-12\text{V}=-7.5\text{V}\text{（左路径）}$$

可见，两点电压与路径无关。

知识拓展

等电位

如果电路中两点电压的测量结果为零，则表示该两点电位相等，称为等电位。若两个等电位点之间原来无导线连接，则用导线连接这两点后，此导线不会有电流通过。

在安全用电方面经常会用到等电位概念，例如：高压带电作业时，要求做到人体与高压电线等电位，即使碰到高压电线，人体也不会有电流通过，确保人身安全。此外，电路检测也应用等电位概念，电气设备正常工作时，电路中各点对既定参考点有相应的电位值。如果设备工作异常，可通过测定电位的方法查找电气故障。

4. 电动势

在电路中，正电荷在电场力的作用下，由高电位移到低电位，形成电流。要维持电流，还必须要有非电场力把单位正电荷从低电位推到高电位。这非电场力就是电源力（在各类电源内部就存在着这种力。例如干电池中的化学力，发动机内部的电磁力等），电源力把单位正电荷由低电位点 B 经电源内部移到高电位点 A 克服电场力所做的功，称为电源的电动势。电动势用 E 或 e 表示，即

$$\left.\begin{aligned} E &= \frac{W}{Q} \\ e &= \frac{\mathrm{d}w}{\mathrm{d}q} \end{aligned}\right\} \tag{1-6}$$

电动势的单位也是伏特（V）。

温馨提示

① 电动势与电压的物理意义不同；

② 电压衡量电场力做功的能力，而电动势则衡量电源力做功的能力；

③ 电动势与电压的实际方向不同，电动势的方向是从低电位指向高电位，即由“-”极指向“+”极，而电压的方向则从高电位指向低电位，即由“+”极指向“-”极。此外，电动势只存在于电源的内部。

5. 功率

单位时间内电场力或电源力所做的功，称为功率，用P或p表示。即

$$\left.\begin{aligned} P &= \frac{W}{T} \\ p &= \frac{\mathrm{d}w}{\mathrm{d}t} \end{aligned}\right\} \tag{1-7}$$

若已知元件的电压和电流，功率的表达式则为

$$\left.\begin{aligned} P &= UI \\ p &= ui \end{aligned}\right\} \tag{1-8}$$

功率的单位是瓦特（W）。

如前所述，由于电压、电流皆为代数量，因此，由式（1-8）所计算的功率也是代数量。

当电流、电压为关联参考方向时，式（1-8）表示元件消耗能量。若计算结果为正，说明电路确实消耗功率，为耗能元件。若计算结果为负，说明电路实际产生功率，为供能元件。

当电流、电压为非关联参考方向时，则式（1-8）表示元件产生能量。若计算结果为正，说明电路确实产生功率，为供能元件。若计算结果为负，说明电路实际消耗功率，为耗能元件。

【例 1.5】①在图 1.9 中，若电流均为 2A，$U_1 = 1\text{V}$，$U_2 = -1\text{V}$，求该两元件消耗或产生的功率。②在图 1.9（b）中，若元件产生的功率为 4W，求电流 I。

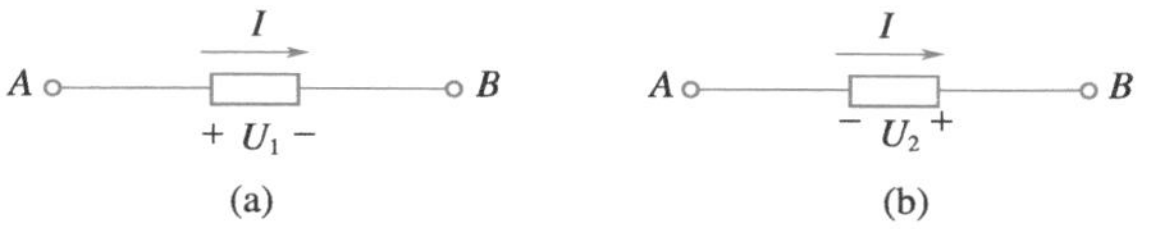

(a)　(b)

图 1.9　例 1.5 图

解：① 对图 1.9（a），电流、电压为关联参考方向，元件消耗的功率为

$$P = U_1 I = 1\times 2 = 2\text{W} > 0$$

表明元件消耗功率，为负载。

概念对对碰 - 电能与电功率

对图 1.9（b），电流、电压为非关联参考方向，元件产生的功率为

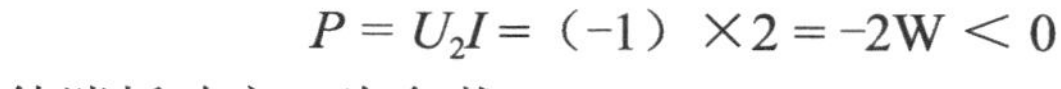

$$P = U_2 I = (-1)\times 2 = -2\text{W} < 0$$

表明元件消耗功率，为负载。

② 因图 1.9（b）中电流、电压为非关联参考方向，且是产生功率，故

$$P = U_2 I = 4\text{W}$$

$$I = \frac{4}{U_2} = \frac{4}{-1} = -4\text{A}$$

负号表示电流的实际方向与参考方向相反。

前面介绍了电路中几个物理量的 SI 单位，如安（A）、伏（V）、瓦（W）等。实际应用中，通常可在这些单位前加上相关词冠，构成所需实用单位。

例如：1mA（毫安）$= 1\times 10^{-3}$A，2kV（千伏）$= 2\times 10^{3}$V 等。

知识拓展

电气设备的额定值

为了使电气设备或电气元件能够安全可靠的工作，发挥最佳的效能，实际设备都有其额定值，如额定电压 U_N、额定电流 I_N、额定功率 P_N，它是电气设备和元件工作的依据。

通常电气设备实际消耗的功率不一定等于额定功率。当实际消耗的功率 P 等于额定功率 P_N 时，称为额定（或满载）运行；若 $P < P_N$，称为轻载（或欠载）运行；而当 $P > P_N$ 时，称为过载（或超载）运行。

电气设备应尽量在接近额定的状态下运行。过载时电气设备容易受损，影响寿命，甚至烧毁；轻载时电气设备不能得到充分利用或无法正常工作，因此设备只有在额定状态下才是理想的工作状态。

练一练

1. 在如图 1.10 所示电路中，U_{ab} 为（　　）V。

A. 10　　B. 2　　C. −2　　D. −10

2. 电路如图 1.11 所示，A 点的电位 V_A 应为（　　）V。

A. −10　　B. −6　　C. −5　　D. 0

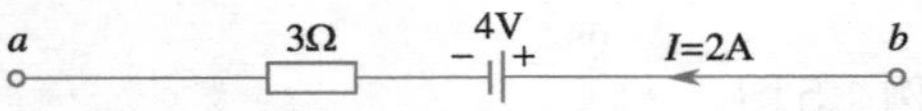

图 1.10　题 1 图

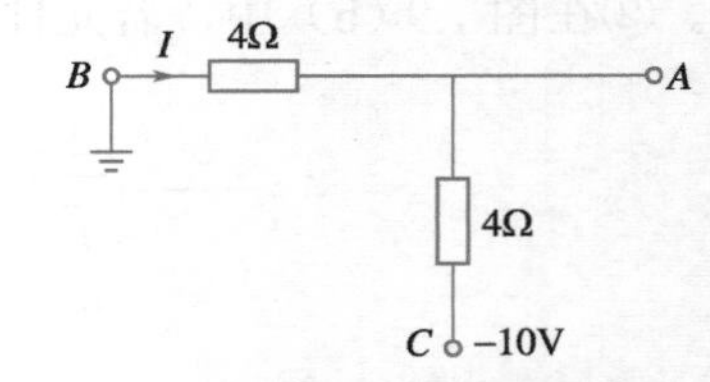

图 1.11　题 2 图

模块 3　电路的工作状态

① 电路有哪几种状态？
② 电路每一种工作状态下有什么特征？

在实际用电过程中，根据不同的需要和不同的负载情况，电路有不同的状态。这些不同的状态表现为电路中电流、电压及功率分配情况不同。应该注意：其中有的状态并不是正常的工作状态而是事故状态，应尽量避免和消除。因此，了解和掌握使电路处于不同状态的条件和特点是正确、安全用电的前提。

电路的工作状态有三种：开路状态、负载状态和短路状态。

1. 开路状态（空载状态）

在图 1.12 所示电路中，当开关 K 断开时，电源则处于开路状态。开路时，电路中电流为零，电源不输出能量，电源两端的电压称为开路电压，用 U_{OC}（下标 oc 为 open circuit 的英文缩写）表示，其值等于电源电动势 E。

即
$$U_{OC}=E \tag{1-9}$$

2. 短路状态

在图 1.13 所示电路中，当电源两端由于某种原因短接在一起时，电源则被短路。因电源内阻 R_0 很小，短路电流 $I_{SC}=\dfrac{E}{R_0}$（下标 sc 为 short circuit 的英文缩写）很大，此时电源所产生的电能全被内阻 R_0 所消耗。

微课 – 电路工作状态

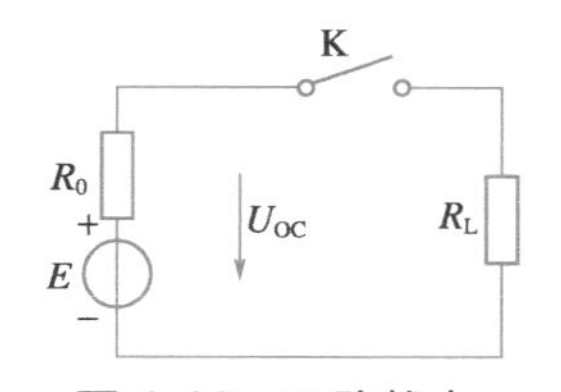

图 1.12　开路状态

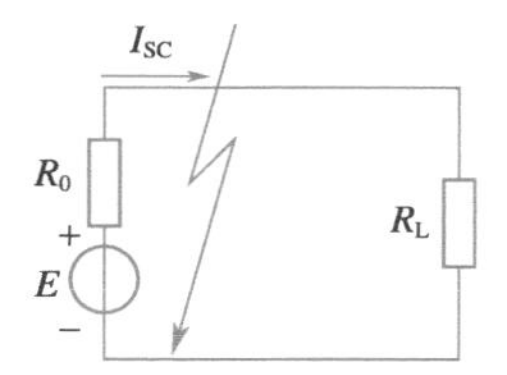

图 1.13　短路状态

短路通常是严重的事故，应尽量避免发生，为了防止短路事故，通常在电路中接入熔断器或断路器，以便在发生短路时能迅速切断故障电路。

3. 负载状态（通路状态）

电源与一定大小的负载接通，称为负载状态。这时电路中流过的电流称为负载电流 $\left(I=\dfrac{E}{R_0+R_L}\right)$，如图 1.14 所示。负载的大小是以消耗功率的大小来衡量的。当电压一定时，负载的电流越大，则消耗的功率亦越大，负载也越大。为使电气设备正常运行，在电气

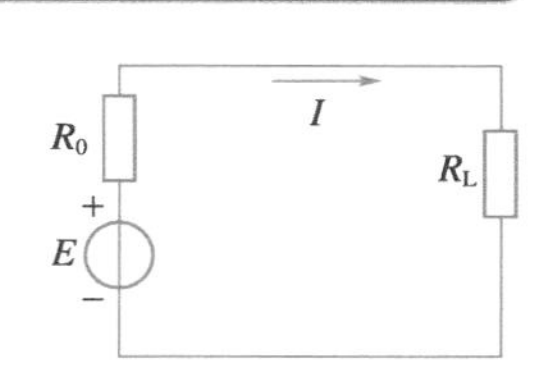

图 1.14　负载状态

设备上都标有额定值，额定值是生产厂家为了使产品能在给定的工作条件下正常运行而规定的正常允许值。一般常用的额定值有：额定电压、额定电流、额定功率，用 U_N、I_N、P_N 表示。

练一练

1. 哪一种电路状态下电路中会有大电流？应尽量避免？
2. 额定值是什么？一般电气设备常用的额定值有哪些？

模块 4　电路元件——RLC 元件

① 欧姆定律写成 $U=-RI$ 时，有人说此时电阻是负的，对吗？为什么？
② 简述电感元件在电路中的储能作用，并说明与电容的储能有何不同？

电气名人历史珍闻－乔治·西蒙·欧姆

实际的电路元件很多，在电路中各元件工作时涉及的物理过程很广泛，如电灯在通电时，除发光发热外，还会产生磁场。实际电感线圈总是有电阻，通过电流时产生磁场，还会消耗能量。因此，在一定的条件下，将实际电路元件近似化、理想化，用反映其主要电磁性质的“模型”来表示，即用理想元件来表示实际元件。

电工技术中，常用的理想电路元件只有五种，即理想电阻元件R、理想电感元件L、理想电容元件C及理想电压源U_s和理想电流源I_s。

1. 电阻元件

微课－电路元件－RLC 元件

微课－概念对对碰－电阻与电阻率

（1）电阻

电阻是电路中不可缺少的元件，它是一个理想元件，也就是说在不考虑其他电磁现象的情况下，仅剩其电阻性质的元件。

电阻的性质可分线性、非线性。在物理的电学中已讲过欧姆定律，该定律研究的对象就是线性电阻元件，具体内容如下：流过线性电阻的电流与其两端的电压成正比，即

$$\frac{u}{i}=R\text{（}u\text{、}i\text{关联）} \tag{1-10}$$

$$-\frac{u}{i}=R\text{（}u\text{、}i\text{非关联）} \tag{1-11}$$

根据国际单位制（SI）中，式中R称为电阻，单位为欧姆（Ω）；非线性电阻是指流过电阻的电流与其两端的电压是非线性关系。导体的电阻不仅和导体的材质有关，而且还和导体的尺寸有关。实验证明，同一材料导体的电阻和导体的截面积成反比，而和导体的长度成正比。

知识拓展

电导

我们常常把电阻的倒数用电导G来表示，即$G=\frac{1}{R}$，根据国际单位制（SI）中，电导G的单位为西门子（S）。电导是衡量材料导电能力大小的参考量，材料电阻越大，电导越小，导电性越差；反之导电性越好。

实际电路分析有时（如在并联电路中）用电导比较方便。

概念对对碰－电导与电导率

（2）电阻的伏安特性

对于线性电阻元件，其电路模型如图 1.15（a）、（b）所示。其特性方程为

$$u = Ri\text{（}u\text{、}i\text{ 关联）} \tag{1-12}$$

$$u = -Ri\text{（}u\text{、}i\text{ 非关联）} \tag{1-13}$$

可以把电阻两端的电压与电流的关系标在坐标平面上，用一条曲线（直线）表示其关系，这条曲线（直线）就称为电阻的伏安特性曲线，如图 1.15（c）所示。根据上述公式可知线性电阻的伏安特性曲线是一条过原点的直线。一般的电阻元件，均为线性电阻元件。非线性电阻的伏安特性，可以由非线性电阻的伏安特性曲线图 1.16 看出它是一条曲线。例如二极管就是一个典型的非线性电阻元件。

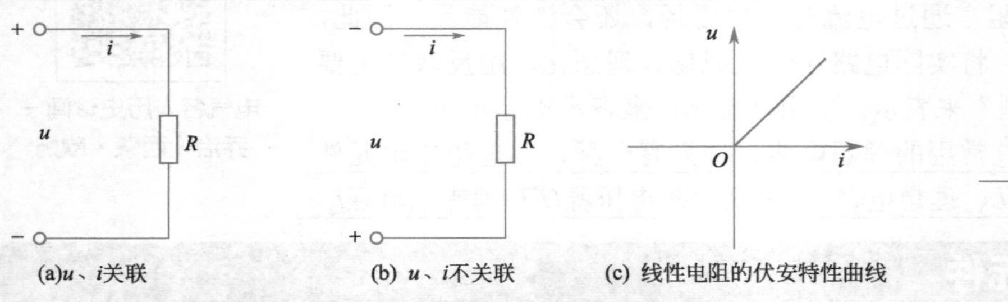

(a)u、i关联
(b) u、i不关联
(c) 线性电阻的伏安特性曲线

图 1.15　线性电阻的电路模型及伏安特性曲线

图 1.16　非线性电阻的伏安特性曲线

动画－认识电能表

由线性元件组成的电路称为线性电路，由非线性元件组成的电路称为非线性电路。

（3）电能

电阻元件在通电过程中要消耗电能，是一个耗能元件。在直流电路中，电阻所吸收的功率为

$$P = UI = RI^2 = \frac{U^2}{R} \tag{1-14}$$

电能为

$$W = Pt \tag{1-15}$$

动画－单臂电桥的使用

国际单位制（SI）中，电能的单位是焦［耳］（J）；或千瓦·时（kW·h），简称为度，1 度等于 3.6×10^6J。

温馨提示

① 1Ω 以上电阻常用单臂电桥测量，1Ω 以下电阻常用双臂电桥测量；电功率用瓦特表测量，电能用瓦时表（电度表）测量；

② 1 千瓦·时是指功率为 1kW 的电源（负载）在 1h 内所输出（消耗）的电能；

③ 我们日常用的电度表就是测量电能的，电度表每走一个数字，就是消耗了一度电或 1kW·h 的电能。

【例 1.6】在 220V 的电源上，接一个电加热器，已知通过电加热器的电流是 3.5A，问 4h 内，该电加热器用了多少度电？

解：电加热器的功率是

$$P = UI = 220\text{V} \times 3.5\text{A} = 770\text{W} = 0.77\text{kW}$$

4h 中电加热器消耗的电能是

$$W = Pt = 0.77\text{kW} \times 4\text{h} = 3.08\text{kW} \cdot \text{h}$$

即该电加热器用了 3.08 度电。

概念对对碰 –
导体、绝缘体、半导体

2. 电感元件

电感元件作为储能元件能够储存磁场能量，其电路模型如图 1.17。从模型图中可以看出，电感由一个线圈组成，通常将导线绕在一个铁心上制作成一个电感线圈。电感线圈在空调制冷行业应用极为广泛，如互感器、变压器等。其实电感线圈不仅有磁场，线圈本身还有电阻损耗，在忽略电阻损耗的条件下，可以把电感线圈当作电感元件，即在一定条件下看作理想的电感元件。

如图 1.18 所示，当电流 i 通过线圈中时，根据右手螺旋定则，在通电导体内部产生磁场（磁通量为 Φ），设线圈匝数为 N，通过每匝线圈的磁通为 Φ，则线圈的匝数与穿过线圈的磁通之积为 $N\Phi$，称为磁链。

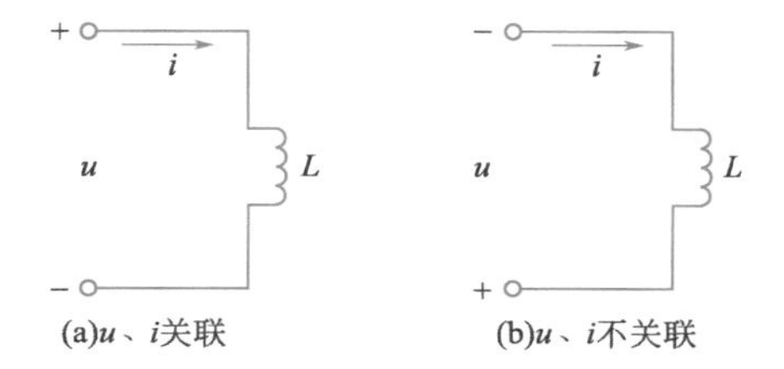

图 1.17　电感器电路模型

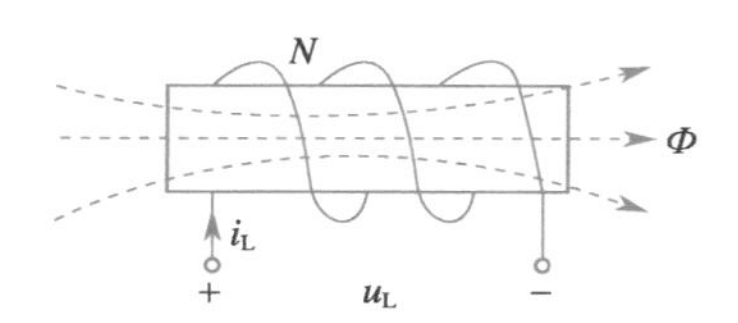

图 1.18　电感线圈

当电感元件的磁链和电流之间是线性关系时，称该电感元件为线性电感元件；反之称为非线性电感元件。线性电感元件的特性方程为

$$N\Phi = Li \tag{1-16}$$

式中，L 为元件的电感系数（简称电感），它是一个与电感本身有关，与电感的磁通、电流无关的常数，又叫做自感，在国际单位制（SI）中，其单位为亨 [利]（H）。有时也用毫亨（mH）、微亨（μH）表示，磁通 Φ 的单位是韦 [伯]（Wb）。

当通过电感元件的电流发生变化时，电感元件中的磁通也发生变化，根据电磁感应定律，在线圈两端将产生感应电压，设电压与电流为关联参考方向时，电感线圈两端将产生感应电压

$$u_{\text{L}} = L\frac{\text{d}i}{\text{d}t} \tag{1-17}$$

当流过电感元件的电流为 i 时，它所储存的能量为

$$W_{\text{L}} = \frac{1}{2}Li^2 \tag{1-18}$$

从式中可以看出，电感元件在某一时刻的储能仅与当时的电流值有关。

温馨提示

① 对电感元件而言，在一定的时间内，电流变化越快，其感应电压越大；反之越小。若电流变化为零（即直流电流），则感应电压为零，电感元件相当于短路；

② 电感是一个储能元件，电流增加时电感吸收能量，并全部转换成磁场能量储存在电感中；当电流减少时，电感释放能量。过程中电感元件没有消耗能量，只是储存能量。

3. 电容元件

电容元件作为储能元件能够储存电场能量，其电路模型如图 1.19 所示。

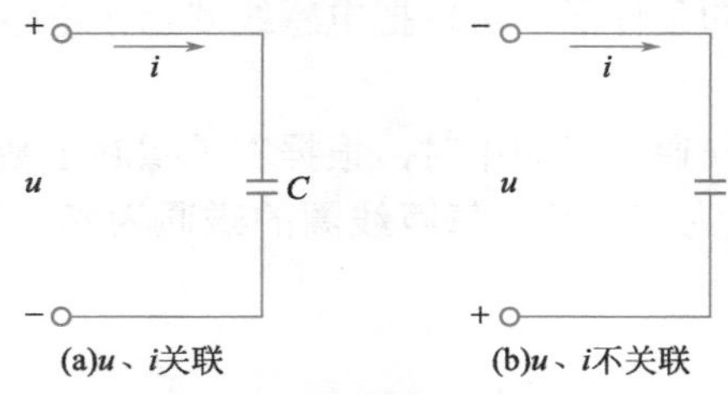

图 1.19　电容器电路模型

从模型图中可以看出，电容器由两块金属极板间充填不同的绝缘介质构成。忽略介质损耗和漏电流的电容器称之为理想电容元件。

温馨提示

① 当电容器两端通上电源后，电容器的两块金属极板上将各自聚集等量的异性电荷，极板间建立起电场并储存了电场能量；

② 当切断电源时，电容器极板上聚集的电荷仍然存在，这就是电容器充电的过程。

当电容器两端通上电压 U，电容器两极板上电荷分别为 $+q$、$-q$，一般讨论线性电容，即电荷 [量]q 和电压之间是线性关系时，电容元件的特性方程为

$$q = Cu \tag{1-19}$$

式中，C 为元件的电容，是与电容器本身有关与两端电压、电流无关的常数，在国际单位制（SI）中，其单位为法［拉］（F）。实际运用中，由于电容器的电容非常小，习惯用微法（μF）、纳法（nF）、皮法（pF）作电容的单位，$1\mu F=10^{-6}F$，$1nF=10^{-9}F$，$1pF=10^{-12}F$。

从式（1-19）可见，电容的电荷量是随电容的两端电压变化而变化的，由于电荷的变化，电容中就产生了电流，则

$$i_c=\frac{dq}{dt}\text{（设 }u、i\text{ 关联）} \tag{1-20}$$

i_c是电容由于电荷的变化而产生的电流，即图1.19中电流i，将i_c代入式（1-19）中得：

$$i_c=C\frac{du}{dt} \tag{1-21}$$

上式表示线性电容的电流与端电压对时间的变化率成正比。

由于设 u、i 为关联参考方向，

① 当 $\frac{\mathrm{d}u}{\mathrm{d}t} > 0$ 时，则 $i_c > 0$，电流的实际方向与参考方向一致，电流从电容的正极流入，给电容增加电荷，电容处于充电状态；

② 当 $\frac{\mathrm{d}u}{\mathrm{d}t} < 0$ 时，则 $i_c < 0$，电容处于放电状态；

③ 当 $\frac{\mathrm{d}u}{\mathrm{d}t} = 0$ 时，则 $i_c = 0$，说明电容元件的两端电压恒定不变，通过电容的电流为零，电容处于开路状态。故电容元件对直流电路来说相当于开路。

从电容的充、放电过程可知，电容是一个储能元件，在充电过程中吸收能量；在放电过程中，释放能量。它所储存的电场能为

$$W_C = \frac{1}{2}Cu^2 \tag{1-22}$$

从上式中可以看出，电容元件在某一时刻的储能只与当时的电压值有关。

① 实际电阻器是一个耗能元件，在电路中可用来分配电压、电流，还可用作负载电阻和阻抗匹配等；

② 实际电感器具有导通直流电、阻挡交流电的能力。它在电路中可完成滤波、耦合、匹配、振荡、补偿、调谐、均衡、延迟等功能；

③ 实际电容器具有隔断直流、导通交流的能力。它在电路中可完成滤波旁路、耦合和振荡等功能。电容器通常由绝缘介质隔开的金属极板组成；

④ 电阻、电容、电感这三个名词，有时指元件本身，有时指电路参数，因此在实际应用时，请注意其应用场合，并判断其实际意义。

练一练

1. 一段导线，其电阻为 R，将其从中对折合成一段新的导线，则其电阻为（　　）。

A. $R/2$　　B. $R/4$　　C. $R/8$　　D. R

2. 当流过电感元件的电流越大时，电感元件两端的电压是否也越大？

3. 当电容两端电压为零时，其电流必为零吗？

模块 5 电路元件——电压源和电流源

① 理想电压源有什么特点？它和实际电压源有什么本质的不同？
② 理想电流源有什么特点？它和实际电流源有什么本质的不同？

电源是将其他形式的能量（如化学能、机械能、太阳能、风能等）转换成电能后提供给电路的设备。电源可分独立电源和受控电源。独立电源元件是指能独立向电路提供电压、电流的器件、设备或装置。如常见的干电池、蓄电池、稳压电源等等。

电源模型一般分为两种：电压源和电流源。

1. 电压源

电压源是指理想电压源，即内阻为零，且电源两端的端电压值恒定不变（直流电压），或者其端电压值按某一特定规律随时间而变化（如正弦电压），如图 1.20 所示。其特点是电压大小取决于电压源本身的特性，与流过的电流无关。流过电压源的电流大小与电压源外部电路有关，由外部负载电阻决定。因此，它称之为独立电压源。

微课－电路的基本物理量－电位、电动势、电功率

一般电压源的电压与电流是非关联的。也就是说，电压源的端电压方向与流过电流的方向相反。电压为U_S的直流电压源的伏安特性曲线，是一条平行于横坐标的直线，如图1.21所示。如果电压源的电压U_S=0，则此时电压源相当于短路。

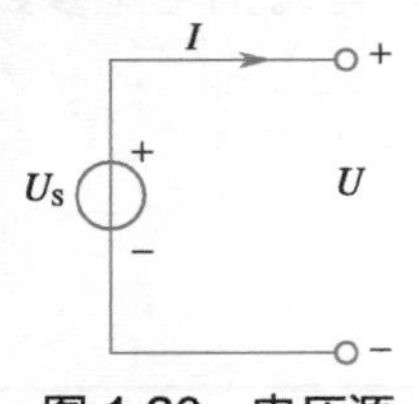

图 1.20　电压源

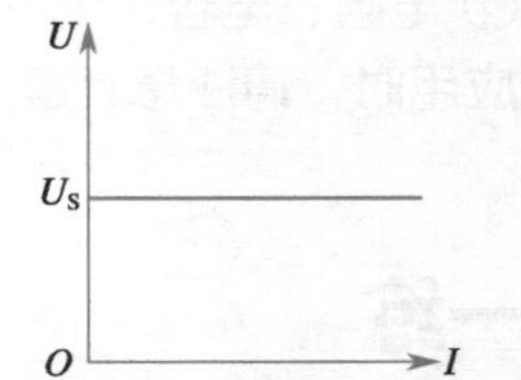

图 1.21　直流电压源的伏安特性曲线

2. 电流源

电流源是指理想电流源，即内阻为无限大、输出恒定电流 I_S 的电源（此电流与它两端的电压无关）。如图 1.22 所示。它的特点是电流的大小取决于电流源本身的特性，与电源的端电压无关。端电压的大小与电流源外部电路有关，由外部负载电阻决定。因此，也称之为独立电流源。

一般电流源的电压与电流的方向也是非关联的。也就是说，电流源流出的电流方向与电流源的端电压方向相反。电流为I_S的直流电流源的伏安特性曲线，是一条垂直于横坐标的直线，如图1.23所示。如果电流源短路，流过短路线路的电流就是I_S，而电流源的端电压为零。

概念对对碰－恒压源与恒流源

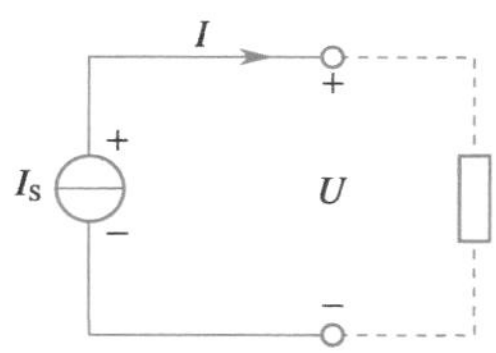

图 1.22　电流源

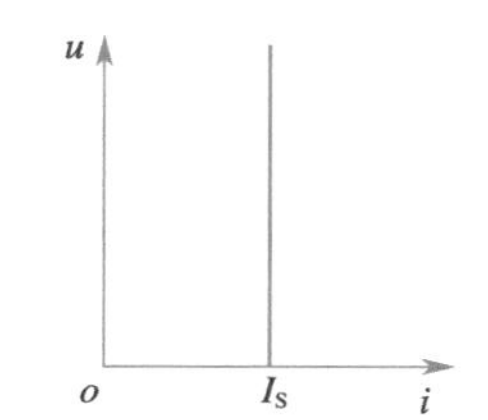

图 1.23　直流电流源的伏安特性曲线

知识拓展

理想电路元件实际不存在

为便于分析和计算，经常用电路模型代替实际电路，误差也客观存在。实际电路中 R、L、C 无处不在，即使在一个基本元件里，也总包含着其余两个基本元件。

电感大多由金属线绕成，自然存在电阻，同时其金属线之间还会存在一定的电容效应；理想电容不应该发热，但实际上每个电容器工作时都会发热，这说明在电容器中都包含有电阻成分；电阻是最接近理想的器件，一般情况下自身存在的电感和电容可以忽略，但高频时应该考虑。

电源，总是存在内阻。

可见理想电路元件实际不存在。

3. 实际电压源

实际电路中电源并不是前面所分析的理想模型。所有的电源都有内阻，实际电压源端电压不是一个恒定值；同样，实际电流源输出的电流也不是一个恒定值。

实际电压源可以用一个理想电压源U_S与一个理想电阻R_0串联组合成一个电路来表示，如图1.24（a）所示，其端口电压为

$$U = U_S - IR_0 \tag{1-23}$$

实际电压源的伏安特性曲线如图 1.24（b）所示，可见电压源输出的电压随负载电流的增加而下降。

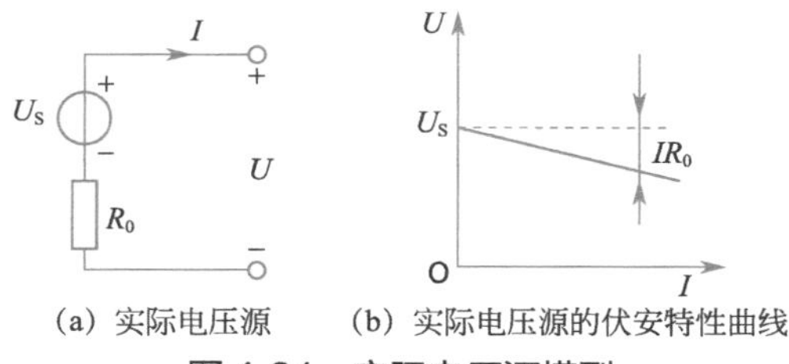

（a）实际电压源　（b）实际电压源的伏安特性曲线

图 1.24　实际电压源模型

4. 实际电流源

实际电流源可以用一个理想电流源I_S与一个理想电阻R_0并联组合成一个电路来表示，如图1.25（a）所示，其端口输出电流为

$$I = I_S - \frac{U}{R_0} \tag{1-24}$$

实际电流源的伏安特性曲线如图 1.25（b）所示，可见电流源输出的电流随负载电压的增加而减少。

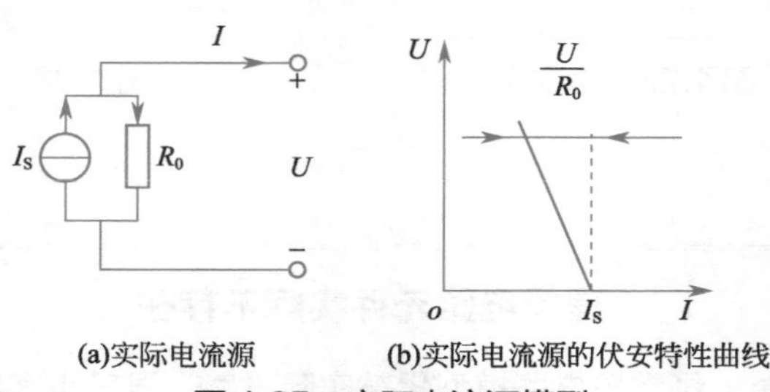

(a)实际电流源　(b)实际电流源的伏安特性曲线

图 1.25　实际电流源模型

【例 1.7】在图 1.24（a）中，设 $U_S = 20V$，$R_0 = 1\Omega$，外接电阻 $R = 4\Omega$，求电阻 R 上的电流 I。

解：根据公式

$$U = U_S - IR_0 = IR$$

则有

$$I = \frac{U_S}{R + R_0} = \frac{20V}{(4+1)\Omega} = 4A$$

【例 1.8】在图 1.25(a) 中，设 $I_S = 5A$，$R_0 = 1\Omega$，外接电阻 $R = 9\Omega$，求电阻 R 上的电压 U。

解：根据公式

$$I = I_S - \frac{U}{R_0} = \frac{U}{R}$$

则有

$$U = \frac{RR_0}{R + R_0} I_S = \frac{9\Omega \times 1\Omega}{9\Omega + 1\Omega} \times 5A = 4.5V$$

知识拓展

※ 受控电源

电源除了独立电源（如干电池、发电机等）以外，还有非独立电源，又称为受控电源。

受控电源与独立电源不同。其电动势或电流随电路中其他支路的电流或电压而变化，即和另一支路（或元件）的电流或电压有某种函数关系。

当受控电源的电压（或电流）与控制元件的电压（或电流）成正比变化时，该受控电源是线性的。受控电源在电路分析中也可以作为电路元件来处理。

受控电源有两对端钮，一对输出端钮，一对输入端钮，输入端用来控制输出端的电压或电流的大小，施加于输入端的控制量可以是电压也可以是电流，因此，受控源一共有四类：

① 两类受控电压源　即电压控制电压源 VCVS，如图 1.26（a）所示，电流控制电压源 CCVS，如图 1.26（b）所示；

② 两类受控电流源　受控电流源有电压控制电流源 VCCS，如图 1.26（c）所示，以及电流控制电流源 CCCS，如图 1.26（d）所示。

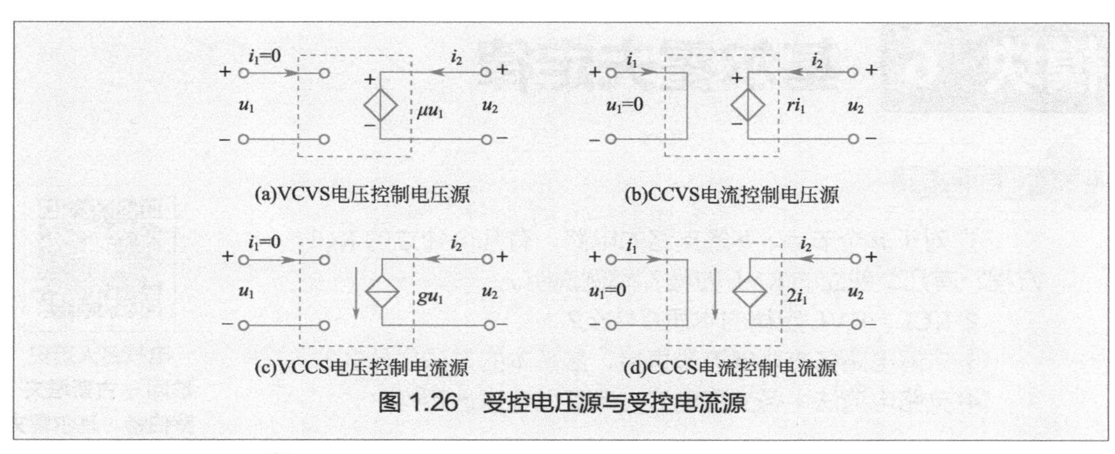

图 1.26　受控电压源与受控电流源

练一练

1. 理想电流源的内阻为（　　）。

A. 0　　B. 无穷大

C. 随着温度的升高而升高　　D. 与温度、负载大小无关的固定值

2. 理想电压源的内阻为（　　）。

A. 0　　B. 无穷大

C. 随着温度的升高而升高　　D. 与温度、负载大小无关的固定值

3. 实际电流源等效于（　　）。

A. 理想电流源与内阻并联　　B. 理想电流源与内阻串联

C. 理想电压源与内阻并联　　D. 理想电压源与内阻串联

4. 实际电压源等效于（　　）。

A. 理想电压源与内阻并联　　B. 理想电压源与内阻串联

C. 理想电流源与内阻并联　　D. 理想电流源与内阻串联

5. 实际电压源的端电压（　　）。

A. 随着负载电流增加而减小　　B. 与负载电流成反比

C. 与负载电阻无关　　D. 在空载时等于电源电动势

6. 电源电动势是 5V，内电阻是 0.1Ω，当外电路短路时，电路中的电流和端电压分别是（　　）。

A. 50A，5V　　B. 50A，0V

C. 0A，5V　　D. 0A，0V

7. 电压源与电流源之间的等效变换是以保证电源外特性一致为先决条件的，对吗？

8. 理想电流源提供的电流与负载电阻阻值的大小有关，对吗？

模块 6 基尔霍夫定律

课前思考

① 对于 n 个节点、b 条支路的电路，有几个独立的 KCL 方程？有几个独立的 KVL 方程？举例说明。

② KCL、KVL 定律的本质是什么？

③ 求解电路各支路电流最直接、最基本的方法是什么？

④ 支路电流法中各支路电流方向可以任意选定吗？

电气名人历史珍闻－古斯塔夫·罗伯特·基尔霍夫

1847 年，德国著名科学家基尔霍夫通过大量的实验，发现了电路中的两个重要规律——基尔霍夫电流定律和电压定律，为我们解决电路特别是较复杂电路问题提供了有力的理论依据。在学习这两个定律之前，先来认识几个相关的电路名词。

1. 相关电路名词

① 支路电路中通过同一个电流的每一个分支。如图 1.27 中有三条支路，分别是 *BAF*、*BCD* 和 *BE*。支路 *BAF*、*BCD* 中含有电源，称为含源支路。支路 *BE* 中不含电源，称为无源支路。

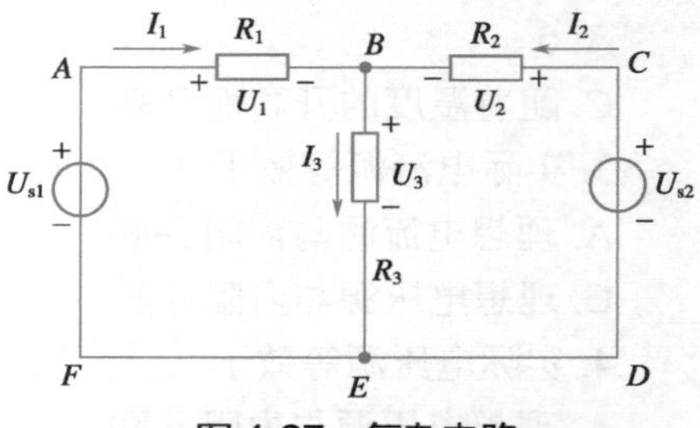

图 1.27 复杂电路

② 节点电路中三条或三条以上支路的联接点。如图 1.27 中 *B*、*E*（*F*、*D*）为两个节点。

③ 回路电路中的任一闭合路径。如图 1.27 中有三个回路，分别是 *ABEFA*、*BCDEB*、*ABCDEFA*。

④ 网孔内部不含支路的回路。如图 1.27 中 *ABEFA* 和 *BCDEB* 都是网孔，而 *ABCDEFA* 则不是网孔。

2. 基尔霍夫电流定律（KCL）

基尔霍夫电流定律指出：任一时刻，流入电路中任一节点的电流之和等于流出该节点的电流之和。基尔霍夫电流定律简称KCL，反映了节点处各支路电流之间的关系。

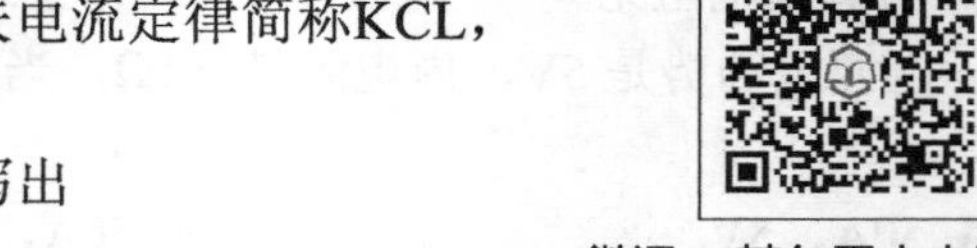

微课－基尔霍夫电流定律

在图 1.27 所示电路中，对于节点 *B* 可以写出

$$I_1+I_2=I_3$$

或改写为

$$I_1+I_2-I_3=0$$

即

$$\sum I=0 \tag{1-25}$$

由此，基尔霍夫电流定律也可表述为：任一时刻，流入电路中任一节点电流的代数和恒等于零。这里讲代数和是因为式（1-25）中有的电流是流入节点的，而有的是流出节点的。在应用 KCL 列电流方程时，如果规定参考方向指向节点的电流取正号，则背离节点的电流取负号。

知识拓展

基尔霍夫电流定律的推广

基尔霍夫电流定律不仅适用于节点，也可推广应用到包围几个节点的闭合面（也称广义节点）。

如图 1.28 所示的电路中，可以把三角形 *ABC* 看作广义的节点，用 KCL 可列出

$$I_A + I_B + I_C = 0$$

即

$$\sum I=0$$

可见，在任一时刻，流过任一闭合面电流的代数和恒等于零。

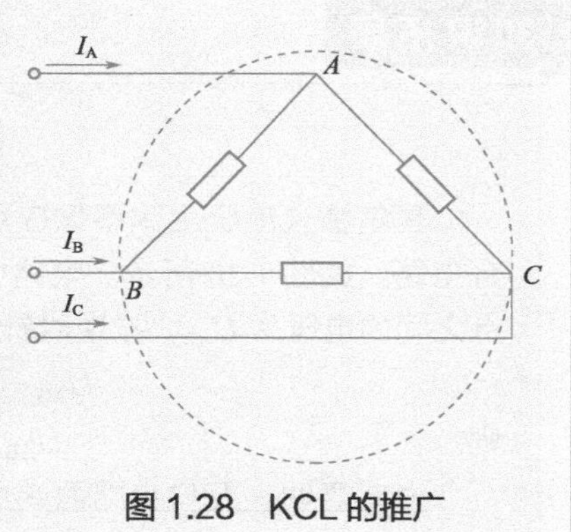

图 1.28　KCL 的推广

【例 1.9】如图 1.29 所示电路，电流的参考方向已标明。若已知 I_1 = 2A，I_2= −4A，I_3 = −8A，试求 I_4。

解：根据 KCL 可得

$$I_1 - I_2 + I_3 - I_4 = 0$$

$$I_4 = I_1 - I_2 + I_3 = 2 - (-4) + (-8) = -2\text{A}$$

图 1.29　例 1.9 图

3. 基尔霍夫电压定律（KVL）

基尔霍夫电压定律指出：**在任何时刻，沿电路中任一闭合回路，各段电压的代数和恒等于零。**基尔霍夫电压定律简称 KVL，反映了回路中各段电压之间的关系，其一般表达式为

$$\sum U = 0 \tag{1-26}$$

应用上式列电压方程时，首先假定回路的绕行方向，然后选择各部分电压的参考方向，凡参考方向与回路绕行方向一致者，该电压前取正号；凡参考方向与回路绕行方向相反者，该电压前取负号。

微课 – 基尔霍夫电压定律

在图 1.27 中，对于回路 *ABCDEFA*，若按顺时针绕行方向，根据 KVL 可得

$$U_1 - U_2 + U_{S2} - U_{S1} = 0$$

根据欧姆定律，上式还可表示为

$$I_1R_1 - I_2R_2 = U_{S1} - U_{S2}$$

即

$$\sum IR = \sum U_S \tag{1-27}$$

式（1-27）表示，沿回路绕行方向，各电阻电压降的代数和等于各电源电动势升的代数和。

知识拓展

基尔霍夫电压定律的推广

基尔霍夫电压定律不仅应用于回路，也可推广应用于一段不闭合电路。如图 1.30 所示。电路中，A、B 两端未闭合，若设 A、B 两点之间的电压为 U_{AB}，按逆时针绕行方向可得

$$U_{AB} - U_S - U_R = 0$$

则

$$U_{AB} = U_S + RI$$

上式表明，开口电路两端的电压等于该两端点之间各段电压降之和。

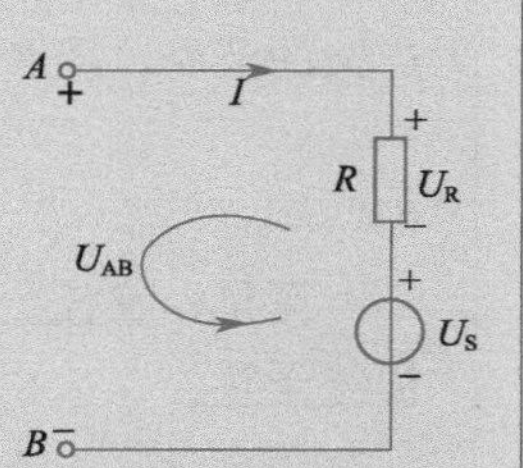

图 1.30　KVL 的推广

【例 1.10】求图 1.31 所示电路中 10Ω 电阻及 5A 电流源的端电压 U_R 及 U。

解：按图示方向得

$$U_R = 5 \times 10 = 50\text{V}$$

按顺时针绕行方向，根据 KVL 得

$$-U_S + U_R - U = 0$$

$$U = -U_S + U_R = -10 + 50 = 40\text{V}$$

概念对对碰－基尔霍夫第一、第二定律

【例 1.11】在图 1.32 中，已知 $R_1 = 4\Omega$，$R_2 = 6\Omega$，$U_{S1} = 10\text{V}$，$U_{S2} = 20\text{V}$，试求 U_{AC}。

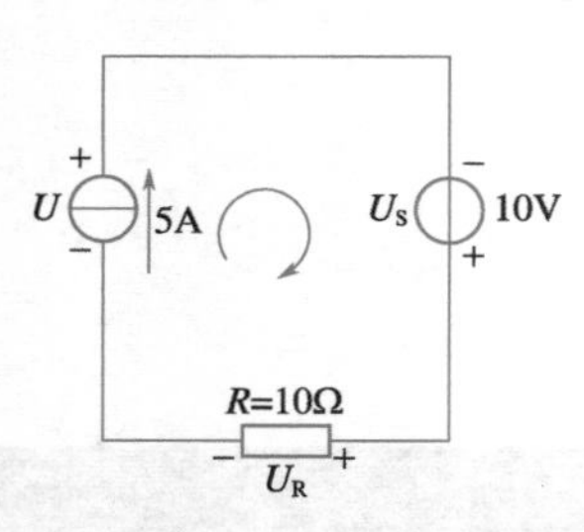

图 1.31　例 1.10 图

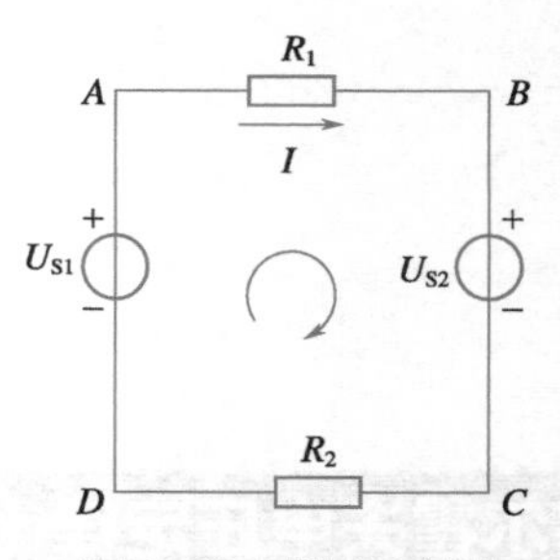

图 1.32　例 1.11 图

解：取顺时针绕行方向，由 KVL 得

$$IR_1 + U_{S2} + IR_2 - U_{S1} = 0$$

$$I = \frac{U_{S1} - U_{S2}}{R_1 + R_2} = \frac{-10}{10} = -1\text{A}$$

由 KVL 的推广形式得

$$U_{AC} = IR_1 + U_{S2} = -4 + 20 = 16\text{V}$$

或

$$U_{AC} = U_{S1} - IR_2 = 10 - (-6) = 16\text{V}$$

由本例可见，电路中某段电压和路径无关。因此，计算时应尽量选择较短的路径。

【例 1.12】求图 1.33 所示电路中的 U_2、I_2、R_1、R_2 及 U_S。

解：

$$I_2 = \frac{3}{2} = 1.5\text{A}$$

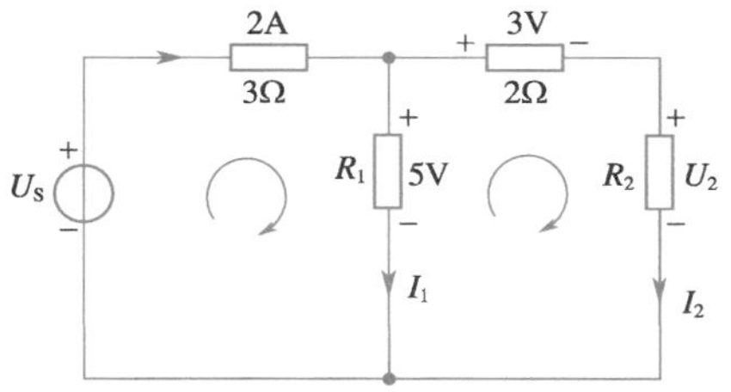

右边的网孔回路由KVL可得

$$U_2 - 5 + 3 = 0$$

$$U_2 = 2\text{V}$$

$$R_2 = \frac{U_2}{I_2} = \frac{2}{1.5} = 1.33\Omega$$

图 1.33　例 1.12 图

对上面节点由KCL可得

$$I_1 + I_2 = 2$$

$$I_1 = 2 - 1.5 = 0.5\text{A}$$

$$R_1 = \frac{5}{0.5} = 10\Omega$$

对于左边的网孔，由KVL可得

$$3\times 2 + 5 - U_S = 0$$

$$U_S = 11\text{V}$$

4. 支路电流法

支路电流法是分析、计算复杂电路最基本的方法。

以支路电流为未知量，应用基尔霍夫定律，列出与支路电流数相等的方程组，联立求解支路电流的方法，称为支路电流法。

微课 – 支路电流法

支路电流法求解电路的步骤为：

① 确认电路结构（假设 n 个节点，b 条支路）；

② 标出支路电流参考方向和回路绕行方向（任意选定）；

③ 根据 KCL 列写节点的电流方程式（$n-1$ 个独立 KCL 方程）；

④ 根据 KVL 列写回路的电压方程式（补充 $b-n+1$ 个独立 KVL 方程）；

⑤ 解联列方程组，求取未知量。

知识拓展

支路电流法解的唯一性

对一具有 b 条支路，n 个节点的连通电路，有 b 个待求的支路电流。

支路电流法由KCL建立 $n-1$ 个独立电流方程，由KVL建立 $b-n+1$ 个独立电压方程，总的独立方程为（$n-1$）+（$b-n+1$）= b 个。

b 个未知量，b 个独立方程，所以 b 个支路电流的解是唯一的。

【例 1.13】如图 1.34 所示为两台发电机并联运行共同向负载 R_L 供电。已知 $E_1 = 130\text{V}$，$E_2 = 117\text{V}$，$R_1 = 1\Omega$，$R_2 = 0.6\Omega$，$R_L = 24\Omega$，求各支路的电流及发电机两端的端电压 U。

解：

① 确认电路结构：3 条支路、2 个节点；

② 选各支路电流参考方向如图所示，回路绕行方向均为顺时针方向；

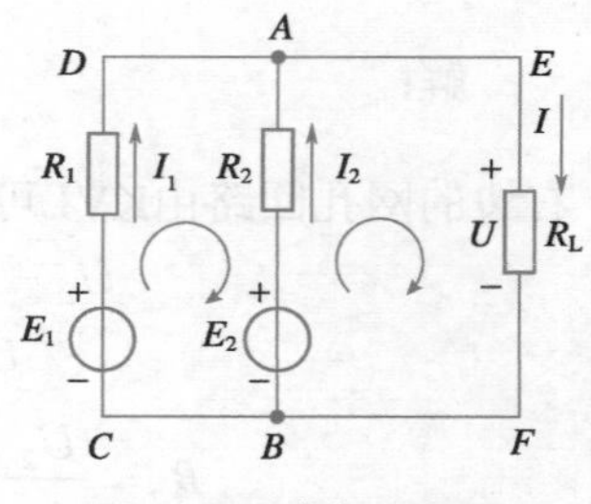

图 1.34 例 1.13 图

③ 列 KCL 方程：2 个节点，列 1 个独立方程（节点 A）

$$I_1+I_2=I$$

④ 列 KVL 方程：3 个未知支路电流，已有 1 个 KCL 方程，还需 2 个 KVL 方程，任选两条回路。

$ABCDA$ 回路：$-R_2I_2+E_2-E_1+R_1I_1=0$

$AEFBA$ 回路：$R_LI-E_2+R_2I_2=0$

⑤ 解联立方程组，求解。

$$\begin{cases} I_1+I_2=I \\ -R_2I_2+E_2-E_1+R_1I_1=0 \\ R_LI-E_2+R_2I_2=0 \end{cases}$$

代入数据

$$\begin{cases} I_1+I_2=I \\ -0.6I_2+117-130+I_1=0 \\ 24I-117+0.6I_2=0 \end{cases}$$

解得

$$I_1=10\text{A}，I_2=-5\text{A}，I=5\text{A}$$

电机两端电压U为

$$U=R_LI=24\times5=120\text{V}$$

从该例的计算数据可知，I_2 为负值，表示电流的实际方向与参考方向相反。由此可得，第一台发电机产生功率，第二台发电机消耗（或吸收）功率。

温馨提示

① 用支路电流法求解电路时，首先选定各支路电流的参考方向及选定回路绕行方向，然后建立独立的KCL方程和KVL方程。绕行方向不同，建立的KVL方程不同；

② 如果电路有 n 个节点，那么只有 $n-1$ 个独立节点电流方程。以 $\Sigma I=0$ 形式列节点电流方程时，流入节点的电流取“+”号，流出节点的电流取“−”号；

③ 为保证回路电压方程的独立性，一般选取网孔来列方程，或保证每次选取的回路都包含一个新的支路；

④ 以 $\Sigma U=0$ 列回路电压方程时，则所有的电压源均作为电压降处理后列出回路电压方程；

⑤ 若以 $\Sigma IR=\Sigma U_S$ 形式列回路电压方程时，沿回路绕行方向，方程左端以电压降为正，右端以电压升为正。即当支路电流 I_k 与回路绕行方向一致时，I_kR_k 前取“+”号，反之取“−”号；电压源的参考方向与回路绕行方向一致时，U_{Sk} 前取“−”号，反之取“+”号。

【例 1.14】电路如图 1.35（a）所示，列写支路电流方程，计算 I_1、I_3。

解：分析此题，用支路电流法求解，题目特殊在电路中含有一个理想电流源支路，即一条支路电流已知。下面用两种方法解题对照。

① 方法 1　由于 I_2 已知（少一个变量），以两个支路电流 I_1、I_3 作为变量，只列写两个方程。

节点 a 的 KCL 方程　$-I_1+I_3=6$

随后，避开电流源支路取回路，图中虚线框所示方向，得 KVL 方程为

$$7I_1+7I_3=70$$

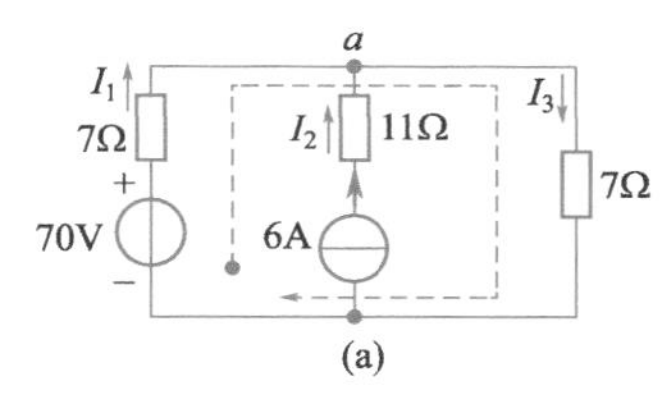

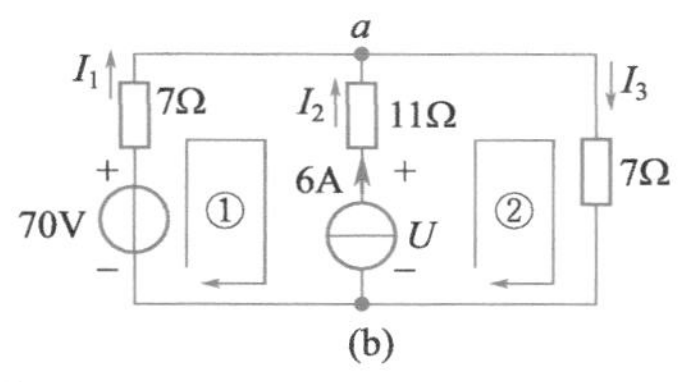

图 1.35　例 1.14 图

联立两个方程，解得电流为　$I_1=2\text{A}$　$I_3=8\text{A}$

② 方法 2　以两个支路电流 I_1、I_3 及电流源端电压 U 作为变量，电路如图 1.35（b）所示。

根据电路图，$n=2$ 个节点，写出 KCL 方程为 $n-1=1$ 个

选取节点 a，得　$-I_1-I_2+I_3=0$

根据电路图，$b=3$ 条支路，顺时针分别写出 KVL 方程数为 $b-(n-1)=2$ 个

$$7I_1-11I_2=70-U$$

$$11I_2+7I_3=U$$

4 个变量，需要 4 个方程

增补方程：$I_2=6\text{A}$

解得电流　$I_1=2\text{A}$　$I_3=8\text{A}$　$U=122\text{V}$

两种方法对比可见，第一种方法更简单。

练一练

1. 图 1.36 电路为复杂电路的一部分，电流 I 为（　　）。

A. 3A　　B. −2A　　C. −6A　　D. 2A

2. 试用 KVL 定律解释下述现象：身穿绝缘服的操作人员可以带电维修线路，而不会触电。(条件：电源的一端接地)。

3. 图 1.37 电路，电流 I 为（　　）。

A.1A　　B. 2A　　C. 4A　　D. 6A

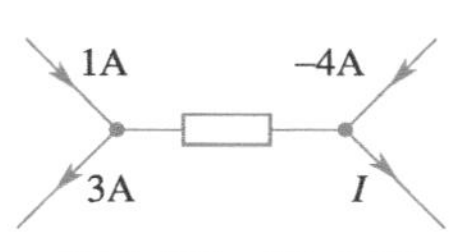

图 1.36　题 1 图

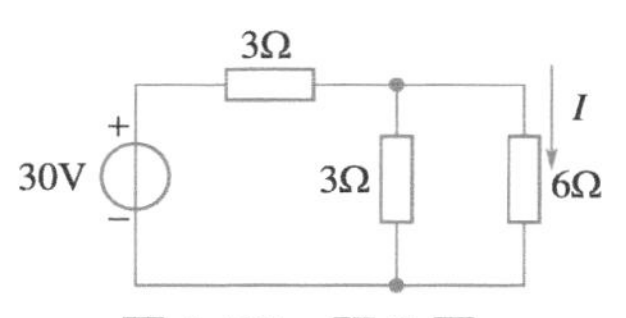

图 1.37　题 3 图

4. 图 1.38 某一回路的电压方程为（　　）。

A. $R_1I_1-R_2I_2+R_3I_3-R_4I_4-U_{S1}+U_{S2}=0$　　B. $R_1I_1+R_2I_2-R_3I_3+R_4I_4-U_{S1}+U_{S2}=0$

C. $R_1I_1-R_2I_2+R_3I_3-R_4I_4+U_{S1}-U_{S2}=0$　　D. $R_1I_1+R_2I_2-R_3I_3+R_4I_4+U_{S1}-U_{S2}=0$

5. 支路电流法求图 1.39 所示电路中的 I、U。

6. 如图 1.40 所示，已知 $E_1=15\text{V}$，$E_2=3\text{V}$，$R_1=1\Omega$，$R_2=6\Omega$，$R_3=9\Omega$，$R_4=1\Omega$，用

支路电流法求 I_1、I_2、I_3 的值。

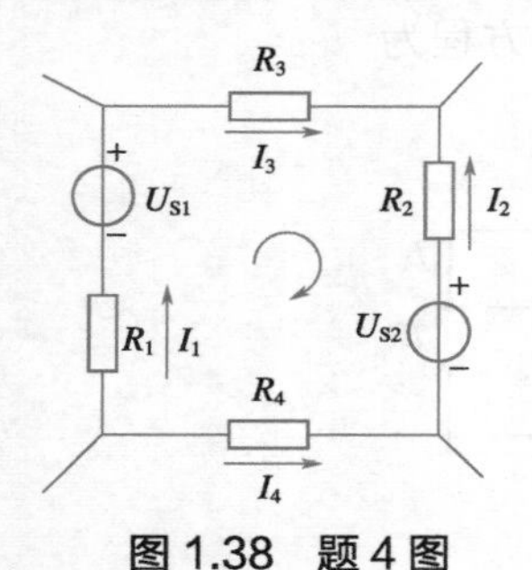

图 1.38　题 4 图

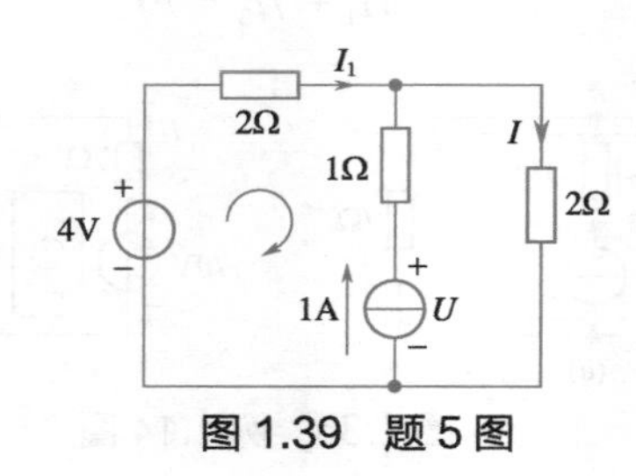

图 1.39　题 5 图

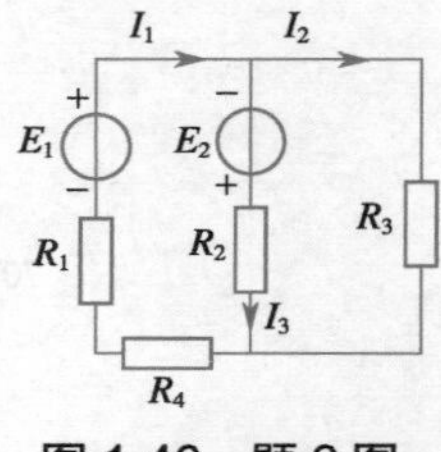

图 1.40　题 6 图

习题

1.1　图 1.41 电路中，若各电压、电流的参考方向如图所示，并知 $I_1 = 2\text{A}$，$I_2 = 1\text{A}$，$I_3 = -1\text{A}$，$U_1 = 1\text{V}$，$U_2 = -3\text{V}$，$U_3 = 8\text{V}$，$U_4 = -4\text{V}$，$U_5 = 7\text{V}$，$U_6 = -3\text{V}$。试标出各电流的实际方向和各电压的实际极性。

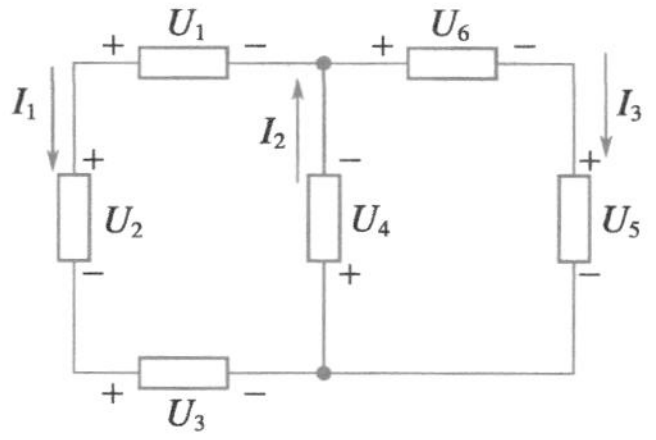

图 1.41　习题 1.1 图

1.2　已知某元件上的电流、电压如图 1.42（a）、（b）所示，试分别求出元件所消耗的功率，并说明此元件是电源还是负载？

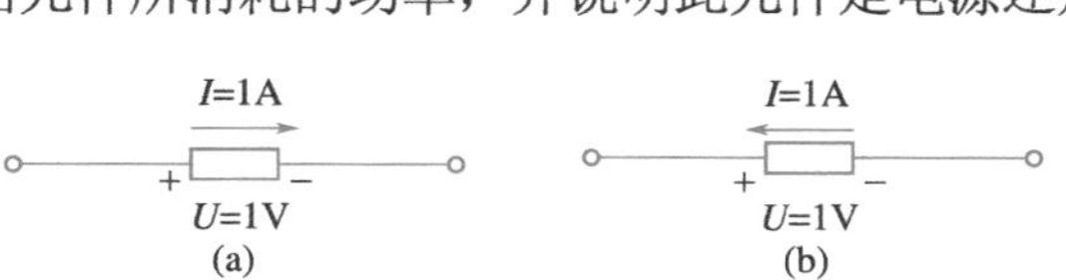

图 1.42　习题 1.2 图

1.3　如图 1.43 所示电路，已知 $R_1 = R_2 = R_3 = R_4 = 2\Omega$，$U_2 = 2\text{V}$，求

（1）I、U_1、U_3、U_4、U_{AC}；

（2）比较 A、B、C、D、E 各点电位的高低。

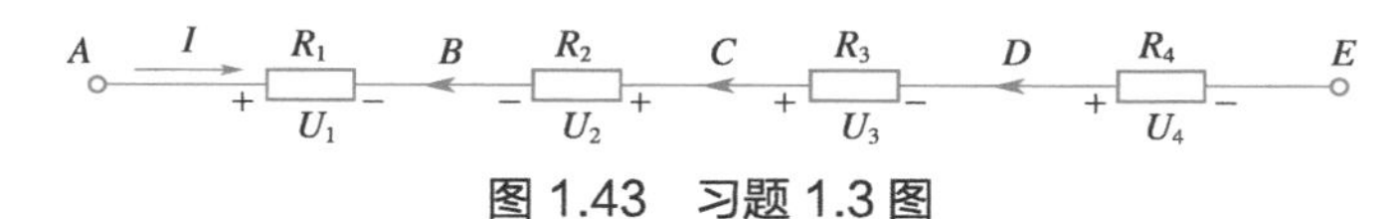

图 1.43　习题 1.3 图

1.4　在如图 1.44 所示的电路中，分别计算开关 S 闭合和打开两种情况下 A 点的电位。

1.5　电路如图 1.45 所示，试求：

① 电流 I；

② 电压 U_{AB}、U_{BC}。

1.6　求图 1.46 电路中各元件的功率。

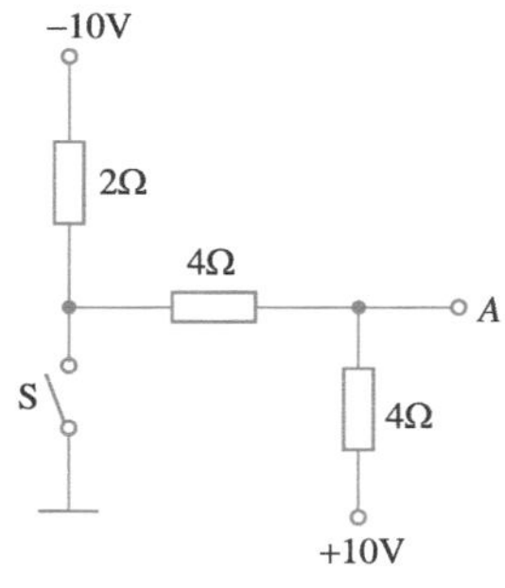

图 1.44　习题 1.4 图

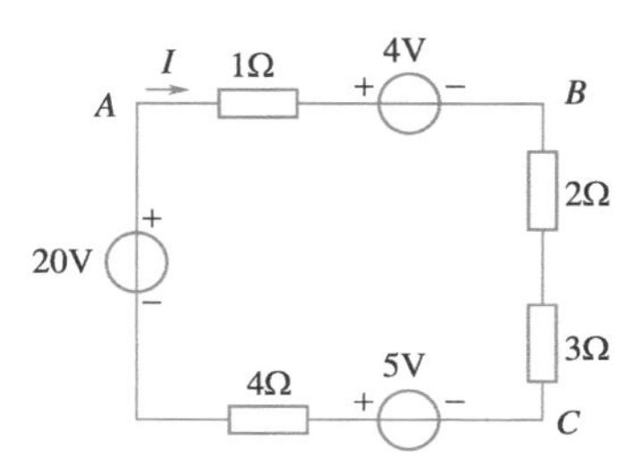

图 1.45　习题 1.5 图

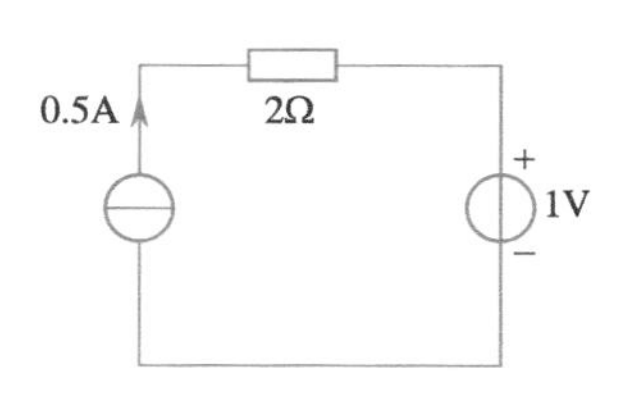

图 1.46　习题 1.6 图

1.7　利用 KCL、KVL 求解图 1.47 电路中的电压 U。

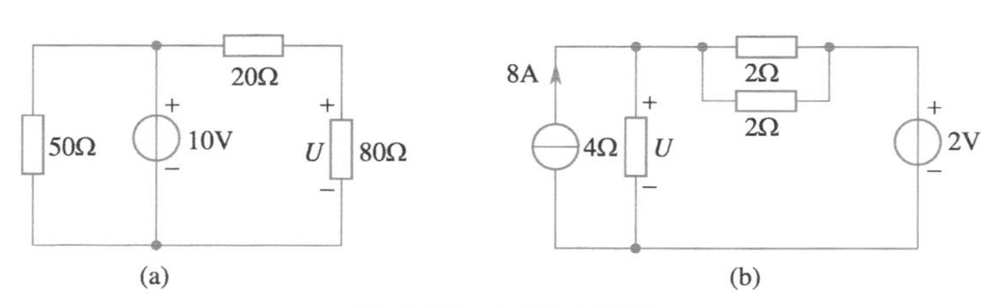

图 1.47　习题 1.7 图

第2单元

电路的等效变换

单元导读

为了满足不同的需要，电路中各元件有不同的连接方式。就直流电阻电路而言，按连接方式不同，可分为两大类：简单电路和复杂电路。简单电路主要指电阻元件按串联或并联两种基本方式进行连接的电路。复杂电路是指各元件既不是串联也不是并联连接的一类电路。等效变换是电路分析十分重要的方法，一般用在仅用欧姆定律或基尔霍夫定律不能解决的复杂线性电阻电路中。

对电阻电路进行变换，可以方便求解电路，且许多实际电路可看作电阻电路，同时它也是学习交流电路和动态电路的基础。

专业词汇

串联——in series

并联——In parallel

分压——voltage distribution

分流——current distribution

量程——measuring range

等效变换——equivalent conversion

网络——network

星形联接——star cdonnection

三角形联接——delta connection

知识结构

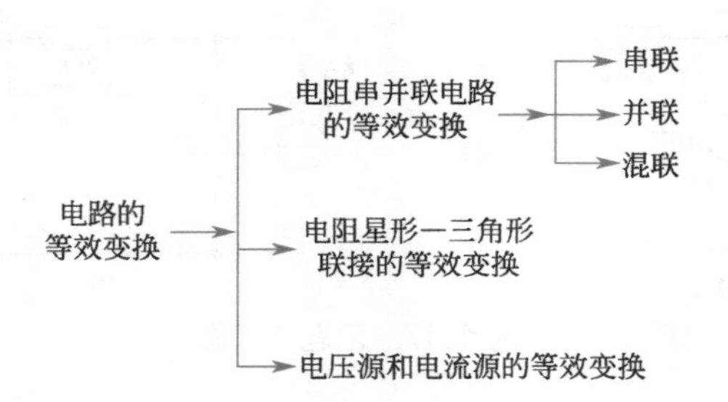

模块 7 电阻串并联电路的等效变换

① 什么是等效电路？电路等效变换的条件是什么？
② 电阻的串并联性质有哪些？

"等效电路"是电路理论中非常重要的概念。分析电路结构的等效电路及各种等效变换关系，会给电路的分析带来很大的方便，等效变换是电路分析很重要的方法。

1. 等效电路

实际中，有两个引出线端的电路较多，一般称其为二端网络，用一个方框表示，如图 2.1 所示，网络 N 只有两个端钮 A、B 与外电路相连接，根据网络内部是否含有电源，二端网络又分为有源二端网络和无源二端网络。为了分析和计算电路，常常需要对二端网络进行等效变换和简化。

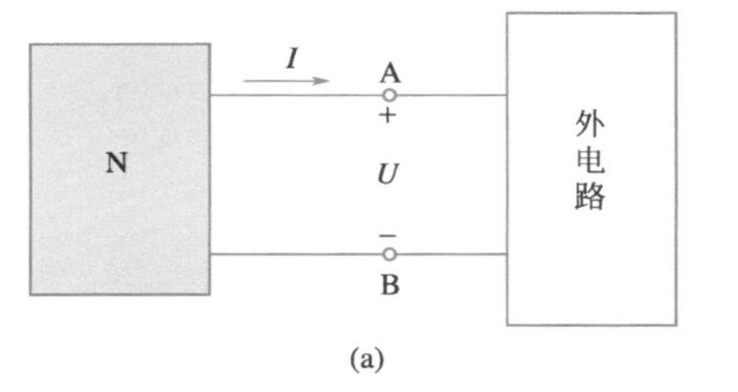

(a)

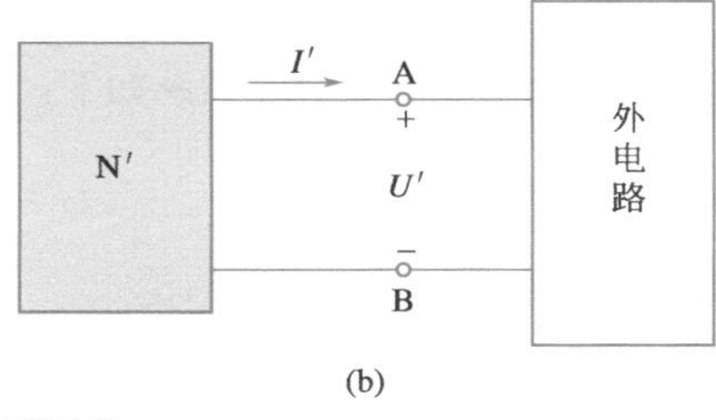

(b)

图 2.1　二端网络

通过等效电路的变换可以用一个结构简单的电路去替换结构复杂的电路，此方法称为分析电路的等效变换法。对网络 N 而言，如果有另一个二端网络 N′，其端口伏安特性与之相同，则这两个网络对外电路的影响就完全相同。

由图 2.1 可得 $I'=I$，$U'=U$，N 与 N′ 则为等效电路。在电路分析中，常用结构简单的电路等效替换结构复杂的电路，使电路结构变得简单，以便分析计算。

温馨提示

① 等效电路对外电路的影响是相同的，不管其内部结构和参数如何，他们具有相同的外特性，此处的等效是指对外电路等效；

② 将一个电路的一部分用等效电路替换不会引起电路中其他部分电流和电压的变化。

2. 电阻串联电路的等效变换

在电路中，若干个电阻元件依次相联，在各联接点都无分支，这种联接方式称为串联。图 2.2（a）给出了三个电阻的串联电路：

微课－电阻串并联电路的等效变换

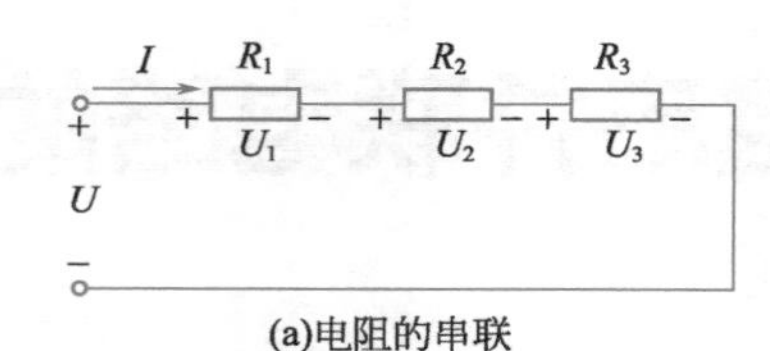

(a)电阻的串联

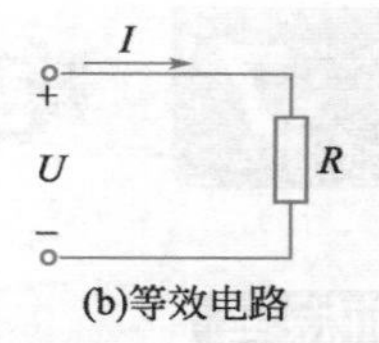

(b)等效电路

图 2.2　串联电路

可见，通过各电阻的电流相等，总电压等于各电阻上电压之和，即

$$U = U_1 + U_2 + U_3 \tag{2-1}$$

等效电阻（总电阻）等于各电阻之和，如图 2.2（b）所示，等效电阻是指如果用一个电阻 R 代替串联的所有电阻接到同一电源上，电路中的电流是相同的，即

$$R = R_1 + R_2 + R_3 \tag{2-2}$$

知识拓展

串联分压及电压表量程的扩大

在直流电路中，常用电阻的串联来达到分压的目的，即电阻串联时，各电阻两端的电压与电阻的大小成正比，如图 2-2（a）所示。

$$U_1:U_2:U_3 = R_1:R_2:R_3$$

当两个电阻串联时，分压关系如下：

$$U_1 = \frac{R_1}{R_1 + R_2}U$$

$$U_2 = \frac{R_2}{R_1 + R_2}U$$

同时各电阻消耗的功率与电阻成正比，即

$$P_1:P_2:P_3 = R_1:R_2:R_3$$

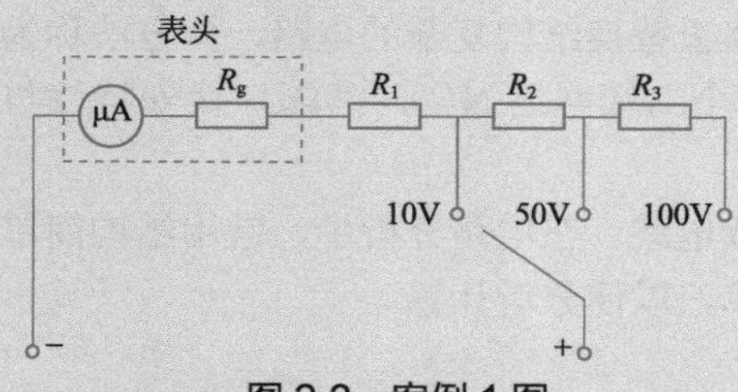

图 2.3　案例 1 图

利用串联电路分压的规律，可以制成多量程电压表。

【案例 1】某多量程直流电压表是由表头、分压电阻和多位开关联接而成的，如图 2.3 所示。如果表头满偏电流 $I_g = 100\mu A$，表头电阻 $R_g = 1000\Omega$，现在制成量程为 10V、50V、100V 的三量程电压表，试确定分压电阻值。

解：当 $I_g = 100\mu A$ 流过表头时，表头两端的电压

$$U_g = R_g I_g = 1000 \times 100 \times 10^{-6} = 0.1V$$

当量程 $U_1 = 10V$ 时，串联电阻 R_1

$$\frac{U_1}{U_g} = \frac{R_1 + R_g}{R_g}$$

$$\frac{10}{0.1} = \frac{R_1 + 1000}{1000}$$

得 $R_1 = 99k\Omega$

当量程 U_2=50V 时，串联电阻 R_2

$$\frac{U_2}{U_1}=\frac{R_2+(R_g+R_1)}{(R_g+R_1)}$$

$$\frac{50}{10}=\frac{R_2+100}{100}$$

得 $R_2=400\text{k}\Omega$

当量程 $U_3=100\text{V}$ 时，串联电阻 R_3

用上述方法可得 $R_3=500\text{k}\Omega$

3. 电阻并联电路的等效变换

在电路中，若干个电阻一端联在一起，另一端也联在一起，使电阻所承受的电压相同，这种联接方式称为电阻的并联。图 2.4（a）所示为三个电阻的并联电路。

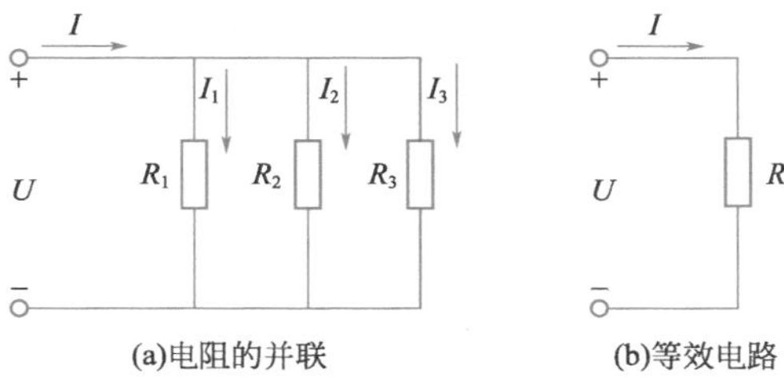

(a)电阻的并联　　(b)等效电路

图 2.4　并联电路

可见，各并联电阻两端的电压相等，总电流等于各电阻支路的电流之和，即

$$I=I_1+I_2+I_3 \tag{2-3}$$

等效电阻 R 的倒数等于各并联电阻倒数之和，即

$$\frac{1}{R}=\frac{1}{R_1}+\frac{1}{R_2}+\frac{1}{R_3} \tag{2-4}$$

强调一下：对于只有两个电阻 R_1 及 R_2 并联，则等效电阻为

$$R=\frac{R_1R_2}{R_1+R_2} \tag{2-5}$$

知识拓展

并联分流及电流表量程的扩大

在电路中，常用电阻的并联来达到分流的目的，即电阻并联时，各电阻支路的电流与电阻的倒数成正比。也就是说电阻越大，分流作用就越小。

$$I_1:I_2:I_3=\frac{1}{R_1}:\frac{1}{R_2}:\frac{1}{R_3}$$

当两个电阻并联时

$$I_1 = \frac{R_2}{R_1 + R_2} I$$

$$I_2 = \frac{R_1}{R_1 + R_2} I$$

同时，各电阻消耗的功率与电阻的倒数成正比，即

$$P_1 : P_2 : P_3 = \frac{1}{R_1} : \frac{1}{R_2} : \frac{1}{R_3}$$

利用并联电路分流的规律，可以制成多量程电流表。

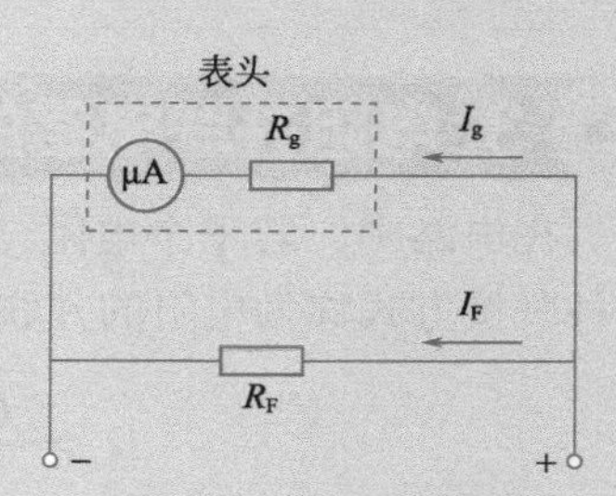

图 2.5　案例 2 图

【案例 2】某直流电流表是由表头、分流电阻联接而成的，如图 2.5 所示。如果表头满偏电流 $I_g = 100\mu A$，表头电阻 $R_g = 1000\Omega$，现改制成量程为 10mA 的电流表，试问要并联多大的电阻？

解：要将表头改制成量程较大的电流表，可将电阻 R_F 与表头并联，如图 2.5 所示。

并联电阻 R_F 支路的电流为

$$I_F = I - I_g = 10 - 100 \times 10^{-3} = 9.9\text{mA}$$

因为

$$I_F R_F = I_g R_g$$

所以

$$R_F = \frac{I_g R_g}{I_F} = \frac{100 \times 10^{-6}}{9.9 \times 10^{-3}} \times 1000 = 10.1\Omega$$

即用一个 10.1Ω 的电阻与该表头并联，即可得到一个量程为 10mA 的电流表。

4. 电阻混联电路的等效变换

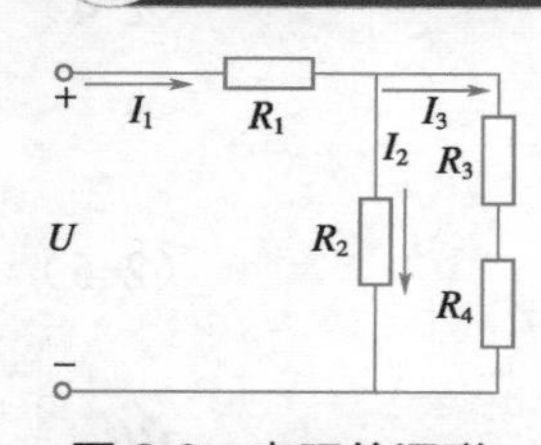

图 2.6　电阻的混联

实际应用中经常会遇到既有电阻串联又有电阻并联的电路，称为电阻的混联电路，如图 2.6 所示。

求解电阻的混联电路时，首先应从电路结构，根据电阻串并联的特征，分清哪些电阻是串联的，哪些电阻是并联的，然后应用欧姆定律、分压和分流的关系求解。

例如图 2.6 所示 R_3 与 R_4 串联，然后与 R_2 并联，再与 R_1 串联，即等效电阻 $R=R_1+R_2//(R_3+R_4)$，符号“//”表示并联。

则

$$I_1 = \frac{U}{R}$$

$$I_2 = \frac{R_3 + R_4}{R_2 + R_3 + R_4} I_1$$

$$I_3 = \frac{R_2}{R_2 + R_3 + R_4} I_1$$

各电阻两端电压的计算读者可自行完成。

知识拓展

复杂混联电路的分析及计算

复杂混联电路的分析及计算常采用由局部到整体的顺序，采用观察法、根据电流流向分析法及等电位法等。

1. 观察法示例

电路如图 2.7（a）所示，$R_1=2\Omega$，$R_2=3\Omega$，$R_3=6\Omega$，$R_4=5\Omega$，求等效电阻 R_{AB}。

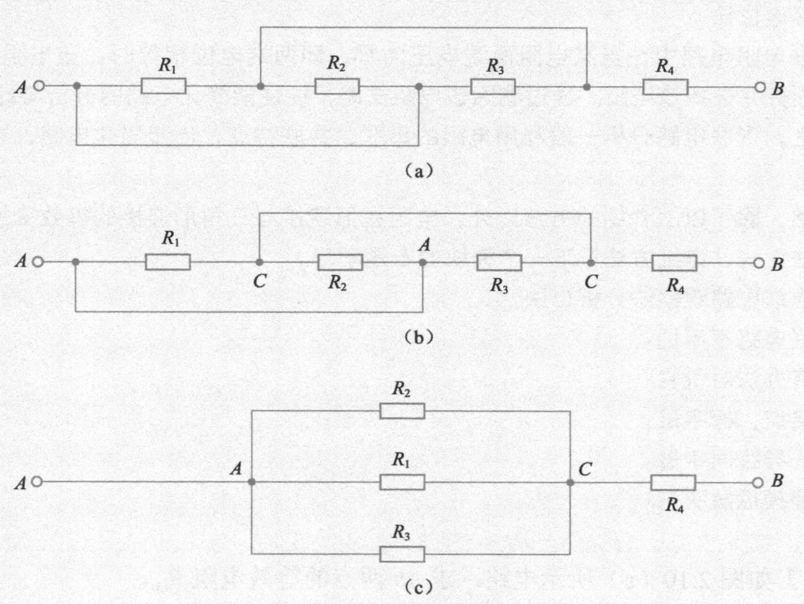

图 2.7　观察法示例电路图

① 在原电路图中给每一个连接点标注一个字母，如图 2.7（b）所示；

② 按顺序将各字母沿水平方向排列，待求端字母放在始末两端，如图 2.7（c）所示；

③ 最后将各电阻依次填入相应的字母之间，求出等效电阻。

$$R_{AB}=R_1//R_2//R_3+R_4=1+5=6\Omega$$

2. 电流流向分析法示例

电路如图 2.8 所示，试化简 AB 间电阻电路。

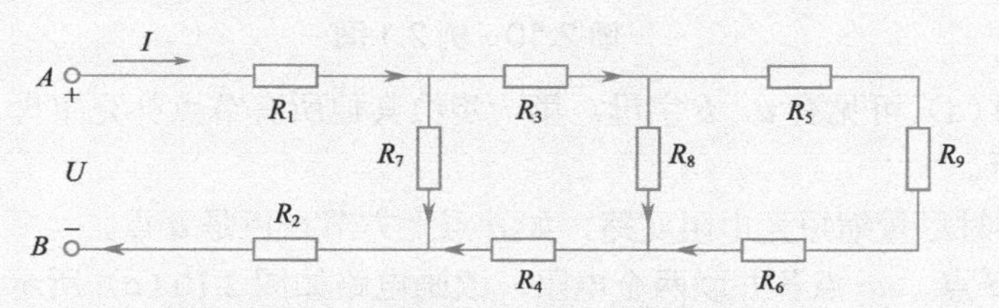

图 2.8　电流流向分析法示例电路图

分析时，在图示电路中画出各电阻电流的流向，并描述电阻间的连接关系，得图 2.9 所示简化后的电路图。

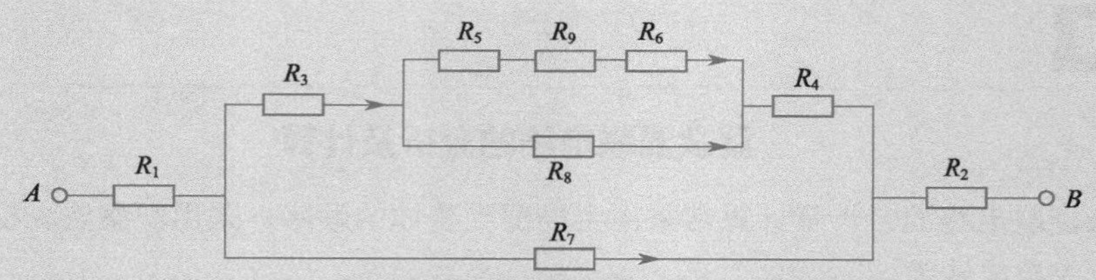

图 2.9 根据电流流向分析法示例化简电路图

简化后，本电路可以很清晰看出各电阻间的连接关系，从而简化了分析和计算。

3. 等电位法

混联电阻电路中，当某电阻两端电压为零，即两端电位相等时，该电阻无电流通过，此时可断开并去掉该电阻。通过删除该电阻支路，往往能简化电路的分析与计算。

总之，混联电路分析一般利用电阻的串联、并联特点，逐步简化电路，求出电路的等效电阻。

当然，除了以上介绍的方法以外，电阻星形连接与三角形连接的等效变换也是简化电路的方法之一，详细方法见下一个模块的专题学习。

4. 混联电路观察法分析口诀

混联电路不用怕；

咱有办法对付它；

连接点，标字母；

同一导线同字母；

顺藤摸瓜解决它！

【例 2.1】如图 2.10（a）所示电路，求 ab 两点的等效电阻 R_{ab}。

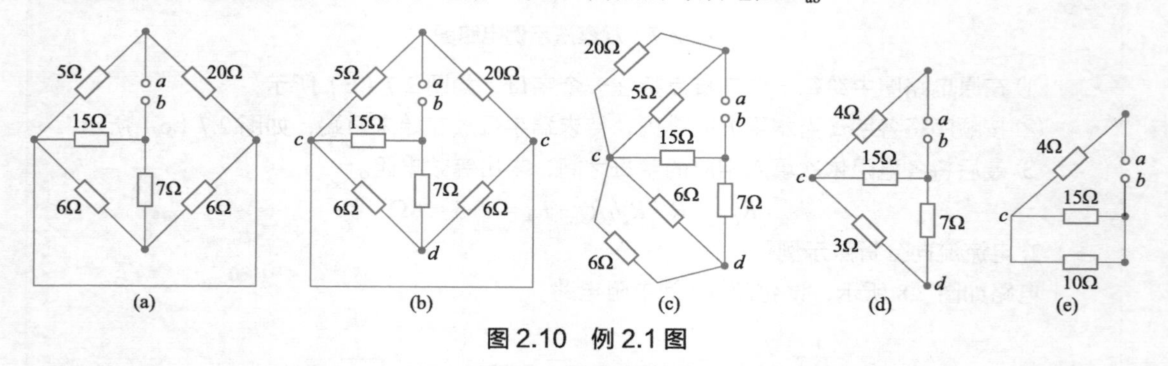

图 2.10 例 2.1 图

解：图 2.10（a）可见有 *a*、*b* 字母，第一步给其他所有节点补充字母，标记为 *c*、*d*，如图 2.10（b）所示。

注意：看图时尽量缩短无电阻支路，如 *a* 点上方节点还是 *a* 点。

图上可见 *cd* 点、*ac* 点各并联两个电阻，改画电路如图 2.10（c）所示。

进一步合并得图 2.10（d）所示电路。

继续合并，得图 2.10（e）所示电路。

简单计算可得 ab 两点的等效电阻为：$R_{ab} = 10\Omega$。

【例 2.2】如图 2.11（a）所示电路，12 个阻值都是 *R* 的电阻，组成一立方体框架，试求：

（1）AC 间的电阻 R_{AC}；

（2）AG 间的电阻 R_{AG}。

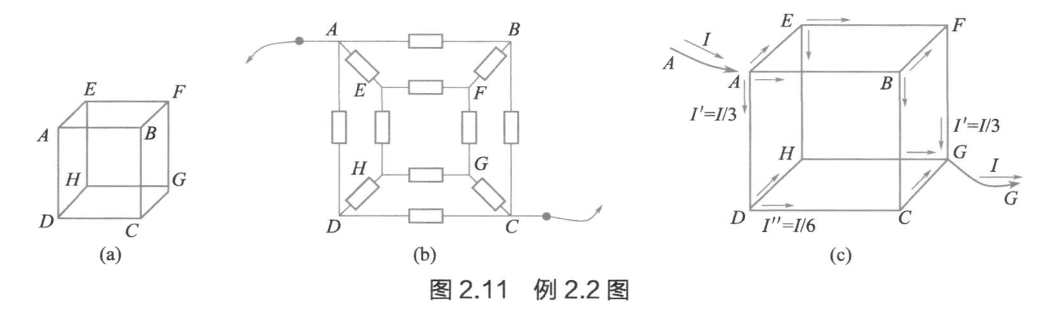

图 2.11　例 2.2 图

解：

（1）求 AC 间等效电阻

分析电路可见 AC 两点的电路结构具有对称性，可改画出图 2.11（b）所示的平面电路图。

根据对称性，图 2.11（b）可见，电路中 B、D、F、H 四点等电位，则 BF 和 DH 可以作断开处理，电路结构顿时简化。

① 去掉 BF 之间电阻后，AB 与 BC 电阻串联为 $2R$；同理，去掉 DH 之间电阻后，AD 与 DC 电阻串联为 $2R$；

② 这样，ABC 与 ADC 支路并联，合并为 R；

③ EF、FG 电阻串联为 $2R$；EH、HG 电阻串联为 $2R$；然后它们再并联，为 R；

④ 最后，EG 间电阻与 AE 和 GC 之间电阻串联，得 $3R$；此时变成 R 与 $3R$ 两个电阻并联，求得等效电阻，则

$$R_{AC}=\frac{3R\cdot R}{3R+R}=\frac{3}{4}R$$

（2）求 AG 间等效电阻

分析可见电路仍然对称，假定 A 点流入电流 I，G 点流出电流，大小一致。各支路电流平均分配，可画出图 2.11（c）所示电路。

分析图 2.11（c）可见，B、D、E 为 A 点出发的第一个节点，C、H、F 为 G 点到达的前一个节点，所以各自等电位，且任何一条路径电阻及压降相同。设 A 点流入电流为 I，则 AE、AD、AB 上的电流各为三分之一，即：$I'=I/3$。

随后，在 E、B、D 三点进一步对称兵分两路，得 EF、EH、DH、DC、BF、BC 路径上电流各为 $I/6$，即 $I''=I/6$。

同理，G 点流出的电流为 I，则 CG、HG、FG 上的电流也各为三分之一。

下面任意选择一条支路，可得 AG 点电压为

$$U_{AG}=(I/3+I/3+I/6)R=5/6RI$$

最后，求得等效电阻 R_{AG} 为

$$\frac{U_{AG}}{I}=R_{AG}=\frac{5}{6}R$$

练一练

1. 用一个满刻度偏转电流为 50μA，电阻为 3kΩ 的表头制成 2.5V 量程的直流电压表，问应当怎样连接附加电阻？并求附加电阻值。

2. 若将上题的表头制成 500μA 量程的直流电流表，问应当怎样连接附加电阻？并求附加电阻值。

※模块 8　电阻星形连接与三角形连接的等效变换

① 电阻星形、三角形连接的电路结构有什么特征?
② 如何进行电阻的星形、三角形等效变换?

前面研究的电路为一些简单的电路。对于由电阻元件构成的复杂电路，往往可以采用网络变形的方法予以化简。所谓网络变形，就是把一种连接形式的电路变换为另一种连接形式。如星形网络与三角形网络的等效互换，它可以简化电路的计算。

1. 星形电阻网络与三角形电阻网络

如图 2.12（a）所示，R_1、R_2、R_3 三个电阻组成一个 Y 形，称之为星形网络或 Y 形网络。如图 2.12（b）所示，R_{12}、R_{23}、R_{31} 三个电阻组成一个三角形，称之为三角形或△形网络。

一般情况下，组成 Y 形或△形网络的三个电阻可为任意值。若组成 Y 形网络的三个电阻相等，即 $R_1=R_2=R_3=R_Y$，称为对称 Y 形网络；同样，若 $R_{12}=R_{23}=R_{31}=R_\Delta$，则该△形网络称为对称△形网络。

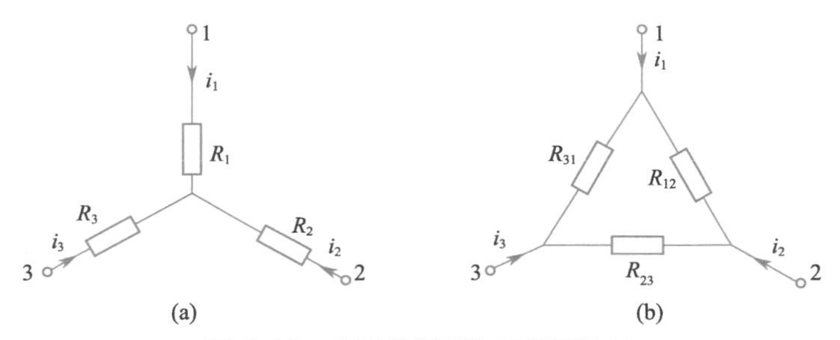

图 2.12　电阻的星形和三角形连接

2. 星形电阻网络与三角形电阻网络的等效变换

在一定条件下，星形电阻网络和三角形电阻网络可以等效互换，而不影响网络之外未经变换部分的电压、电流和功率。

（1）对称 Y 形和对称△形网络等效变换

微课 – 电阻的星形三角形连接的等效变换

等效变换的条件为

$$\left.\begin{aligned} R_Y &= \frac{1}{3}R_\Delta \\ R_\Delta &= 3R_Y \end{aligned}\right\} \qquad (2\text{-}6)$$

二者相互等效的电路如图 2.13 所示。

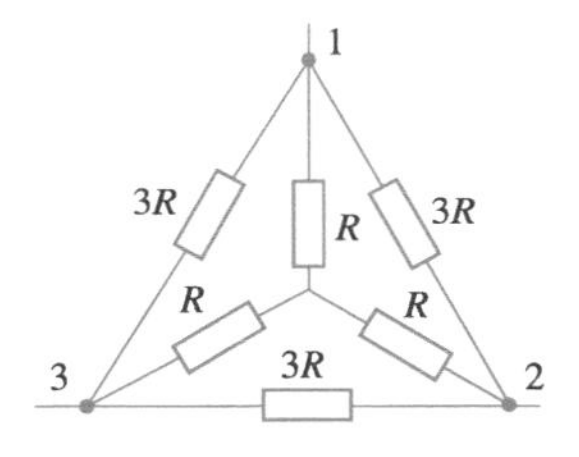

图 2.13　对称 Y- △网络的等效互换

（2）不对称 Y 形和△形网络等效变换

图 2.12 中，如若三个电阻不相等，则不对称 Y 形和△形网络等效变换的条件为

Y 形→△形时

$$\begin{cases} R_{12} = \dfrac{R_1R_2 + R_2R_3 + R_3R_1}{R_3} \\ R_{23} = \dfrac{R_1R_2 + R_2R_3 + R_3R_1}{R_1} \\ R_{31} = \dfrac{R_1R_2 + R_2R_3 + R_3R_1}{R_2} \end{cases} \tag{2-7}$$

△形→ Y 形时

$$\begin{cases} R_1 = \dfrac{R_{12}R_{31}}{R_{12} + R_{23} + R_{31}} \\ R_2 = \dfrac{R_{23}R_{12}}{R_{12} + R_{23} + R_{31}} \\ R_3 = \dfrac{R_{31}R_{23}}{R_{12} + R_{23} + R_{31}} \end{cases} \tag{2-8}$$

掌握了以上变换条件，则电路中存在 Y 形或△形网络时，可以灵活变换电路以简化分析。

温馨提示

① 电阻的星形、三角形等效变换，必须保证变换前后网络的外特性不变，即在两种网络的任意两个端点间加上相同的电压时，从各对应端点流出流入的电流也相等，这种变换只适用于不包含电源的网络；

② 如果网络的任何支路中包含电源，则其变换范围不属于讨论范围。

【例 2.3】电路如图 2.14 所示，求电流 I。

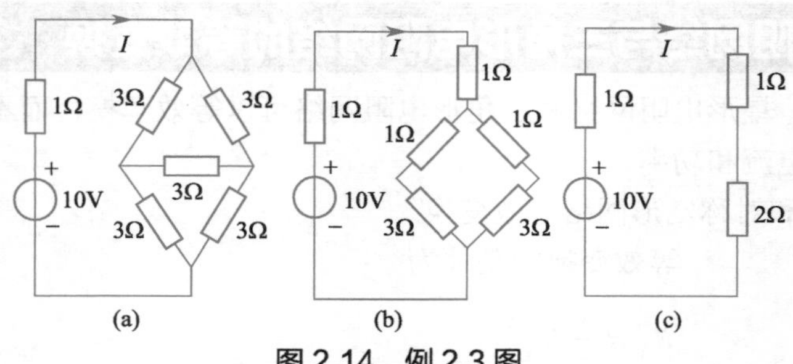

图 2.14　例 2.3 图

解：对图 2.14（a）所示电路，可根据△ -Y 等效条件等效为图 2.14（b）、（c），根据全欧姆定律得

$$I = \frac{10}{1+1+2} = 2.5\text{A}$$

【例 2.4】如图 2.15（a）所示电路，计算 90Ω 电阻吸收的功率。

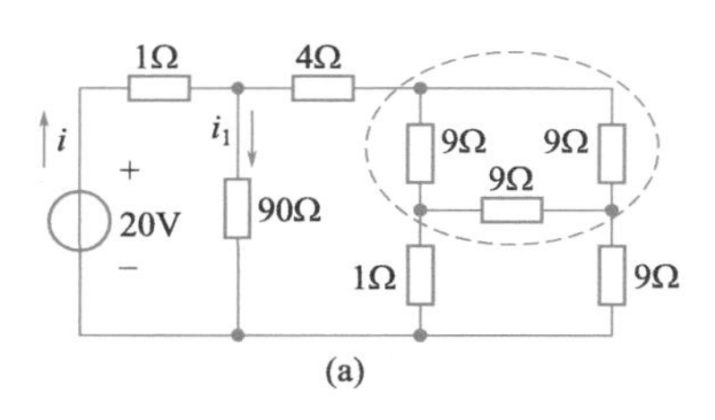

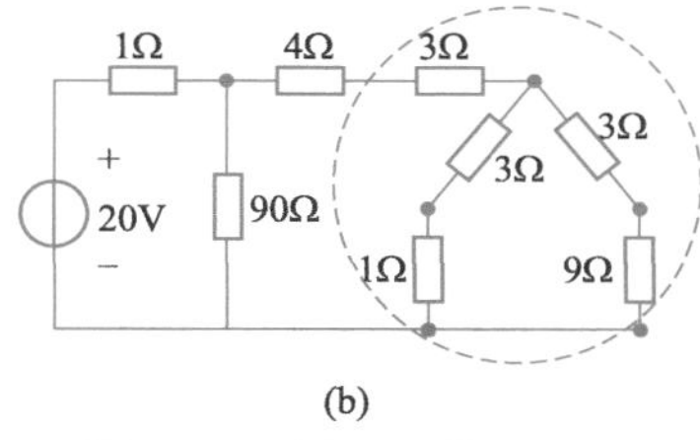

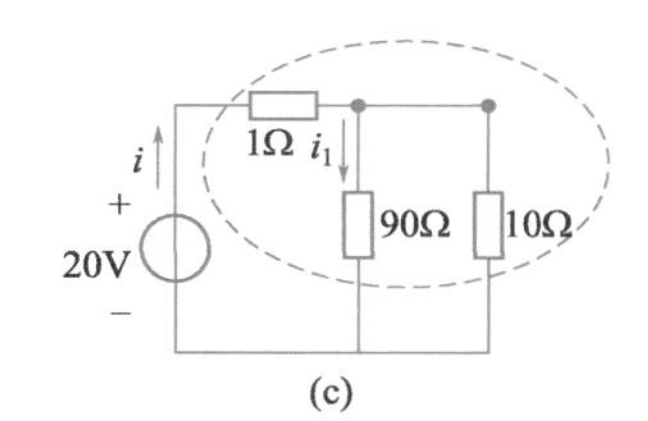

图 2.15　例 2.4 图

解：

① 图上三角形连接化简为星形连接，得图 2.15（b）。

② 注意：3Ω 与 1Ω 串联得 4Ω，3Ω 与 9Ω 串联得 12Ω，然后并联得 3Ω，再与 3Ω 串联，得 6Ω。化简得到图 2.15（c）。

$$R_{eq} = 1 + \frac{10 \times 90}{10 + 90} = 10\Omega$$

$$i = \frac{20V}{10\Omega} = 2A$$

$$i_1 = \frac{10}{10 + 90} \times 2A = 0.2A$$

③ 计算 90Ω 电阻吸收的功率为

$$P_{90\Omega} = i_1^2 \times 90\Omega = 3.6W$$

练一练

1. 求图 2.16 所示电路的等效电阻。
2. 求图 2.17 中电流 I 的大小。

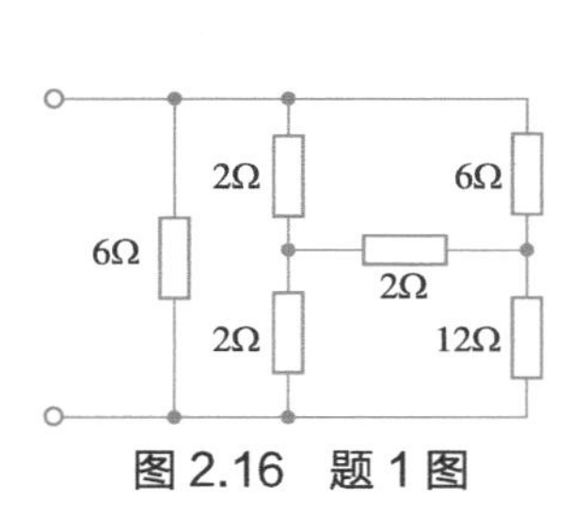

图 2.16　题 1 图

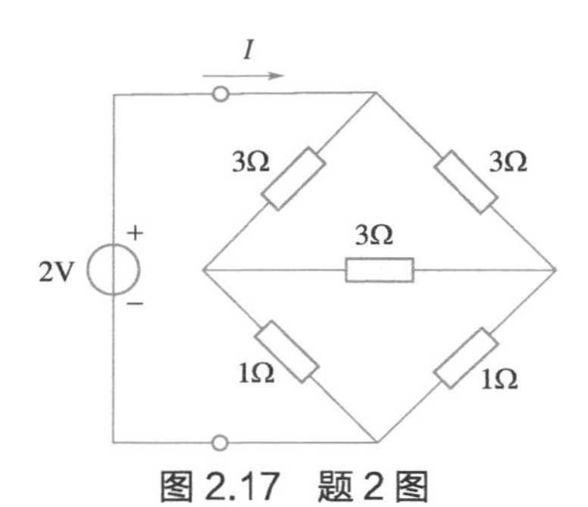

图 2.17　题 2 图

模块 9 电压源和电流源的等效变换

课前思考

① 如何进行理想电压源和电流源的串并联合并?

② 如何进行电压源和电流源的等效变换?

用等效变换方法来分析电路，不仅需要对负载进行等效变换，还常常需要对理想电源进行合并或等效变换，这往往能大大简化电路的分析。在实际的电路分析中，经常会遇到若干个电压源、电流源支路，既有串联又有并联构成的电路。

进行电源等效变换应遵循“简化前后，端口处的电压、电流关系不变的原则”。

1. 理想电压源串并联电路的等效变换

多个理想电压源串联，其等效电压源电压值为各电压源电压之和，如图 2.18（a）所示为两个理想电压源的串联。多个理想电压源并联，其电压值必须相同，其等效电压源电压值为每一个理想电压源电压，如图 2.18（b）所示为两个理想电压源的并联。

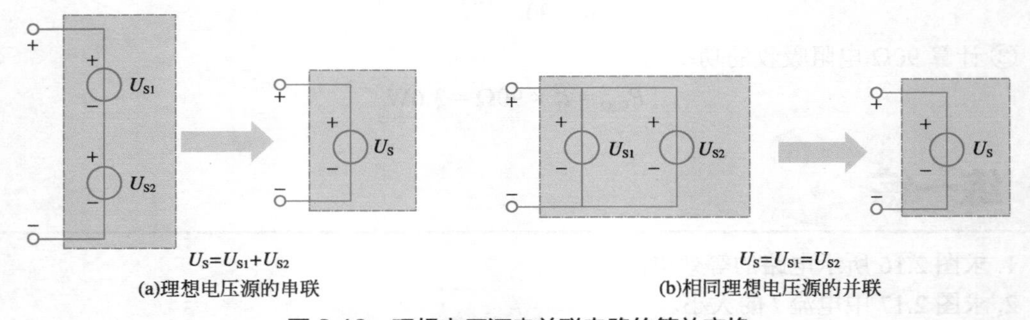

图 2.18 理想电压源串并联电路的等效变换

2. 理想电流源串并联电路的等效变换

多个理想电流源并联，其等效电流源电流值为各电流源电流之和，如图 2.19（a）所示为两个理想电流源的并联。多个理想电流源串联，其电流值必须相同，其等效电流源电流值为每一个理想电流源电流，如图 2.19（b）所示为两个理想电流源的串联。

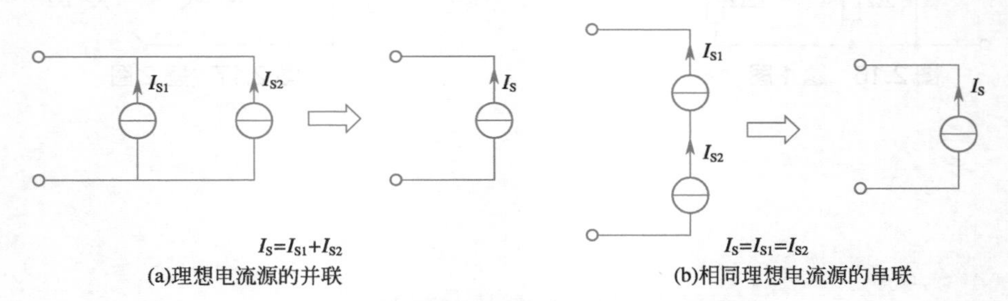

图 2.19 理想电流源串并联电路的等效变换

3. 实际电压源与实际电流源的等效变换

前面第 1 单元已经讨论了理想和实际的电压源和电流源模型，从图 1.24 和图 1.25 实际电压源和电流源的模型可知，电源的这两种电路模型相互间是等效的，可以等效互换。但必须注意，电压源和电流源等效关系是相对于外电路而言的，在电源内部则不等效。

电压源电路对外电路电压为 U，电流为 $I=\dfrac{U_S}{R_0}-\dfrac{U}{R_0}$，如图 1.24（a）所示；电流源电路对外电路电流为 I，电流为 $I=I_S-\dfrac{U}{R_0}$，如图 1.25（a）所示。

对于一个电源，可以用电压源模型表示，也可以用电流源模型表示，其外特性相同，对外电路而言，两种模型是等效的，可以进行等效变换，如图 2.20 所示。其中

$$I_S=\frac{U_S}{R_0}\quad 或 \quad U_S=I_SR_0 \tag{2-9}$$

微课 – 电压源和电流源的等效变换

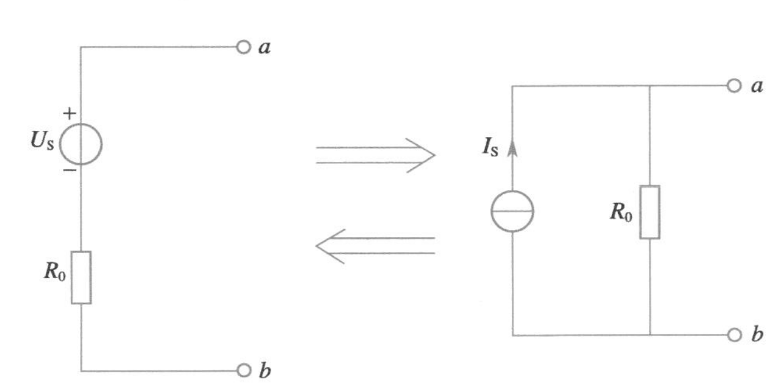

图 2.20　电源两种模型的等效变换

温馨提示

① 一个实际电压源可以用理想电压源与电阻相串联的模型或用理想电流源与电阻相并联的模型来表示。只有实际电压源和实际电流源才可以进行等效变换，且等效时 U_S 和 I_S 的方向一致；

② 只有与理想电压源串联的电阻才可以作为电源的内阻；与理想电流源相并联的电阻才能看作电源的内阻，若无此电阻，则没有与之等效的电源；

③ 与理想电压源并联的电阻（或其他元件）及与理想电流源串联的电阻（或其他元件）化简时可略去。

【例 2.5】如图 2.21 所示电路，利用电压源与电流源的等效变换化简电路。

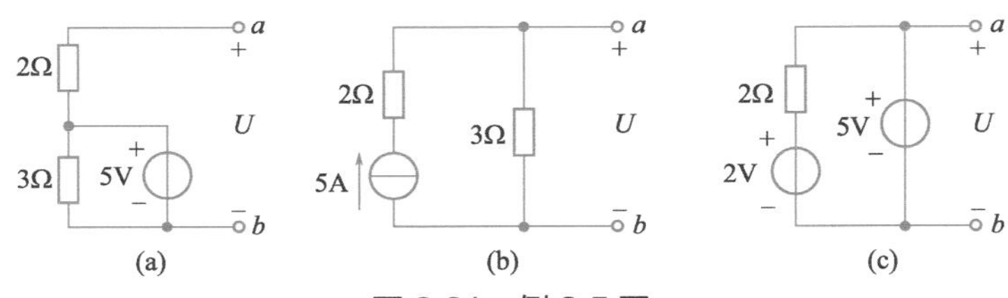

图 2.21　例 2.5 图

解：分析图示几个电路，存在特殊情况。

即进行电压源与电流源等效变换时，与理想电压源并联及与理想电流源串联的元件，无效。去除该元件后，图 2.21 可化简为图 2.22 所示电路。

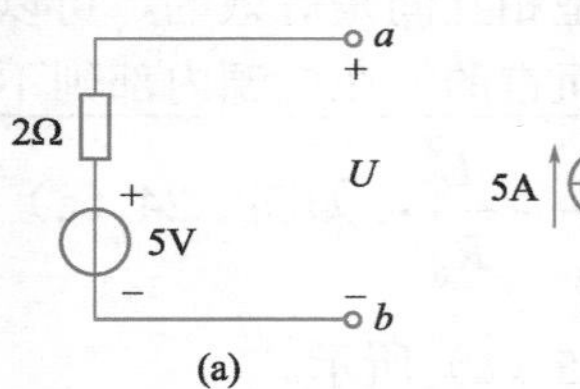

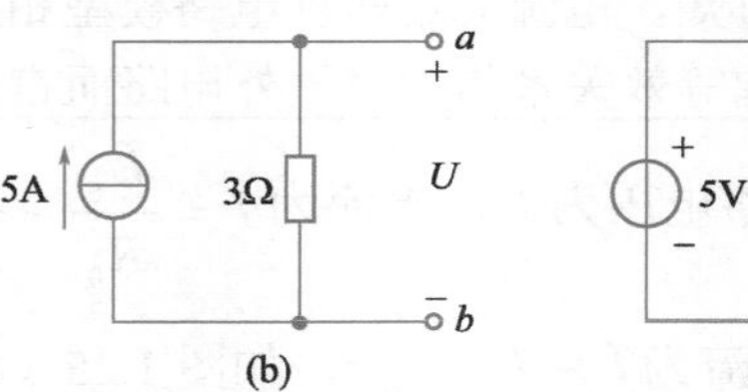

图 2.22　例 2.5 答案

【例 2.6】电路如图 2.23 所示，计算图 2Ω 电阻中的电流 I。

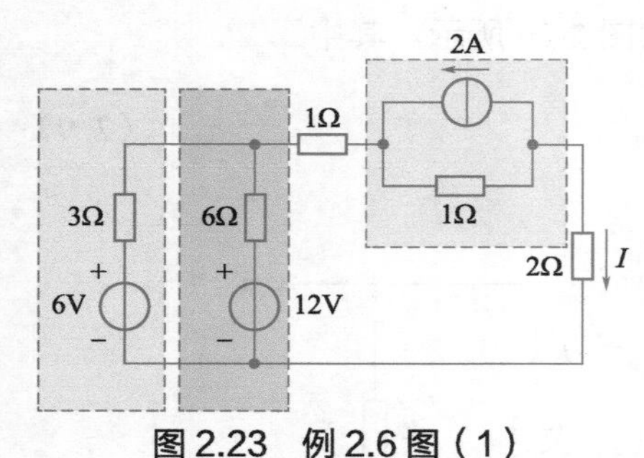

图 2.23　例 2.6 图（1）

解：

① 根据并联架构电路中，电流源可以合并的规律，图 2.23 等效变换为图 2.24(a)，电流源合并得图 2.24(b)。

② 根据串联架构电路中，电压源可以合并规律，图 2.24（b）等效变换为图 2.24（c）。

③ 进一步合并化简可计算电流，得 2Ω 电阻中的电流为

$$I=\frac{8-2}{2+2+2}\text{A}=1\text{A}$$

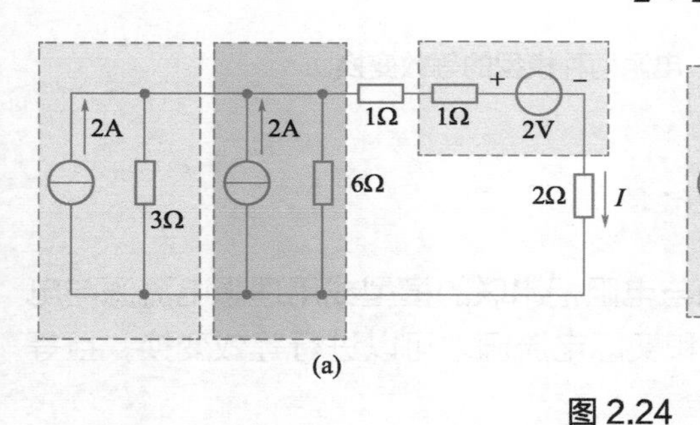

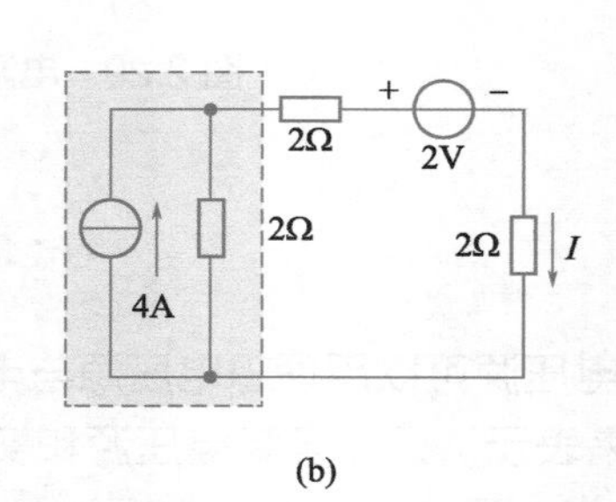

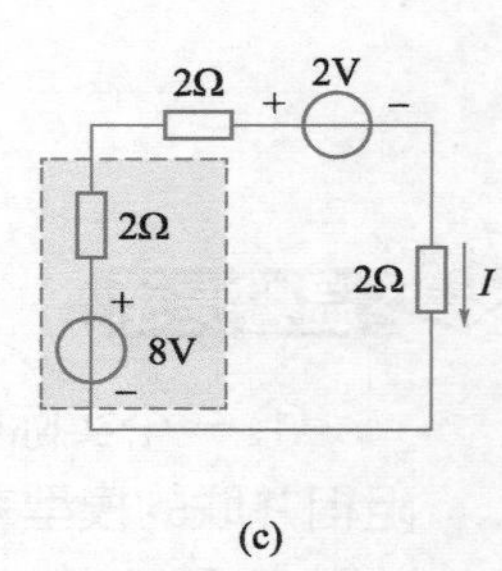

图 2.24　例 2.6 图（2）

【例 2.7】试用电压源与电流源等效变换方法计算图 2.25 电路中 1Ω 电阻中的电流 I。

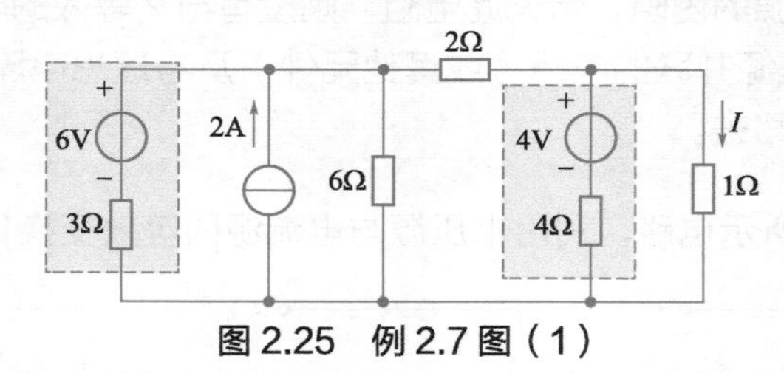

图 2.25　例 2.7 图（1）

解：图示整体为并联架构，需要等效变换为电流源，然后合并。

① 首先变换左、右边电压源支路，得图 2.26（a）所示电路；

② 左边电流源合并后与 2Ω 电阻串联，电路如图 2.26（b）所示；

③ 图 2.26（b）左边电流源变换为电压源并与电阻合并，如图 2.26（c）所示，合并后

电路如图 2.26（d）所示。

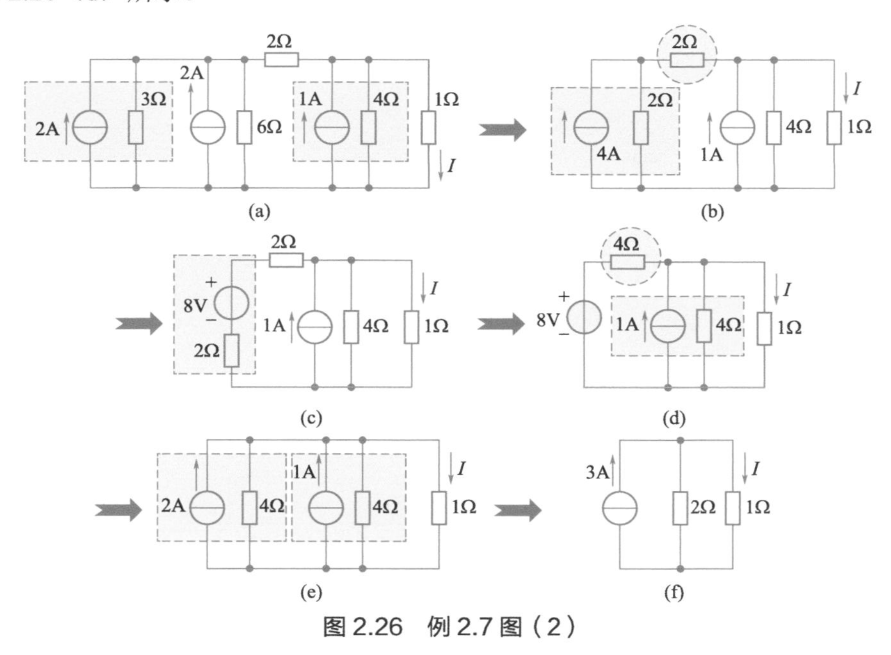

图 2.26　例 2.7 图（2）

④ 此时，图 2.26（d）左边电压源与中间电流源为并联架构，变换为电流源合并，如图 2.26（e）所示；

⑤ 进一步合并电路如图 2.26（f）所示，此时，分流公式计算电流为：

$$I = \frac{2}{2+1} \times 3\text{A} = 2\text{A}$$

1. 图 2.27（a）所示电路与图 2.27（b）所示电路等效，求 2.27（b）中的 U_S 和 R 的值。

2. 图 2.28 所示电路，哪两个电路就外特性而言是等效的？

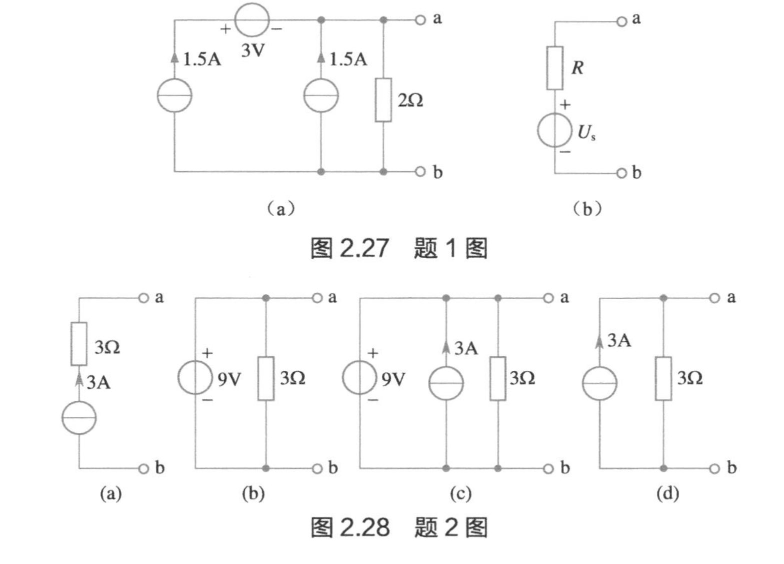

图 2.27　题 1 图

图 2.28　题 2 图

习题

2.1 求图 2.29 所示电路的等效电阻 R_{ab}。

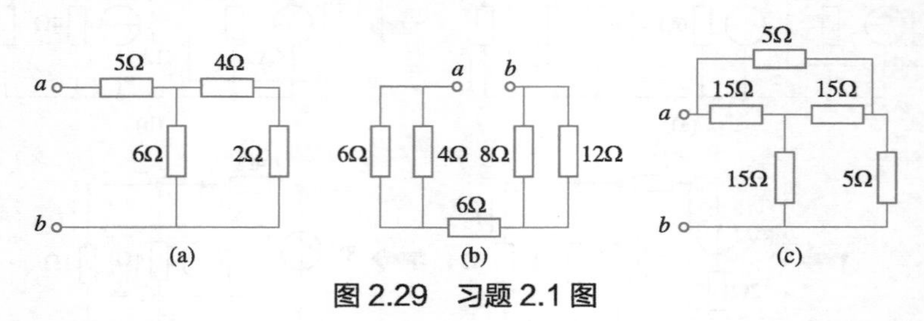

图 2.29 习题 2.1 图

2.2 求图 2.30 所示电路的等效电阻 R_{ab}。

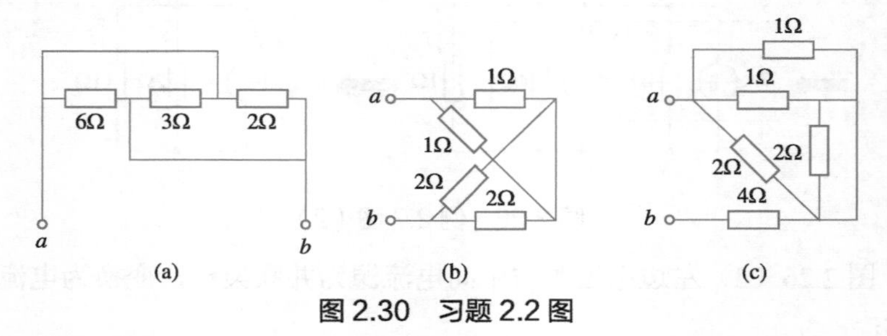

图 2.30 习题 2.2 图

2.3 一只 110V/8W 的指示灯，欲接到 220V 的电源上使用，为使灯泡安全工作，应串联多大的分压电阻？该电阻的功率应为多大？

2.4 额定值为 220V/100W 和 220V/40W 的两个灯泡并联接在 220V 的电源上使用。问：

① 它们实际消耗的功率为多少？

② 如果将它们串联接在 220V 的电源上使用，结果又将如何？

※2.5 求图 2.31 所示电路的等效电阻 R_{ab}。

※2.6 电路如图 2.32 所示。试用等效变换的方法计算 R_{ab}，并求电流源的端电压 U。

2.7 已知某实际电压源的电动势 U_S=20V，其内阻 R_0=4Ω，则其等效电流源的电流和内阻各为多少？

2.8 已知两个电压源并联，如图 2.33 所示，试求其等效电压源的电动势和内阻。

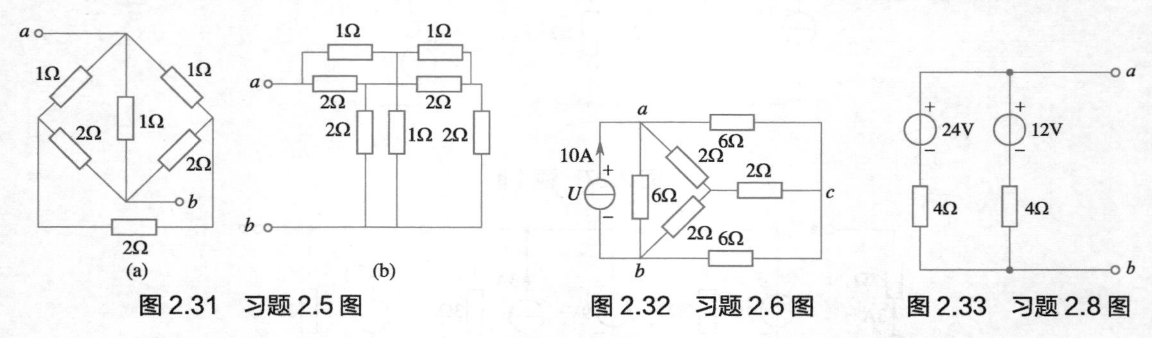

图 2.31 习题 2.5 图　　图 2.32 习题 2.6 图　　图 2.33 习题 2.8 图

2.9 如图 2.34 所示，试用电压源与电流源等效互换的方法求流过电阻 R 的电流 I。

2.10　如图 2.35 所示，求 I。（应用电源等效变换法，需画等效电路图）

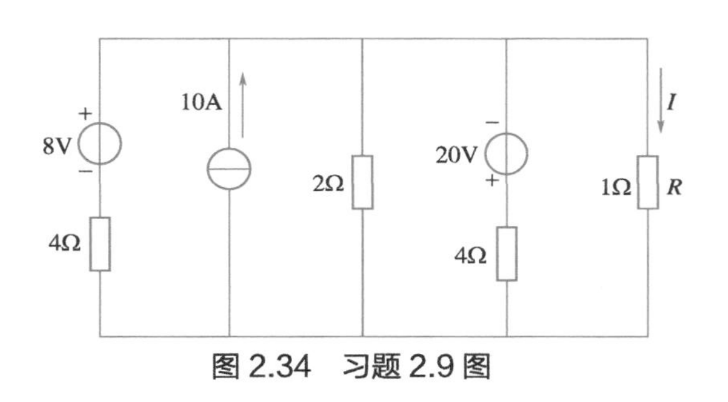

图 2.34　习题 2.9 图

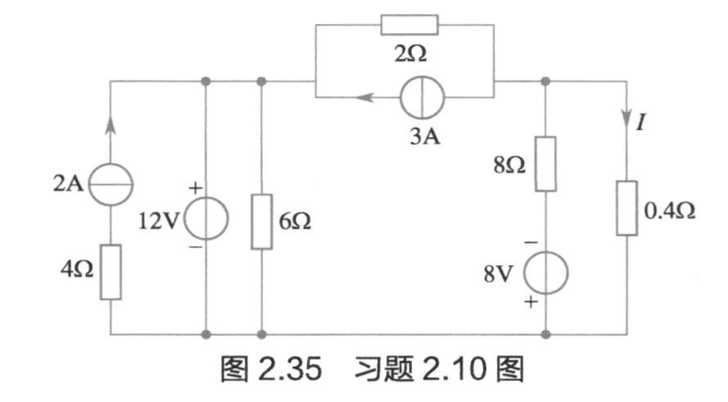

图 2.35　习题 2.10 图

第3单元

电路的基本分析方法

单元导读

电路的基本分析方法贯穿了整个教材，本单元以欧姆定律和基尔霍夫定律为基础，寻求不同的电路分析方法，其中叠加定理阐明了线性电路的叠加性；戴维南定理在求解复杂网络中某一支路的电压或电流时则显得十分方便；节点电压法是建立在欧姆定律和基尔霍夫定律之上的、根据电路结构特点总结出来的以减少方程式数目为目的的电路基本分析方法；这些都是求解复杂电路问题的系统化方法。

专业词汇

分析方法——analytical method

叠加定理——superposition Theorem

戴维南定理——Thevenin's Theorem

开路电压——open circuit voltage

等效电阻——equivalent resistance

节点电压法——node voltage method

知识结构

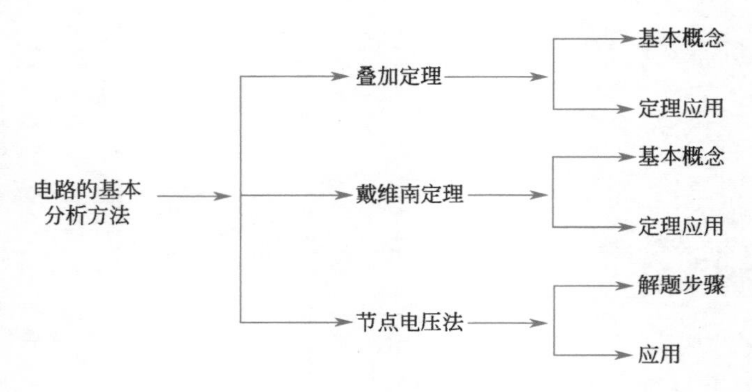

模块 10　叠加定理

① 多个电源作用于电路中某一支路时，如何求取支路的电流或电压?

② 叠加定理适用于哪种电路? 不作用的电压源和电流源分别如何处理?

1. 叠加定理

微课－叠加定理

叠加定理是线性电路中一条十分重要的定理，其内容陈述为：在线性电路中，任一支路电流（或支路电压）都是电路中各个独立电源单独作用时在该支路产生的电流（或电压）之叠加，如图 3.1 所示。

某个独立电源单独作用，是指：不作用的电压源用短路代替，不作用的电流源用开路代替，但要保留其内阻。

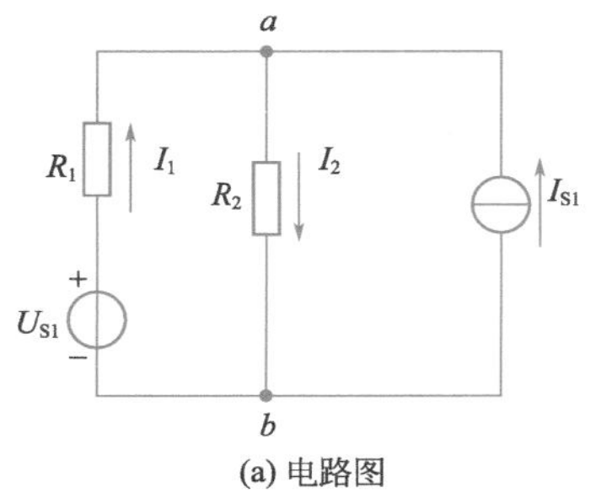

(a) 电路图

=

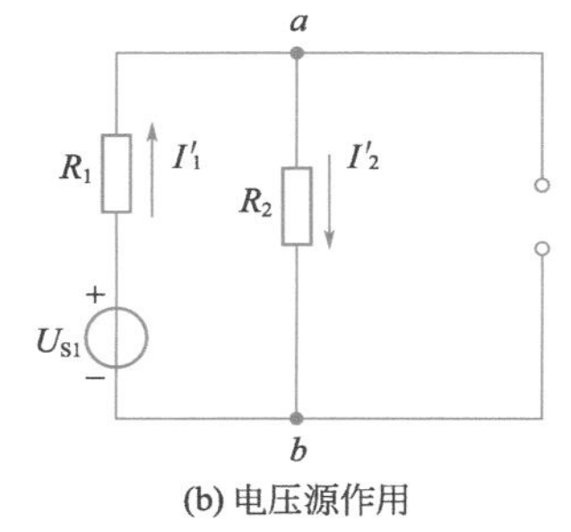

(b) 电压源作用

+

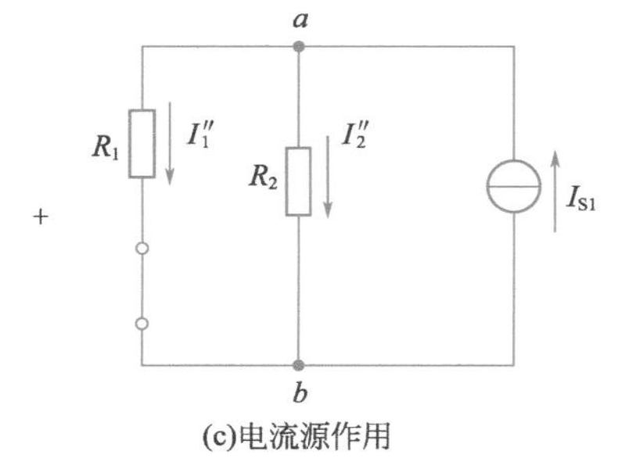

(c)电流源作用

图 3.1　叠加定理示意图

图 3.1（a）中所示电路，其中 I_1，I_2 为

$$I_1 = I_1' - I_1''$$

$$I_2 = I_2' + I_2''$$

2. 叠加定理的应用

叠加定理多用于分析电路中某一电源产生的影响。

对于一个复杂电路，使用叠加定理计算电路时，要把复杂电路分解为每一个单电源电路进行计算，然后把各电源单独作用时所产生的电压或电流按规定的参考方向叠加起来。由于电压、电流和功率不呈线性关系，计算功率不能用叠加定理计算。

温馨提示

① 叠加定理适用于线性电路，不适用于非线性电路；

② 叠加时，电路的连接以及电路所有电阻都不予更动；

③ 叠加时要注意电流和电压的参考方向；

④ 不能用叠加定理来计算功率，因为功率不是电流或电压的一次函数。

如：$p = i^2R = (i_1 + i_2)^2R \neq i_1^2R + i_2^2R$

学习叠加定理的目的是为了掌握线性电路的基本性质和分析方法。例如，在对非正弦周期电路、线性电路的过渡过程、线性条件下的晶体管放大电路的分析以及集成运算放大器的应用中，都要用到叠加定理。

3. 叠加定理解题步骤

① 作图画出复杂电路中每一个电源单独作用时的电路图，去掉不作用的独立电源，若控制量存在（受控源要保留在原电路中），标出电流或电压的参考方向。

② 对每一个电源单独作用的电路，求出各支路电流或电压的大小和方向。

③ 将各电源作用时产生的电压或电流进行叠加（即求出各电源在各个支路中所产生的电流或电压的代数和）。

【例 3.1】图 3.2（a）所示电路，求 i_1 和 i_2。

解：① 利用叠加定理，将图 3.1（a）分解为图 3.1（b）（电压源单独作用，电流源不作用）和图 3.1（c）（电流源单独作用，电压源不作用）；

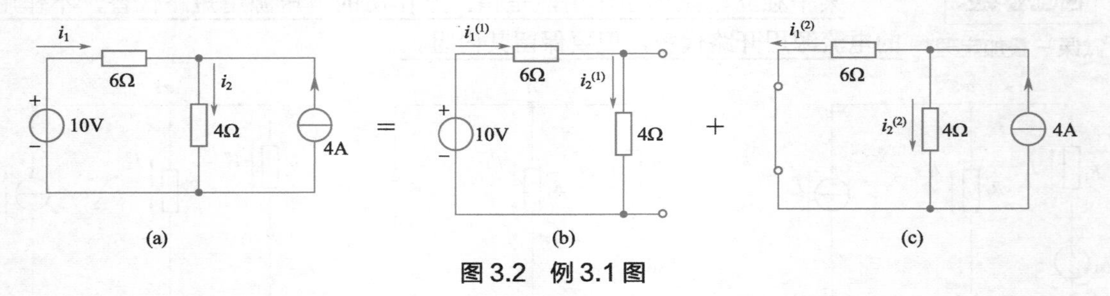

图 3.2　例 3.1 图

② 简化电路后，根据图 3.1（b）求解 $i_1^{(1)}$ 和 $i_2^{(1)}$；

$$i_1^{(1)} = i_2^{(1)} = \frac{10}{6+4} = 1\text{A}$$

③ 根据图 3.1（c）求解 $i_1^{(2)}$ 和 $i_2^{(2)}$

$$i_1^{(2)} = \frac{4}{6+4} \times 4 = 1.6\text{A}$$

$$i_2^{(2)} = \frac{4}{6+4} \times 6 = 2.4\text{A}$$

④ 根据所选参考方向，满足

$$i_1 = i_1^{(1)} - i_1^{(2)} = 1 - 1.6 = -0.6\text{A}$$
$$i_2 = i_2^{(1)} + i_2^{(2)} = 1 + 2.4 = 3.4\text{A}$$

【例 3.2】电路如图 3.3（a）所示，求 70V 电压源的电流 I 和功率 P。

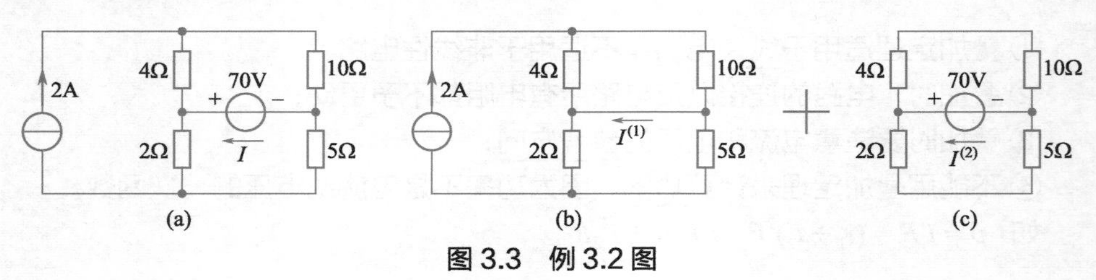

图 3.3　例 3.2 图

解：

① 分析图 3.3（a），按照叠加定理，分解为图 3.3（b）、图 3.3（c）两个简单电路。

② 图 3.3（b）为电流源单独工作，此时求电流响应；图 3.3（c）为电压源单独工作，此时同样求电流响应；

图 3.3（b），当 2A 电流源作用，4 个电阻为电桥平衡结构，得电流 $I^{(1)}=0$

图 3.3（c），当 70V 电压源作用，总电流为 $I^{(2)}=\dfrac{70}{14}+\dfrac{70}{7}=15\text{A}$

③ 根据叠加定理，得 $I=I^{(1)}+I^{(2)}=15\text{A}$

④ 根据电压及电流，计算功率得 $P=70\times15=1050\text{W}$

练一练

1. 如图 3.4 所示电路，运用叠加定理，求 I_1 和 U。

2. 如图 3.5 所示电路，用叠加定理求解。当：

① 2V 电压源单独作用时，U' 是多少？

② 1A 电流源单独作用时，U'' 是多少？

③ 两电源联立作用时，U 是多少？

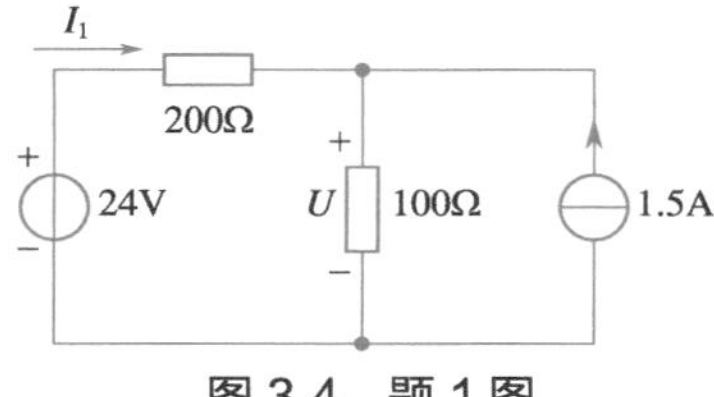

图 3.4　题 1 图

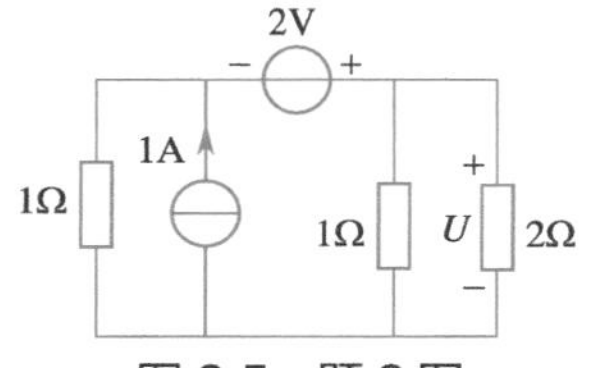

图 3.5　题 2 图

模块 11 戴维南定理

① 求解分析电路中某一条支路最快捷的方法是什么？

② 戴维南定理能应用于所有二端网络吗？等效是“对内”等效还是“对外”等效？

电气名人历史珍闻－莱昂·夏尔·戴维南

在电路分析中，经常遇到只需要计算某一条支路电流的情况，如果应用支路电流法和叠加定理等来分析，会引出一些不必要的计算，既增加了计算工作量，又使求解过程较为复杂。应用戴维南定理分析，可以使电路的计算简化。

1. 戴维南定理

任何一个线性有源二端网络 N_S，如图 3.6（a）所示，对外电路来说，都可以用一个电压为 U_{OC} 的理想电压源和一个电阻 R_{eq} 串联的等效电路来代替，如图 3.6（b）所示。

等效电路的电压 U_{OC} 是有源二端网络的开路电压，即将负载 R_L 断开后 a、b 两端之间的电压，如图 3.6（c）所示。

等效电路的电阻 R_{eq} 是有源二端网络中所有独立电源均置零（理想电压源用短路代替，理想电流源用开路代替）后，所得到的无源二端网络 N_o 的 a、b 两端之间的等效电阻，如图 3.6（d）所示。

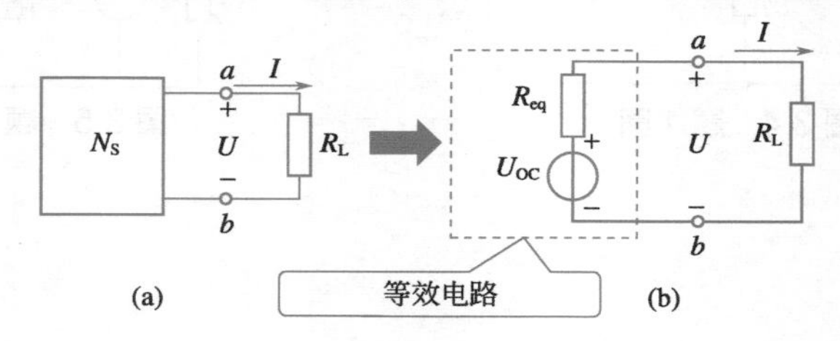

微课－戴维南定理

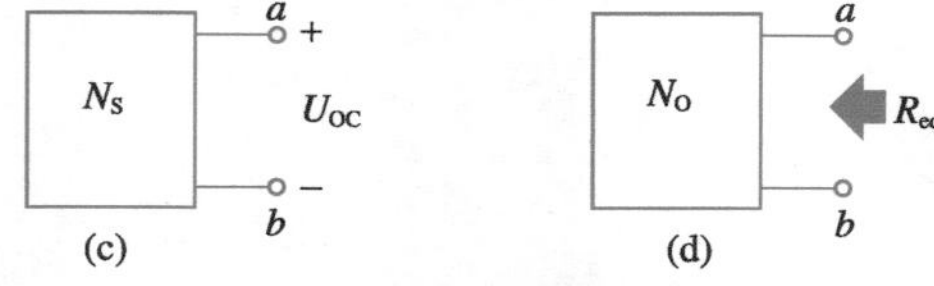

图 3.6　戴维南定理

应用戴维南定理，将有源二端网络变换为等效实际电压源模型后，一个复杂电路就变换为一个单回路简单电路，如图 3.6（b）所示，这样就可以直接应用全电路欧姆定律来求该电路的电流和端电压。

即电流

$$I=\frac{U_{OC}}{R_{eq}+R_L} \tag{3-1}$$

端电压

$$U=U_{OC}-IR_{eq}=IR_L \tag{3-2}$$

2. 戴维南定理的解题步骤

综上所述，戴维南定理的解题步骤归纳如下：

① 把电路划分为待求支路和有源二端网络两部分；

② 断开待求支路，形成有源二端网络（要画图），求有源二端网络的开路电压 U_{OC}；

③ 将有源二端网络内的电源置零，保留其内阻（要画图），求网络的入端等效电阻 R_{ab}；

④ 画出有源二端网络的等效电压源，其电压源电压 $U_S = U_{OC}$（注意电源的极性），内阻 $R_{eq} = R_{ab}$；

⑤ 将待求支路接到等效电压源上，利用欧姆定律求电压和电流。

3. 戴维南定理的应用

应用一：简化复杂有源二端网络

【例 3.3】用戴维南定理化简图 3.7（a）所示有源二端网络。

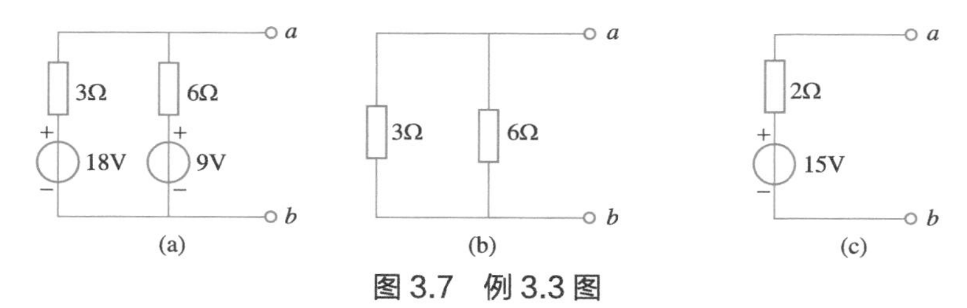

图 3.7　例 3.3 图

解：① 求开路端电压 U_{OC}

不要因为引出端影响对电路结构的判断，图 3.7（a）所示电路连接为图 3.8 所示。

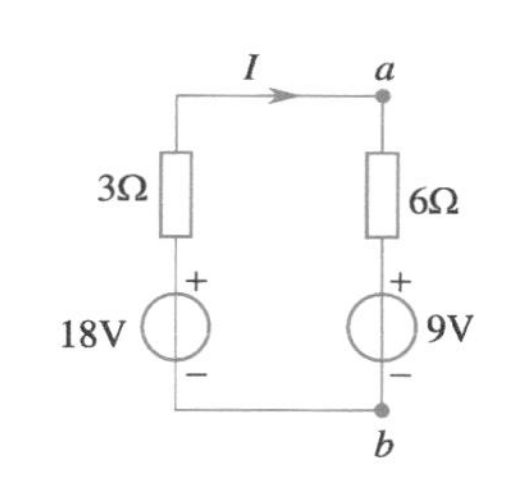

图 3.8　图 3.7（a）电路

根据 KVL 可得　　$(3+6)I+9-18=0$

$$I = 1\text{A}$$

$$U_{OC} = U_{ab} = 6I + 9 = (6\times1+9)\text{V} = 15\text{V}$$

或　　$U_{OC} = U_{ab} = -3I + 18 = (-3\times1+18)\text{V} = 15\text{V}$

② 求等效电阻 R_{eq}

将电路中的电压源短路，得无源二端网络，如图 3.7（b）所示。可得 ab 两端等效电阻为

$$R_{eq} = R_{ab} = \frac{3\times6}{3+6} = 2\Omega$$

③ 作等效电压源模型

作图时，应注意使等效电源电压的极性与原二端网络开路端电压的极性一致，电路如图 3.7（c）所示。

应用二：计算电路中某一支路的电压或电流

【例 3.4】电路如图 3.9 所示，已知 $U_1 = 40\text{V}$，$U_2 = 20\text{V}$，$R_1 = R_2 = 4\Omega$，$R_3 = 13\Omega$，试用戴维南定理求电流 I_3。

解：① 断开待求支路求开路电压 U_{OC}（图 3.10）

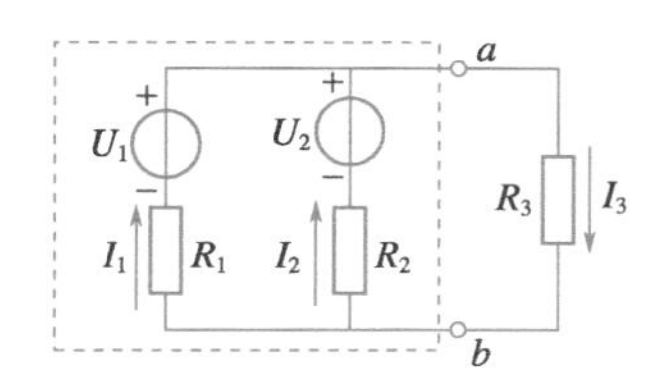

图 3.9　例 3.4 图

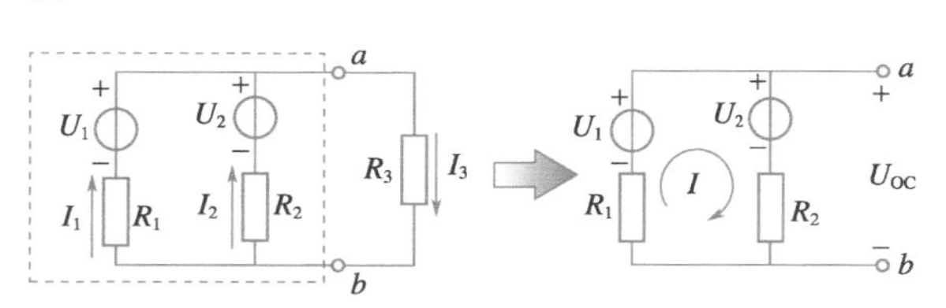

图 3.10　求开路电压

根据 KVL 可得 $I(R_1+R_2)+U_2-U_1=0$

$$I=\frac{U_1-U_2}{R_1+R_2}=\frac{40-20}{4+4}=2.5\text{A}$$

则 $U_{OC}=U_2+IR_2=20+2.5\times4=30\text{V}$ 或 $U_{OC}=U_1-IR_1=40-2.5\times4=30\text{V}$

U_{OC} 也可用叠加定理等其他方法求得。

② 求等效电阻 R_{eq}（图 3.11）

将所有独立电源置零（理想电压源用短路代替，理想电流源用开路代替）

$$R_{eq}=R_{ab}=\frac{R_1\times R_2}{R_1+R_2}=2\Omega$$

③ 画出等效电路，求电流 I_3（图 3.12）

$$I_3=\frac{U_{OC}}{R_{eq}+R_3}=\frac{30}{2+13}=2\text{A}$$

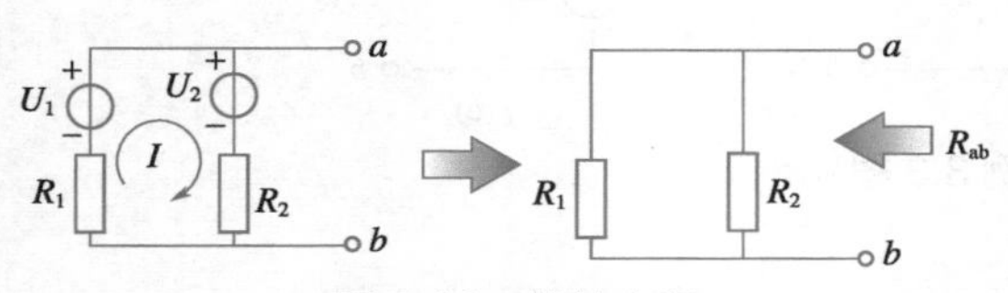

图 3.11 等效电阻

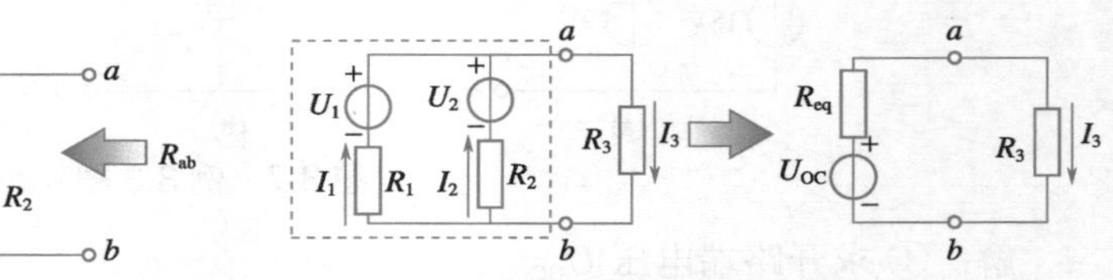

图 3.12 等效电路图

【例 3.5】用戴维南定理计算图 3.13（a）所示电路中电阻 R_L 上的电流。

解：① 把电路分为待求支路和有源二端网络两个部分。断开待求支路求开路电压 U_{OC}，如图 3.13（b）所示。

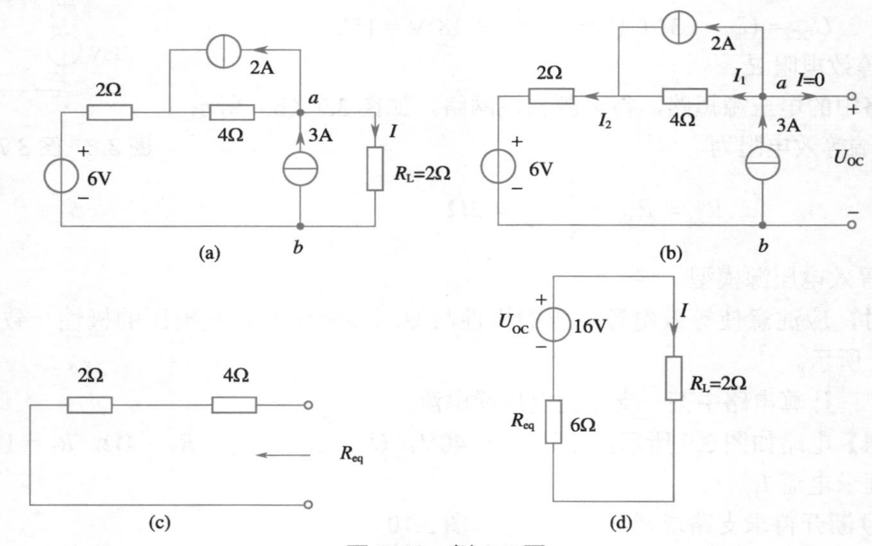

图 3.13 例 3.5 图

② 求有源二端网络的开路端电压 U_{OC}。因为此时 $I=0$，由图 3.13（b）可得

$$I_1=3-2=1\text{A}$$

$$I_2=2+1=3\text{A}$$

$$U_{OC}=(1\times4+3\times2+6)\text{V}=16\text{V}$$

③ 求等效电阻 R_{eq}

将所有独立电源置零，如图 3.13（c）所示，则

$$R_{eq} = 2 + 4 = 6\Omega$$

④ 画出等效电压源模型，接上待求支路，等效电路如图 3.13（d）所示。所求电流为

$$I = \frac{U_{OC}}{R_{eq} + R_L} = \frac{16}{6+2} = 2A$$

【例 3.6】已知：$R_1 = 20\Omega$，$R_2 = 30\Omega$，$R_3 = 30\Omega$，$R_4 = 20\Omega$，$E = 10V$，电路如图 3.14（a）所示。求：$R_5 = 10\Omega$ 时，$I_5 = ?$

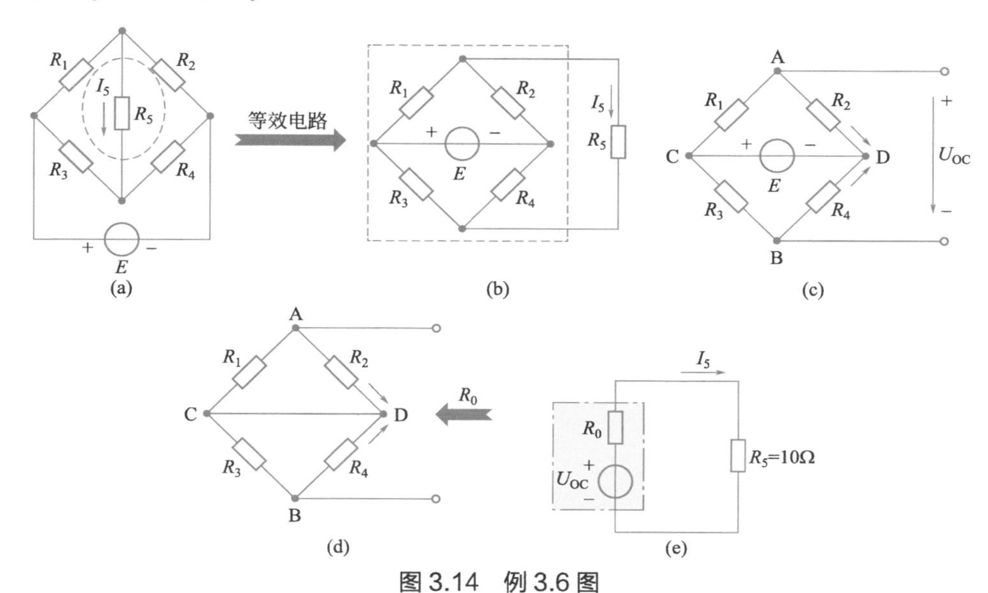

图 3.14　例 3.6 图

① 分析电路，要计算 R_5 的电流，应用戴维南定理，先单列出该支路，其余部分等效为一个有源二端网络，电路改化为图 3.14（b）所示。

② 断开待求支路，电路如图 3.14（c）所示，各节点用 A、B、C、D 字母表示，电流方向如图所示。求该有源二端网络开路电压 U_{OC}。

$$U_{OC} = U_{AD} + U_{DB} = \frac{E}{R_1 + R_2} \times R_2 + \left(-\frac{E}{R_3 + R_4} \times R_4\right) = 2V$$

③ 电路如图 3.14（d）所示，求对应无源网络的等效电阻 R_0（此时，电压源短路，电流源开路）。

$$R_0 = \frac{R_1 R_2}{R_1 + R_2} + \frac{R_3 R_4}{R_3 + R_4} = 24\Omega$$

④ 画出图 3.14（b）所示电路的等效电路，如图 3.14（e）所示。

根据等效电路，求未知电流得 $I_5 = \dfrac{U_{OC}}{R_0 + R_5} = \dfrac{2}{24+10} = 0.059A$

即 $I_5 = 0.059A$

应用三：最大功率传输

【例 3.7】试求【例 3.5】中负载电阻 R_L 的功率。若 R_L 为可调电阻，问 R_L 为何值时获得

的功率最大？其最大功率是多少？由此总结出负载获得最大功率的条件。

解：① 利用【例 3.5】的计算结果可得：$P_L = I^2R_L = 2^2 \times 2 = 8W$

② 若负载 R_L 是可变电阻，由图 3.13（d），可得

$$I = \frac{U_{OC}}{R_{eq} + R_L}$$

则 R_L 从网络中所获得的功率为

$$P_L = \left(\frac{U_{OC}}{R_{eq} + R_L}\right)^2 R_L$$

上式说明：负载从电源中获得的功率取决于负载本身的情况，当负载开路（无穷大电阻）或短路（零电阻）时，功率皆为零。当负载电阻在 0 ～∞之间变化时负载可获得最大功率。这个功率最大值 P_{max} 应发生在 $\frac{dP_L}{dR_L} = 0$的时候，经计算得

$$R_L = R_{eq} = 6\Omega$$

$$P_{Lm} = \left(\frac{U_{OC}}{2R_{eq}}\right)^2 R_{eq} = \frac{U_{OC}^2}{4R_{eq}} = \frac{16^2}{4 \times 6} = 10.7W$$

综上所述，负载获得最大功率的条件是负载电阻等于等效电源的内阻，即 $R_L = R_{eq}$。电路的这种工作状态称为电阻匹配。电阻匹配的概念在电子技术中有着重要的应用，有关内容可参阅变压器中的相关内容。

练一练

1. 测得一有源二端网络的开路电压为 60V，短路电流为 3A，则把一个电阻为 $R = 100\Omega$ 接到该网络的引出点，R 上的电压为（　　）V。

A. 60　　B. 50

C. 300　　D. 100

2. 用戴维南定理分析电路“入端电阻”时，应将内部的电动势（　　）处理。

A. 作开路　　B. 作短路

C. 不进行　　D. 可任意

3. 已知两个电压源并联，如图 3.15 所示，试求其等效电压源的电动势和内阻。

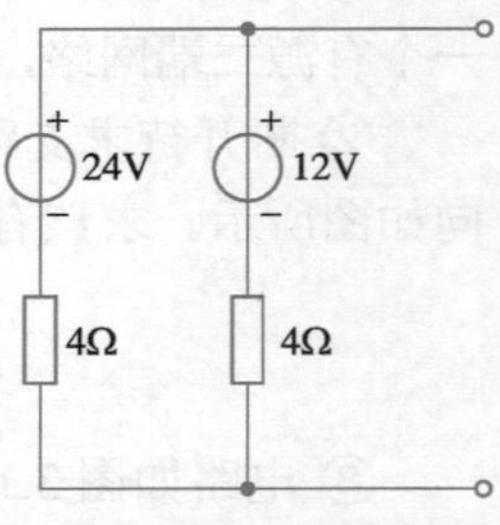

图 3.15　题 3 图

※模块 12　节点电压法

① 节点电压法有什么优点?

② 节点电压法的参考点可以为任意节点吗?

对于节点较少而网孔较多的电路，用支路电流法比较麻烦，方程过多，不易求解。在这种情况下，如果选取节点电压作为独立变量，可使计算简便得多。这就是我们要学习的另一种方法——节点电压法，首先看一下什么叫节点电压。

1. 节点电压

任意选择电路中某一节点作为参考节点，其余节点与此参考节点间的电压分别称为对应的节点电压。

节点电压的参考极性均以所对应节点为正极性端，以参考节点为负极性端。如图 3.16 所示的电路，选节点 0 为参考节点，则其余两个节点 1 和 2 的电压分别为 U_{n1}、U_{n2}。节点电压有两个特点：

独立性：节点电压自动满足 KVL，而且相互独立。

完备性：电路中所有支路电压都可以用节点电压表示。

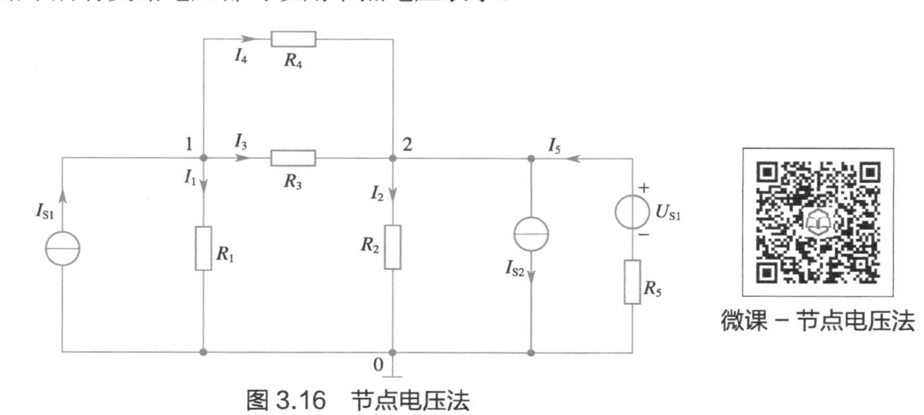

图 3.16　节点电压法

2. 节点电压法

<u>以节点电压为未知量，列除参考点外的n-1个节点的KCL方程，联立求解该方程组求出节点电压，进而求出各支路电流的方法，称为节点电压法。</u>

现通过图 3.16 所示电路求解各支路电流来阐述节点电压法。

① 图 3.16 中，节点 0 为参考点，节点 1、2 的电压分别为 U_{n1}、U_{n2}，各支路电流方向如图中所示。

② 各条支路的电流分别用节点电压表示为

动画－节点电压法

$$\left.\begin{aligned}I_1&=\frac{U_{n1}}{R_1}\\I_2&=\frac{U_{n2}}{R_2}\\I_3&=\frac{U_{n1}-U_{n2}}{R_3}=\frac{1}{R_3}(U_{n1}-U_{n2})\\I_4&=\frac{U_{n1}-U_{n2}}{R_4}=\frac{1}{R_4}(U_{n1}-U_{n2})\\I_5&=\frac{U_{S1}-U_{n2}}{R_5}=\frac{1}{R_5}(U_{S1}-U_{n2})\end{aligned}\right\}\tag{3-3}$$

根据 KCL 列 1、2 节点的电流方程：

$$\left.\begin{aligned}\text{节点1：}\quad &I_{S1}-I_1-I_4-I_3=0\\\text{节点2：}\quad &I_3+I_4+I_5-I_2-I_{S2}=0\end{aligned}\right\}\tag{3-4}$$

将式（3-3）代入式（3-4），整理得

$$\left.\begin{aligned}\left(\frac{1}{R_1}+\frac{1}{R_3}+\frac{1}{R_4}\right)U_{n1}-\left(\frac{1}{R_3}+\frac{1}{R_4}\right)U_{n2}&=I_{S1}\\-\left(\frac{1}{R_3}+\frac{1}{R_4}\right)U_{n1}+\left(\frac{1}{R_2}+\frac{1}{R_3}+\frac{1}{R_4}+\frac{1}{R_5}\right)U_{n2}&=-I_{S2}+\frac{U_{S1}}{R_5}\end{aligned}\right\}\tag{3-5}$$

③ 求解式（3-5）对应的方程组，可求出节点电压 U_{n1}，U_{n2}，便可求出各支路电流。

温馨提示

① 式（3-5）等式左边$\frac{1}{R_1}+\frac{1}{R_3}+\frac{1}{R_4}$为节点 1 的自导，$\frac{1}{R_2}+\frac{1}{R_3}+\frac{1}{R_4}+\frac{1}{R_5}$为节点 2 的自导，因 R_3、R_4 接在节点 1、2 之间，所以$\frac{1}{R_3}+\frac{1}{R_4}$为互导，而自导总是正的，互导总是负的；

② 等式右边电源电流流入为正，流出为负。

3. 节点电压法解题步骤

根据以上讨论，可归纳出节点电压法的主要步骤如下：

① 选择参考节点，设定参考方向；

② 根据以上规则，列出节点电压方程；

③ 联立求解方程组，解得各节点电压；

④ 选各支路电流参考方向，求出各支路电流。

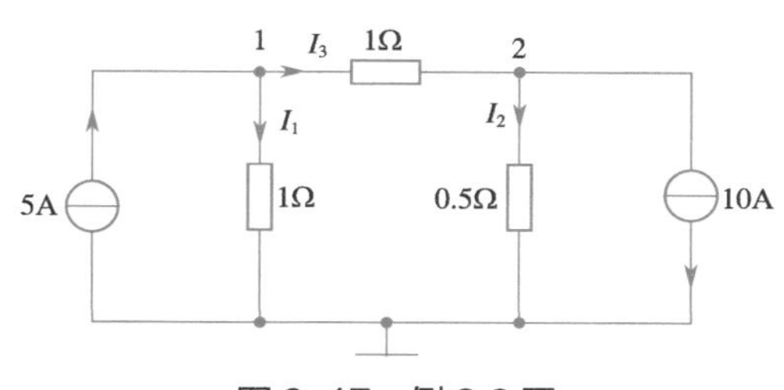

图 3. 17 例 3.8 图

节点电压法只需对（n - 1）个独立节点列写 KCL 方程，而省去了按 KVL 列写的独立回路电压方程，所以对节点数较少的电路特别适用。

【例 3.8】用节点电压法求图 3.17 中各电阻支路电流。

解：① 参考点与电流参考方向如图 3.17 所示。

② 列出节点 1、2 的电压方程

$$\left.\begin{aligned}\left(\frac{1}{1}+\frac{1}{1}\right)U_{n1}-\frac{1}{1}U_{n2}=5\text{A}\\-\frac{1}{1}U_{n1}+\left(\frac{1}{1}+\frac{1}{0.5}\right)U_{n2}=-10\text{A}\end{aligned}\right\}$$

③ 整理得

$$\left.\begin{aligned}2U_{n1}-U_{n2}=5\\-U_{n1}+3U_{n2}=-10\end{aligned}\right\}$$

解得各节点电压为：$U_{n1}=1\text{V}$，$U_{n2}=-3\text{V}$

④ 根据图示电流方向，可求得

$$I_1=\frac{U_{n1}}{1}=\frac{1}{1}=1\text{A}$$

$$I_2=\frac{U_{n2}}{0.5}=\frac{-3}{0.5}=-6\text{A}$$

$$I_3=\frac{U_{n1}-U_{n2}}{1}=\frac{1-(-3)}{1}=4\text{A}$$

练一练

1. 下列电路中，（　　）电路一般用节点电正法求解较容易。

A. 具有两个节点，支路电路较多　　B. 具有两个节点，两条支路

C. 节点数较多，支路较少　　D. 节点数较多，回路电路较少

2. 用节点电压法求图 3.18 所示电路中各支路电流 I_1、I_2、I_3。 已 知：$R_1=18\Omega$，$R_2=4\Omega$，$R_3=4\Omega$，$U_{S1}=15\text{V}$，$U_{S2}=20\text{V}$。

3. 对于含理想电压源的电路，如何用节点电压法进行电路计算？

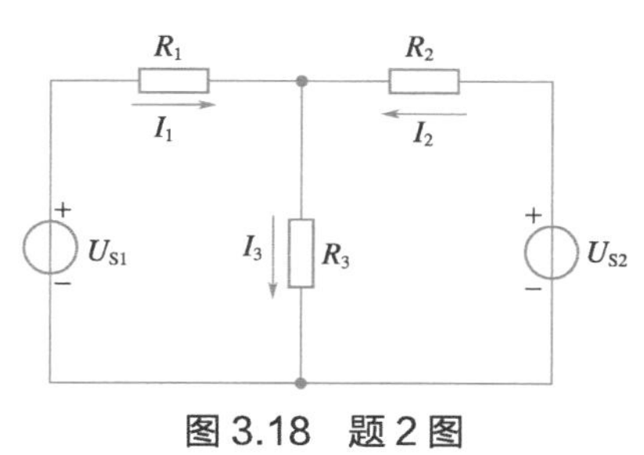

图 3.18 题 2 图

3.1　试用两种不同的方法求图 3.19 所示电路中的 I、U。

3.2　如图 3.20 所示，用支路电流法求 I_1、I_2、I_3 的值。

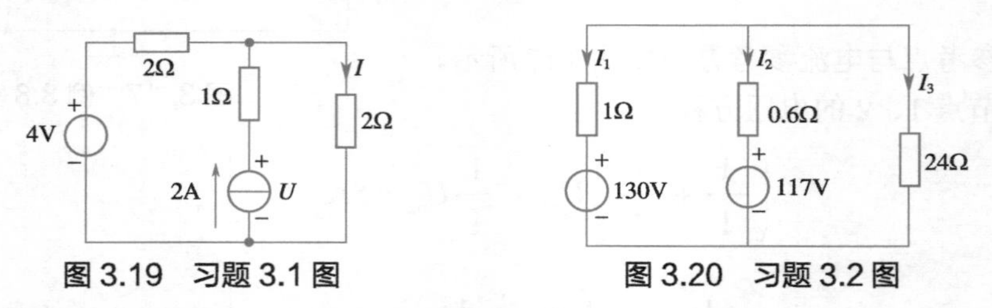

图 3.19　习题 3.1 图　　　图 3.20　习题 3.2 图

3.3　电路如图 3.21 所示。用叠加定理计算 1Ω 支路中的电流 I。

3.4　应用叠加定理计算图 3.22 所示电路中 I 和 U。

3.5　应用叠加定理求图 3.23 所示电路中电压 U。

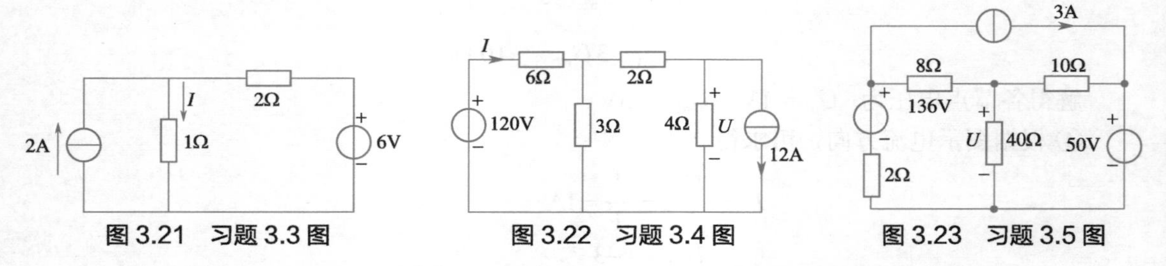

图 3.21　习题 3.3 图　　　图 3.22　习题 3.4 图　　　图 3.23　习题 3.5 图

3.6　分别应用戴维南定理将图 3.24（a）～（d）所示各电路化为等效电压源。

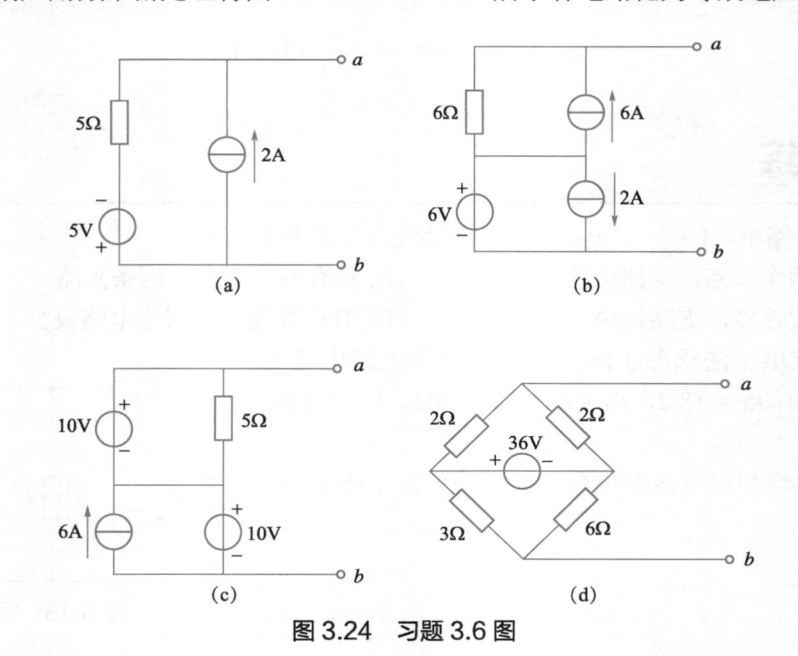

图 3.24　习题 3.6 图

3.7　用戴维南定理求图 3.25（a）、（b）所示电路中的电压 U 或电流 I。

3.8　在图 3.26 电路中，电流 I 的最大值为多少？R 为何值时，可在电阻 R 上获得最大功率？

3.9　电路如图 3.27 所示。试用任意一种方法计算 10Ω 电阻中的电流 I。

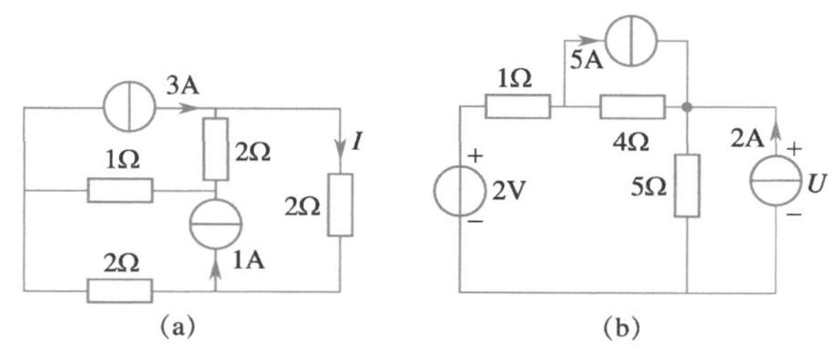

图 3.25　习题 3.7 图

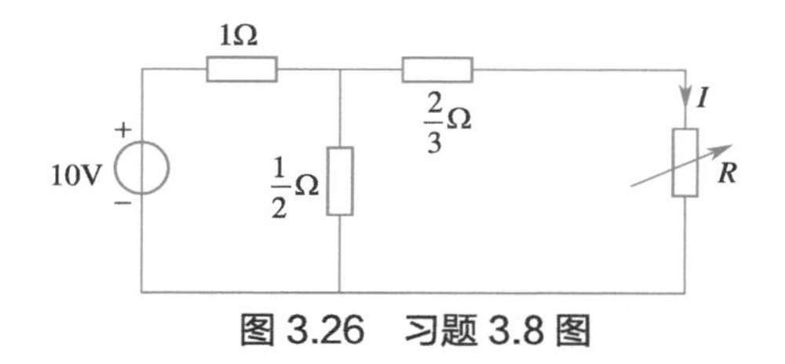

图 3.26　习题 3.8 图

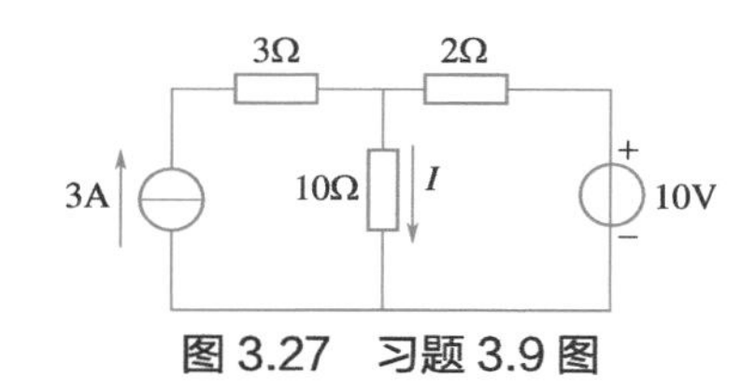

图 3.27　习题 3.9 图

※3.10　如图 3.28 所示，试用节点电压法求 U_{ab} 和 I_1。

※3.11　试用节点电压法求图 3.29 所示电路中各电阻支路中的电流。

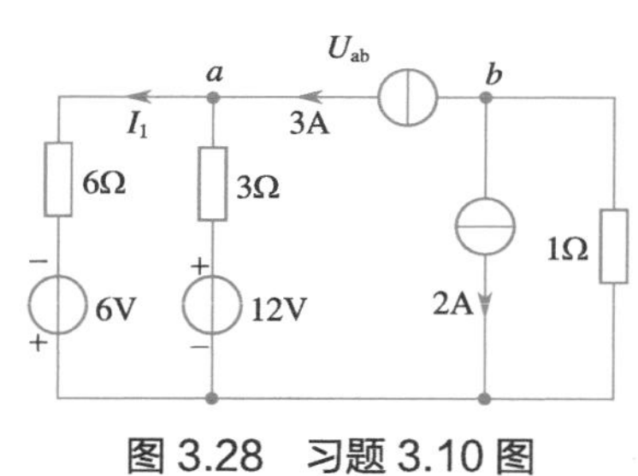

图 3.28　习题 3.10 图

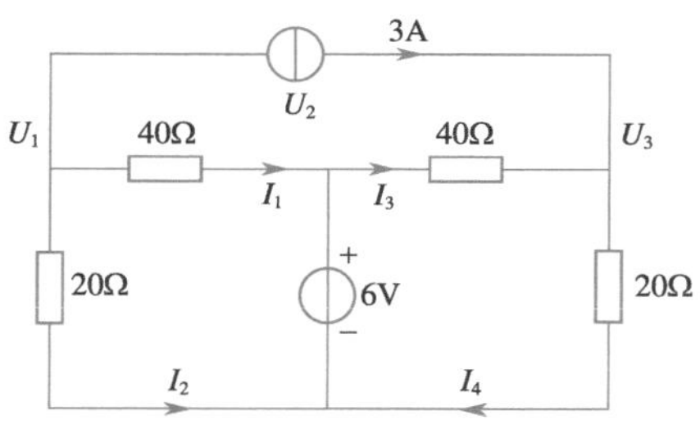

图 3.29　习题 3.11 图

第4单元 相量法

单元导读

从本单元开始，一直到第 6 单元将对正弦交流电路进行稳态分析。电路按电源的种类划分，可分为直流电路和交流电路。目前世界上电力工程中所用的电压、电流，几乎全部都采用正弦函数的形式，因此又称为正弦交流电。

相量法是分析计算正弦交流稳态电路的一种方法，其实质是用复数来表述正弦交流量，从而简化复杂的电路计算。

本单元将讲述正弦交流量的各个要素以及如何用相量法表示正弦交流量及相关的电路定律。

专业词汇

交流电路——alternating current circuit（ac）

正弦交流电路——sinusoidal ac circuit

有效值——effective value

相位——phase

感抗——inductive reactance

容抗——capacitive reactance

初相位——initial phase

频率——frequency

相量——phasor

相量图——phasor diagram

知识结构

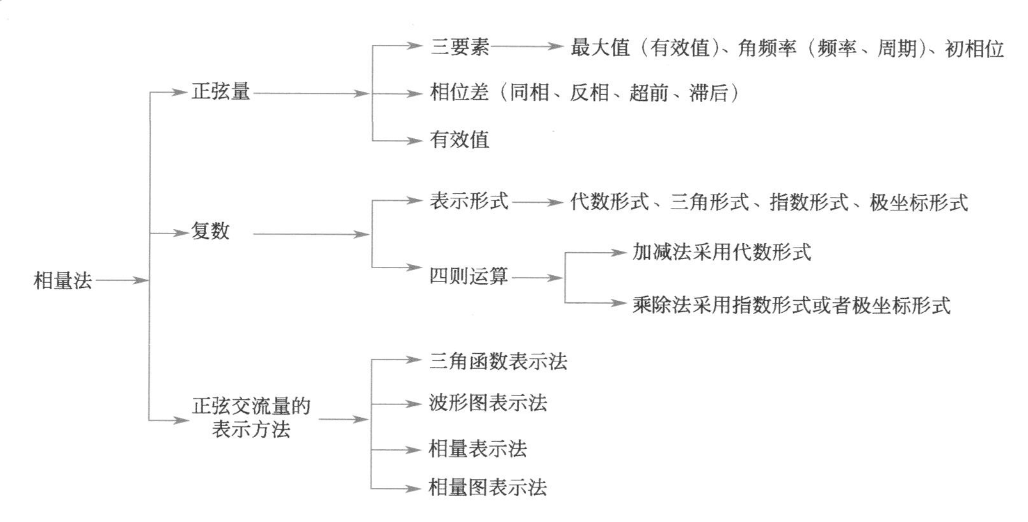

模块 13　正弦量的概念

① 什么是正弦量?
② 正弦量的三要素指哪些物理量?

电气名人历史珍闻－尼古拉 · 特斯拉

随时间按正弦规律变化的电流称为正弦电流，同样地有正弦电动势、正弦电压、正弦磁通等。这些按正弦规律变化的物理量统称为正弦量。

1. 正弦量及其三要素

本模块主要研究正弦量的三要素，以正弦电流为例进行分析。设图 4.1 中通过元件的电流 i 是正弦电流，其参考方向如图所示。正弦电流的一般表达式为：

$$i(t) = I_m \sin(\omega t + \psi_i) \tag{4-1}$$

它表示电流i是时间t的正弦函数，不同的时间有不同的量值，称为瞬时值，用小写字母表示。电流i的时间函数曲线如图4.2所示，称为波形图。

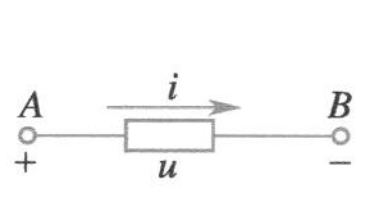

图 4.1　电路元件

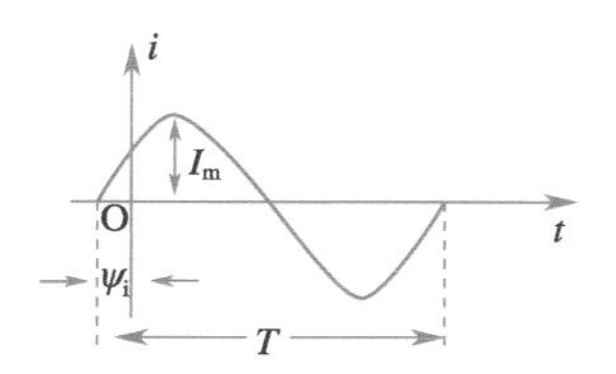

图 4.2　正弦电流波形图

① 电流值有正有负，当电流值为正时，表示电流的实际方向和参考方向一致；
② 当电流值为负时，表示电流的实际方向和参考方向相反；
③ 符号的正负只有在规定了参考方向时才有意义，这与直流电路是相同的。

式（4-1）中 I_m 为正弦电流的最大值（幅值），即正弦量的振幅，用大写字母加下标 m 表示正弦量的最大值，例如 I_m、U_m、E_m 等，它反映了正弦量变化的幅度。

$(\omega t+\psi_i)$ 随时间变化，称为正弦量的相位，它描述了正弦量变化的进程或状态。ψ_i 为 $t=0$ 时刻的相位，称为初相位（初相角），简称初相。习惯上取 $|\psi_i|\leqslant 180°$。图 4.3（a）、（b）分别表示初相位为正和负值时正弦电流的波形图。

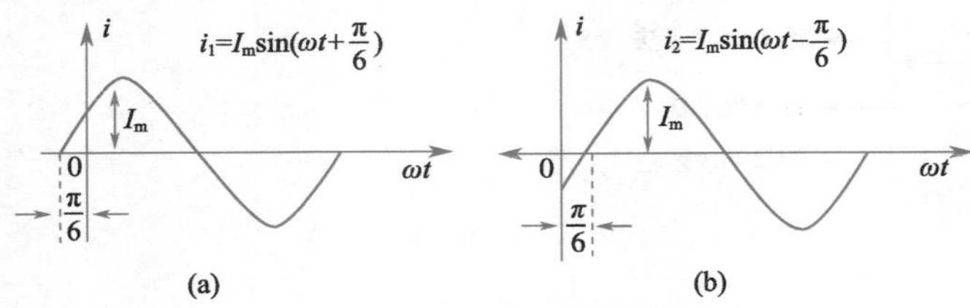

图 4.3 正弦电流的初相位

概念对对碰－周期、频率、角频率

正弦电流每重复变化一次所经历的时间间隔即为它的周期，用 T 表示，周期的单位为秒（s）。正弦电流每经过一个周期 T，对应的角度变化了 2π 弧度，所以

$$\omega T=2\pi$$

$$\omega=\frac{2\pi}{T}=2\pi f \qquad (4\text{-}2)$$

电气名人历史珍闻－海因里希·鲁道夫·赫兹

式中，ω 为角频率，表示正弦量在单位时间内变化的角度，反映正弦量变化的快慢，用弧度 / 秒（rad/s）作为角频率的单位；$f=1/T$ 是频率，表示单位时间内正弦量变化的循环次数，单位为赫兹（Hz）。

温馨提示

① 我国电力系统用的正弦交流电的频率（工频）为 50Hz；
② 有很多国家，例如美国、加拿大、日本等国家交流电的频率为 60Hz。

最大值、角频率和初相位称为正弦量的三要素。知道了这三个要素就可确定一个正弦量。例如，若已知一个正弦电流 $I_m=10\text{A}$，$\omega=314\text{rad/s}$，$\psi=60°$，就可以写出表达式

$$i(t)=10\sin(314t+60°)\text{A}$$

微课－正弦量的概念

正弦量的初相位 ψ 的大小与所选的计时时间起点有关。计时起点选择不同，初相位就不同。当研究一个正弦量时，可选用 $\psi_i=0$，则此时

$$i(t)=I_m\sin(\omega t)\text{A}$$

称为参考正弦量。

2. 相位差

在正弦交流电路分析中，经常要比较两个同频率正弦量之间的相位。任意两个同频率的正弦电流

$$i_1(t)=I_{m1}\sin(\omega t+\psi_1)$$
$$i_2(t)=I_{m2}\sin(\omega t+\psi_2)$$

的相位差是

$$\varphi_{12}=(\omega t+\psi_1)-(\omega t+\psi_2)=\psi_1-\psi_2 \quad (4\text{-}3)$$

相位差在任何瞬间都是一个与时间无关的常量，等于它们初相位之差。习惯上取 $|\varphi_{12}|\leqslant 180°$ 。

温馨提示

① 若两个同频率正弦电流的相位差为零，即 $\varphi_{12}=0$，则称这两个正弦量为同相位，简称同相，如图 4.4 中的 i_1 与 i_3；

② 若 $\psi_1-\psi_2>0$，则称 i_1 超前 i_2，超前角度 $\psi_1-\psi_2$；

③ 若 $\psi_1-\psi_2<0$，则称 i_1 滞后 i_2，滞后角度 $\psi_1-\psi_2$；

④ 如果两个正弦电流的相位差为 $\varphi_{12}=\pi$，则称这两个正弦量为反相；

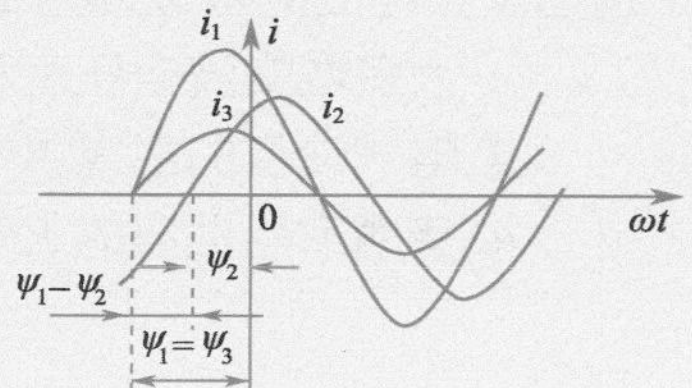

图 4.4　正弦量的相位关系

⑤ 如果 $\varphi_{12}=\pm\dfrac{\pi}{2}$，则称这两个正弦量为正交。

3. 有效值

正弦电流是随时间变化的。要完整地描述它们就需要用它的表达式或波形图。在电工技术中，往往并不要求知道每一瞬时的大小，这就需要为它们规定一个表征大小的特定值即有效值。以电流的热效应为依据，有效值定义如下：周期电流 i 流过电阻 R 在一个周期 T 内所产生的能量与直流电流 I 流过电阻 R 在时间 T 内所产生的能量相等，则此直流电流的量值为此周期性电流的有效值。

动画 – 交流电的有效值

周期性电流 i 流过电阻 R，在时间 T 内，电流 i 所产生的能量为

$$W_1=\int_0^T i^2 R\mathrm{d}t$$

直流电流 I 流过电阻 R 在时间 T 内所产生的能量为

$$W_2=I^2RT$$

概念对对碰 – 瞬时值、最大值、有效值

当两个电流在一个周期 T 内所作的功相等时，有

$$I^2RT=\int_0^T i^2 R\mathrm{d}t$$

于是，得

$$I=\sqrt{\frac{1}{T}\int_0^T i^2\mathrm{d}t} \quad (4\text{-}4)$$

上式就是周期性电流 i 的有效值的定义式。此式表明，周期电流的有效值是瞬时值的平方在一个周期内的平均值再开平方，所以有效值又称为方均根值。对正弦电流则有

$$I=\sqrt{\frac{1}{T}\int_0^T i^2\mathrm{d}t}=\sqrt{\frac{1}{T}\int_0^T I_\mathrm{m}^2\sin^2(\omega t+\psi)\mathrm{d}t}$$

$$=\frac{I_\mathrm{m}}{\sqrt{2}}\approx 0.707I_\mathrm{m} \tag{4-5}$$

同理可得 $U=U_\mathrm{m}/\sqrt{2}$　　$E=E_\mathrm{m}/\sqrt{2}$

温馨提示

① 在工程上凡谈到周期性电流或电压、电动势等量值时，凡无特殊说明总是指有效值，一般电气设备铭牌上所标明的额定电压和电流值都是指有效值，如灯泡上注明电压 220V 字样，是指额定电压的有效值为 220V；

② 大多数交流电压表和电流表都是测量有效值；

③ 电气设备的绝缘水平——耐压，则是按最大值考虑；

④ 普通家用插座的火线与零线两孔间的电压也是 220V。

动画－测电笔的使用

练一练

1. 指出正弦电压 $u=1410\sin(6280t+45°)$（V）的最大值、有效值、频率、角频率、周期、相位和初相位各是多少？

2. 设 $u_1=U_\mathrm{m}\sin(\omega t)$（V），$u_2=U_\mathrm{m}\sin(\omega t+\pi)$（V）。则（　　）是正确的。

A. u_1 超前 u_2

B. u_2 超前 $u_1 90°$

C. u_1、u_2 同相

D. u_1、u_2 反相

3. 图 4.5 所示，其电压解析式为（　　）。

A. 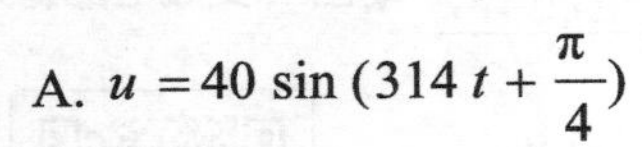 $u=40\sin(314t+\frac{\pi}{4})$

B. $u=40\sin(314t-\frac{\pi}{4})$

C. 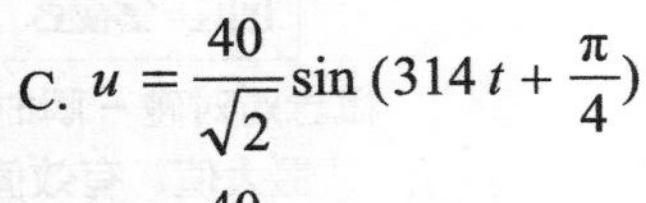 $u=\frac{40}{\sqrt{2}}\sin(314t+\frac{\pi}{4})$

D. 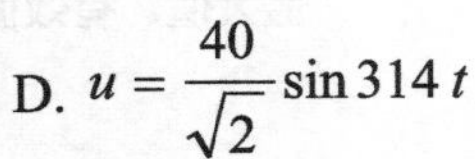 $u=\frac{40}{\sqrt{2}}\sin 314t$

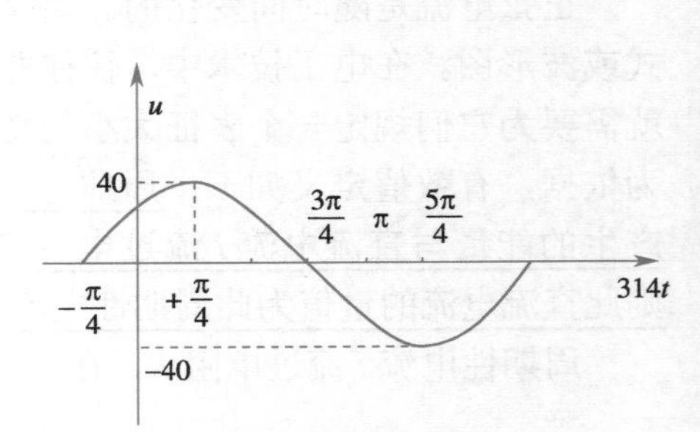

图4.5　题3图

4. 灯泡上注明电压 220V 字样是指其承受电压的（　　）为 220V。

A. 最大值　　B. 有效值　　C. 瞬时值　　D. 平均值

模块 14　正弦量的相量表示法

① 为什么学相量法要先学复数？
② 进行复数的加减乘除运算时采用复数的哪种表示形式较好？
③ 为什么可以用复数来表示正弦量？
④ 正弦量和相量是不是相等的？

相量法是分析计算正弦交流电路的重要方法，由于相量法要涉及复数的运算，所以在介绍相量法之前，先复习复数的运算。

1. 复数及其表示形式

设 A 是一个复数，并设 a 和 b 分别为它的实部和虚部，则有

$$A = a + \mathrm{j}b \tag{4-6}$$

式中，$\mathrm{j}=\sqrt{-1}$ 是虚数单位（为避免与电流 i 混淆，在电工中选用 j 表示虚数单位），常用 Re［A］表示取复数 A 的实部，用 Im［A］表示取复数 A 的虚部，即 $a=\mathrm{Re}[A]$，$b=\mathrm{Im}[A]$，a 和 b 都是实数。式（4-6）表示形式称为复数的代数形式。

复数可以用复平面上所对应的点表示。作一直角坐标系，以横轴为实轴，纵轴为虚轴，此直角坐标所确定的平面称为复平面。复数 A 可以用复平面上坐标为（a，b）的点来表示，如图 4.6 所示。复数 A 还可以用原点指向点（a，b）的矢量来表示，如图 4.7 所示。该矢量的长度称复数 A 的模，记作 $|A|$。

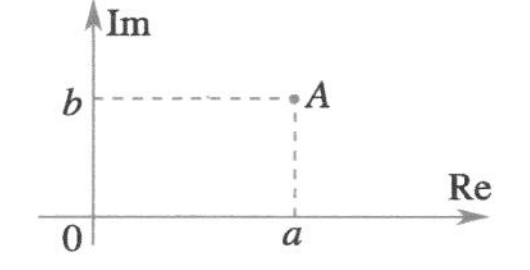

图 4.6　复数在复平面上的表示

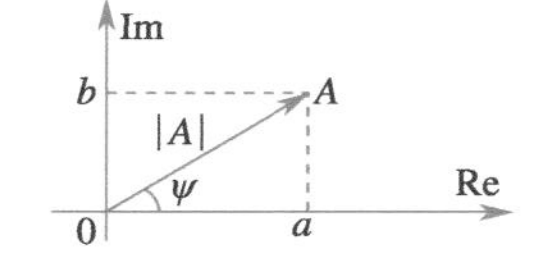

图 4.7　复数的矢量表示

$$|A| = \sqrt{a^2 + b^2}$$

复数 A 的矢量与实轴正向间的夹角 ψ 称为 A 的辐角，记作

$$\psi = \arctan\frac{b}{a}$$

从图 4.7 中可得如下关系：

$$\begin{cases} a = |A|\cos\psi \\ b = |A|\sin\psi \end{cases}$$

复数　$A = a + \mathrm{j}b = |A|(\cos\psi + \mathrm{j}\sin\psi)$

称为复数的三角形式。

再利用欧拉公式　$\mathrm{e}^{\mathrm{j}\psi} = \cos\psi + \mathrm{j}\sin\psi$

又得
$$A=|A|e^{j\psi} \tag{4-7}$$
称为复数的指数形式。在电工中还常常把复数写成如下的极坐标形式
$$A=|A|\angle\psi \tag{4-8}$$

2. 复数运算

（1）复数的加减——代数法

进行复数相加（或相减），要先把复数化为代数形式。设有两个复数：
$$A_1=a_1+jb_1$$
$$A_2=a_2+jb_2$$
$$A_1\pm A_2=(a_1+jb_1)\pm(a_2+jb_2)$$
$$=(a_1\pm a_2)+j(b_1\pm b_2)$$
即复数的加减运算就是把它们的实部和虚部分别相加减。

知识拓展

复数加减方法——图形法

复数相加减也可以在复平面上进行。容易证明：两个复数相加的运算在复平面上是符合平行四边形的求和法则的；两个复数相减时，可先作出（$-A_2$）矢量，然后把 $A_1+(-A_2)$ 用平行四边形法则相加。如图 4.8 所示。

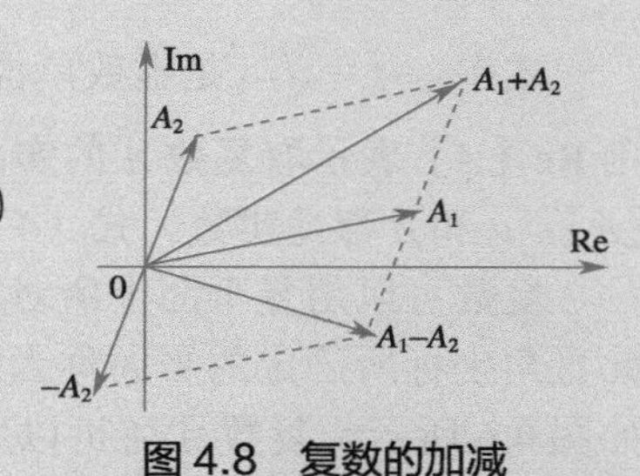

图 4.8　复数的加减

（2）复数的乘除

复数的乘除运算，一般采用极坐标形式。设有两个复数
$$A_1=a_1+jb_1=|A_1|\angle\psi_1$$
$$A_2=a_2+jb_2=|A_2|\angle\psi_2$$
$$A_1A_2=|A_1|\cdot|A_2|\angle(\psi_1+\psi_2)$$
$$\frac{A_1}{A_2}=\frac{|A_1|}{|A_2|}\angle(\psi_1-\psi_2)$$

微课 - 复数的运算

即复数相乘时，将模和模相乘，辐角相加；复数相除时，将模相除，辐角相减。

温馨提示

① 进行复数的加减运算时尽量采用复数的代数表示形式；
② 进行复数的乘除运算时尽量采用复数的极坐标表示形式。

（3）复数相等

若两个复数的模相等，辐角也相等；或实部和虚部分别相等，称两个复数相等。

设
$$A_1=a_1+jb_1=|A_1|\angle\psi_1$$

$$A_2 = a_2 + jb_2 = |A_2| \angle \psi_2$$

若
$$|A_1| = |A_2|，\psi_1 = \psi_2；或 a_1 = a_2，b_1 = b_2$$

则
$$A_1 = A_2$$

知识拓展

共轭复数

若两个复数的实部相等，虚部大小相等但异号，称为共轭复数。与 A 共轭的复数记作 A^*

设 $A = a + jb = |A| \angle \psi$

则其共轭复数为

$A^* = a - jb = |A| \angle -\psi$

可见，一对共轭复数的模相等，辐角大小相等且异号，复平面上对称于横轴。

复数 $e^{j\psi} = 1 \angle \psi$ 是一个模等于1，而辐角等于 ψ 的复数。任意复数 $A = |A|e^{j\psi_1}$ 乘以 $e^{j\psi}$ 等于

$$|A|e^{j\psi_1} \times e^{j\psi} = |A|e^{j(\psi_1+\psi)} = |A| \angle (\psi_1 + \psi)$$

即复数的模不变，辐角变化了 ψ 角，此时复数矢量按逆时针方向旋转了 ψ 角。所以 $e^{j\psi}$ 称为旋转因子。

温馨提示

① 使用最多的旋转因子是 $e^{j90^\circ} = j$ 和 $e^{j(-90^\circ)} = -j$；

② 任何一个复数乘以 j（或除以 -j），相当于将该复数矢量按逆时针旋转 90°；

③ 乘以 -j 则相当于将该复数矢量按顺时针旋转 90°。

【例 4.1】已知 $A = 6 + j8 = 10\angle 53.1^\circ$，$B = -7.07 + j7.07 = 10\angle 135^\circ$，试计算 $A+B$、$A-B$、$A \cdot B$ 和 A/B。

解：$A + B = 6 + j8 + (-7.07 + j7.07) = -1.07 + j15.07$

$A - B = 6 + j8 - (-7.07 + j7.07) = 13.07 + j0.93$

$A \cdot B = (10\angle 53.1^\circ)(10\angle 135^\circ) = 100\angle 188.1^\circ = 100\angle -171.9^\circ$

$A / B = (10\angle 53.1^\circ)/(10\angle 135^\circ) = 1\angle -81.9^\circ$

3. 正弦量的相量表示及运算

我们知道一个正弦量可以用三角函数式表示，也可以用正弦曲线波形图表示。但是用这两种方法进行正弦量的计算很繁琐，有必要研究如何简化。

微课－正弦量的相量表示法

在正弦交流电路中，所有的电压、电流都是同频率的正弦量，所以要确定这些正弦量，只要确定它们的有效值和初相就可以了。正弦量的相量表示法就是用复数来表示正弦量，使正弦交流电路的稳态分析与计算转化为复数运算的一种方法。

用来表示正弦量的复数，通常用大写英文字母上打“·”来表示，如$\dot{U}_m$或$\dot{U}$以区别于一般的复数，并称之为相量，它的模等于正弦交流量的最大值或有效值，辐角等于正弦量的初相位。

知识拓展

相量表示的由来

正弦量$u=U_m\sin(\omega t+\psi)$可以写作

$$u=U_m\sin(\omega t+\psi)=\mathrm{Im}[\sqrt{2}Ue^{j(\omega t+\psi)}]=\mathrm{Im}[\sqrt{2}Ue^{j\psi}e^{j\omega t}] \tag{4-9}$$

根据欧拉公式，正弦电压u等于复数函数$\sqrt{2}Ue^{j(\omega t+\psi)}$的虚部，该复数函数包含了正弦量的三要素。而其中复常数部分$Ue^{j\psi}$是包含了正弦量的有效值U和初相角ψ的复数，把这复数称为正弦量的相量，并用符号$\dot{U}$表示，上面的小圆点用来表示相量。则

$$\dot{U}=Ue^{j\psi} \quad 或 \quad \dot{U}=U\angle\psi$$

和复数的表示一样，正弦量$u=U_m\sin(\omega t+\psi)$，它的相量形式也可以用以下多种形式表示：

三角函数形式
$$\left.\begin{aligned}\dot{U}_m&=U_m(\cos\psi+j\sin\psi)\\ \dot{U}&=U(\cos\psi+j\sin\psi)\end{aligned}\right\} \tag{4-10}$$

指数形式
$$\left.\begin{aligned}\dot{U}_m&=U_me^{j\psi}\\ \dot{U}&=Ue^{j\psi}\end{aligned}\right\} \tag{4-11}$$

极坐标形式
$$\left.\begin{aligned}\dot{U}_m&=U_m\angle\psi\\ \dot{U}&=U\angle\psi\end{aligned}\right\} \tag{4-12}$$

① 用相量表示正弦量时，必须把正弦量和相量加以区分；正弦量是时间函数，而相量只包含正弦量有效值和初相位，它只能代表正弦量，而并不等于正弦量；

② 正弦量和相量之间存在着一一对应关系，给定了正弦量，可以得出表示它的相量；反之，由一已知的相量，可以写出所代表的正弦量。

4. 相量图

相量和复数一样，可以在复平面上用矢量表示，这种表示相量的图，称为相量图。如图4.9所示。为了清楚起见，图上省去了虚轴+j，今后有时实轴也可以省去。

【例4.2】已知正弦电压$u_1=100\sqrt{2}\sin(314t+60°)$ V，$u_2=50\sqrt{2}\sin(314t-60°)$ V，写出表示u_1和u_2的相量表示式，并画出相量图。

解：$\dot{U}_1=100\angle 60°$ V

$\dot{U}_2=50\angle -60°$ V

相量图如图 4.10 所示。

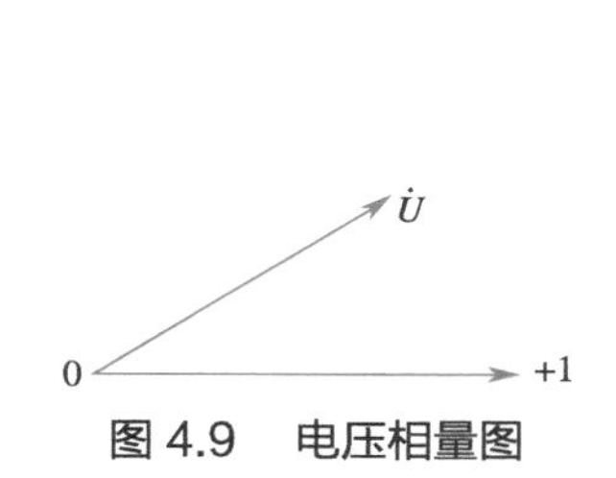

图 4.9　电压相量图

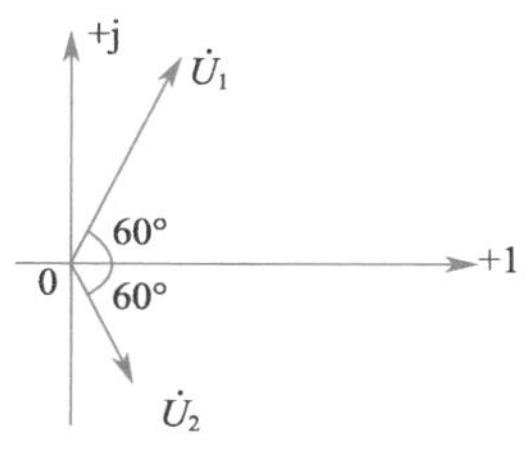

图 4.10　例 4.2 图

【例 4.3】已知两频率均为 50Hz 的电压，表示它们的相量分别为 $\dot{U}_1 = 380\angle 30°$ V，$\dot{U}_2 = 220\angle -60°$ V，试写出这两个正弦电压的瞬时值表达式。

解：$\omega = 2\pi f = 2\pi \times 50 = 314\text{rad/s}$

$$u_1 = 380\sqrt{2}\sin(314t + 30°)\ \text{V}$$

$$u_2 = 220\sqrt{2}\sin(314t - 60°)\ \text{V}$$

【例 4.4】已知 $i_1 = 100\sqrt{2}\sin\omega t$ A，$i_2 = 100\sqrt{2}\sin(\omega t - 120°)$ A，试用相量法求 $i_1 + i_2$。

解：$\dot{I}_1 = 100\angle 0°\ \text{A}$

$\dot{I}_2 = 100\angle -120°\ \text{A}$

$$\dot{I}_1 + \dot{I}_2 = 100\angle 0° + 100\angle -120°$$

$$= 100\angle -60°\ \text{A}$$

$$i_1 + i_2 = 100\sqrt{2}\sin(\omega t - 60°)\ \text{A}$$

由此可见，正弦量用相量表示，可以使正弦量的运算简化。

练一练

1. 将下列各复数写成指数形式。

3 + 4j、4 − 3j、6、j8。

2. 将下列复数写成代数形式。

$80\angle 0°$、$5\angle -90°$、$8\angle 45°$、$30\angle -150°$、$10\angle 90°$。

3. 将下列复数写成极坐标形式。

−4 + 3j、−5 − 5j、10j、5、3 + 4j。

4. 已知 $i_1 = 10\sqrt{2}\sin(\omega t + 45°)$ A，$i_2 = 20\sqrt{2}\sin(\omega t - 45°)$ A，试用相量表示 $\dot{I}_1$、$\dot{I}_2$，画出相量图，并写出 $i = i_1 + i_2$ 的表达式。

5. 已知电压的有效值为 380V，初相角 $\psi = 30°$，以下表达式正确的是（　　）。

A. $u = 380\sin(\omega t + 30°)$ V　　B. $\dot{U} = 380$ V

C. $u = 380\sqrt{2}\sin(\omega t + 30°)$ V　　D. $\dot{U} = 380\angle 30°$

习题

4.1　将下列各复数写成指数形式和极坐标形式。

4 + 3j、5 + 5j、5j、2。

4.2　已知 $\dot{U}_1 = 45\angle 30°$、$\dot{U}_2 = 75\angle 150°$、$f = 50\text{Hz}$，试写出它们所代表的正弦电压。

4.3　已知 $i_1(t) = 5\sin(314t)\text{A}$，$i_2(t) = 5\sin(314t + 90°)\text{A}$，求 $i_1(t) + i_2(t)$。

4.4　有两个正弦量 $u = 10\sqrt{2}\sin(314t + 30°)$ V，$i = 0.5\sqrt{2}\sin(314t - 60°)$ A

试求：① 它们各自的幅值、有效值、角频率、频率、周期、初相位；

② 它们之间的相位差，并说明其超前与滞后关系；

③ 试绘出它们的波形图。

4.5　已知正弦电压和电流的波形图如图 4.11 所示，频率为 50Hz。

① 试指出它们的最大值和初相位以及它们的相位差，并说明哪个正弦量超前？超前多少角度？

② 写出电压、电流的瞬时值表达式；

③ 画出相量图。

4.6　已知两个正弦量，相量图如图 4.12 所示，$i_1 = 10\sqrt{2}\sin(\omega t + 30°)$ A，$i_2 = 5\sqrt{2}\sin(\omega t + 60°)$ A

① 写出两电流的相量形式；

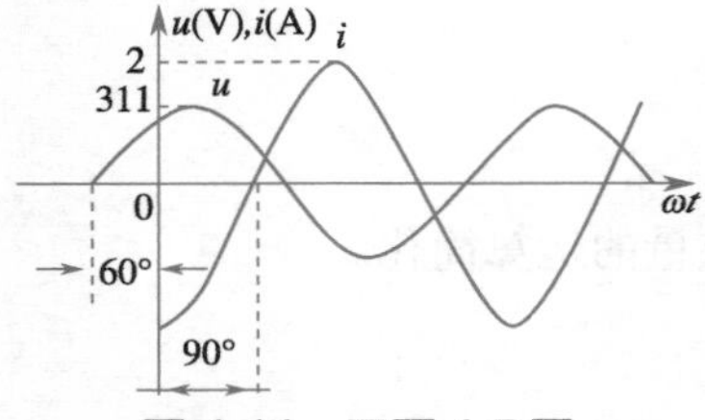

图 4.11　习题 4.5 图

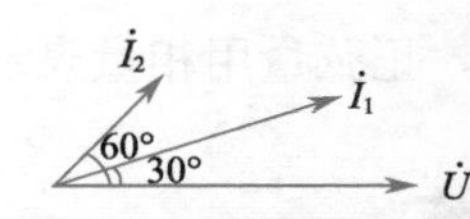

图 4.12　习题 4.6 图

② 试求 $i_1 + i_2 = ?$；$i_1 - i_2 = ?$

4.7　已知有一段电路的电压、电流为：$u = 10\sin(500t - 20°)\text{V}$，$i = 2\sin(500t - 50°)\text{A}$

① 画出它们的波形和相量图；

② 求它们的相位差 φ。

第5单元

正弦稳态电路的分析

单元导读

工厂电气设备和家用电器都广泛使用交流电，而电气设备的等效参数均为电阻、电感和电容元件。例如，日光灯就是电阻与电感串联电路；感应电动机也是电阻与电感串联电路；而工厂常用并联电容器来提高电路的功率因数等。因此，研究电阻、电感、电容这三种基本元件及它们之间不同联接方式下的电压与电流及功率的关系具有十分重要的意义。

本单元首先研究交流电路中的三大基本元件，然后用相量法来分析求解正弦稳态电路，引入阻抗的概念，分析正弦电流电路的瞬时功率和有功功率、无功功率、视在功率等，最后介绍电路的谐振现象。

专业词汇

阻抗——impedance

电抗——reactance

有功功率——active power

无功功率——reactive power

视在功率——apparent power

功率因数——power factor

功率因数补偿——power-factor compensation

串联谐振——series resonance

知识结构

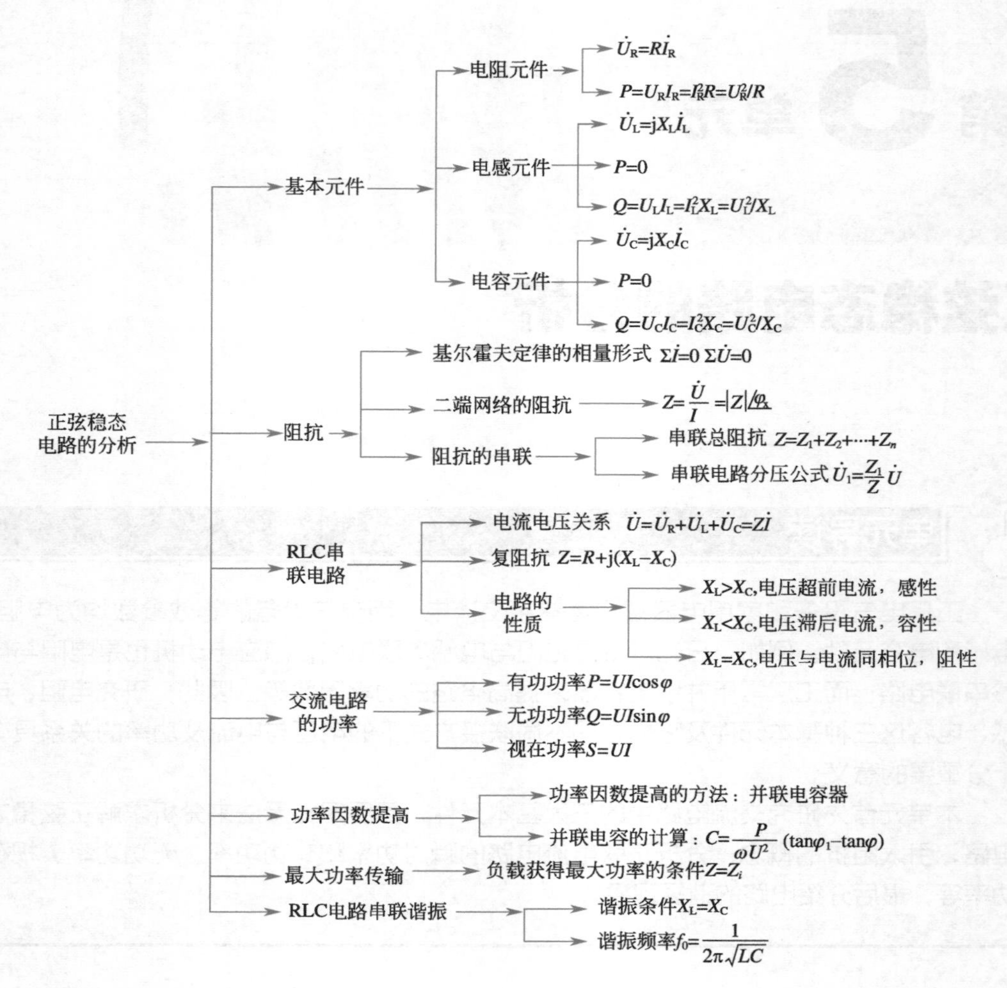

模块15 单一元件交流电路的分析

课前思考

① 交流电路有哪几种基本元件?

② 哪几种元件是储能元件?

③ 为什么人们常把电感元件称为“低通”元件（即低频电流容易通过）而把电容元件称为“高通元件”?

电阻R、电感L、电容C是交流电路中的基本电路元件。在实际交流电路中，一般同时存在着电阻R、电感L和电容C三个参数。在研究某一具体电路时，为了使问题简化，经常抓住起主要作用的参数，忽略其余两个参数的影响。这样电路中只有单一参数在起作用。本模块着重研究三种元件上的电压与电流关系、能量的转换及功率问题。

1. 电阻元件

（1）电阻元件上电压与电流的关系

当电阻两端加上正弦交流电压时，电阻中就有交流电流通过，电压与电流的瞬时值仍然遵循欧姆定律。在图 5.1 中，电压与电流为关联参考方向，则电阻上的电流为

微课－交流电路的电阻元件

$$i_R=\frac{u_R}{R} \tag{5-1}$$

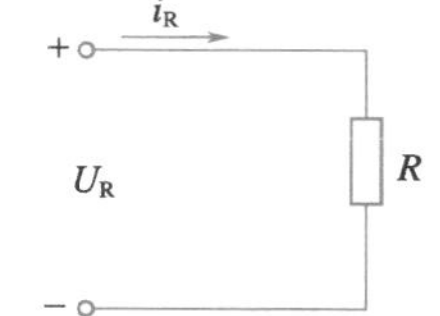

图 5.1　电阻元件

上式是交流电路中电阻元件的电压与电流的基本关系。

如加在电阻两端的是正弦交流电压 $u_R=U_{Rm}\sin(\omega t+\psi_u)$，则电路中的电流为

$$i_R=\frac{u_R}{R}=\frac{U_{Rm}\sin(\omega t+\psi_u)}{R}=I_{Rm}\sin(\omega t+\psi_i) \tag{5-2}$$

式中 $$I_{Rm}=\frac{U_{Rm}}{R}\quad \psi_i=\psi_u$$

写成有效值关系为：

$$I_R=\frac{U_R}{R}\quad 或\quad U_R=RI_R \tag{5-3}$$

① 电阻两端的电压与电流同频率、同相位；
② 电阻两端的电压与电流在数值上成正比。

其波形图如图 5.2 所示（设 $\psi_i=0$）。

电阻元件上电压与电流的相量关系为

$$\dot{U}_R=RI_R\angle\psi_u=RI_R\angle\psi_i\qquad \dot{I}_R=I_R\angle\psi_i$$

则
$$\dot{U}_R=R\dot{I}_R \tag{5-4}$$

式（5-4）就是电阻元件上电压与电流的相量关系，也就是相量形式的欧姆定律。图 5.3 给出了电阻元件的相量模型及相量图。

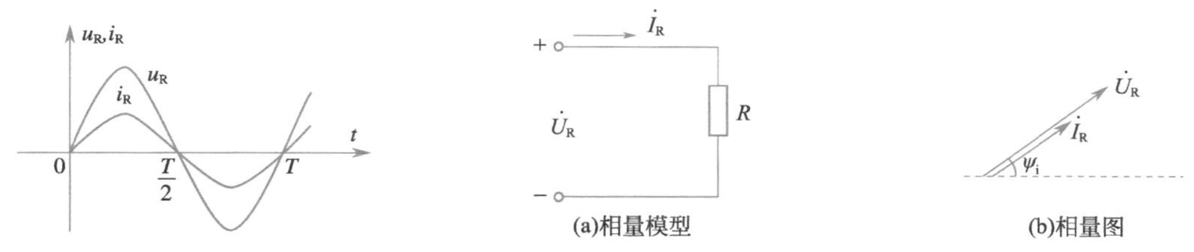

图 5.2　电阻元件的电压、电流波形图　　图 5.3　电阻元件的相量模型及相量图

（2）电阻元件的功率

在交流电路中，任意电路元件上的电压瞬时值与电流瞬时值的乘积称作该元件的瞬时功

率。用小写字母 p 表示。当 u_R，i_R 为关联参考方向时，

$$p = u_R i_R \tag{5-5}$$

若电阻两端的电压、电流为（设初相角为 0°）

$$u_R = U_{Rm}\sin(\omega t),\quad i_R = I_{Rm}\sin(\omega t)$$

则正弦交流电路中电阻元件上的瞬时功率为

$$p = u_R i_R = U_{Rm}\sin(\omega t)\times I_{Rm}\sin(\omega t) \tag{5-6}$$

其电压、电流、功率的波形图如图 5.4 所示。

平均功率
$$P = \frac{1}{T}\int_0^T p\mathrm{d}t = \frac{1}{T}\int_0^T U_R I_R[1-\cos(2\omega t)]\mathrm{d}t = U_R I_R$$

又因
$$U_R = RI_R$$

所以
$$P = U_R I_R = I_R^2 R = U_R^2/R \tag{5-7}$$

由于平均功率反映了元件实际消耗电能的情况，所以又称有功功率。习惯上常简称功率。

温馨提示

① 从图 5.4 中可知，只要有电流流过电阻，电阻 R 上的瞬时功率 $P \geqslant 0$，即吸收功率（消耗功率）；

② 电阻吸收功率的大小在工程上都用平均功率（有功功率）来表示；

③ 周期性交流电路中的平均功率就是瞬时功率在一个周期的平均值。

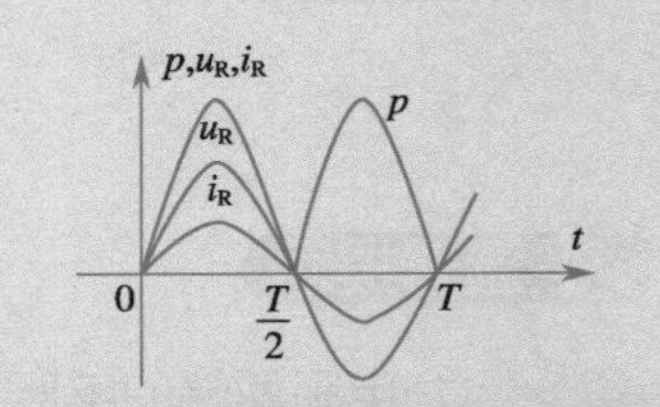

图 5.4　电阻元件的功率波形图

【例 5.1】一额定电压为 220V、功率为 100W 的电烙铁，误接在 380V 的交流电源上，问此时它消耗的功率是多少？会出现什么现象？

解：已知额定电压和功率，可求出电烙铁的等效电阻

$$R = \frac{U_R^2}{P} = \frac{220^2}{100} = 484\,\Omega$$

当误接在 380V 电源上时，电烙铁实际消耗的功率为

$$P_1 = \frac{380^2}{484} = 298\,\mathrm{W}$$

微课 - 交流电路的电感元件

此时，电烙铁内的电阻很可能被烧断。

2. 电感元件

（1）电感元件上电压和电流的关系

设一电感 L 中通入正弦电流，其参考方向如图 5.5 所示。

设 $i_L = I_{Lm}\sin(\omega t + \psi_i)$

则电感两端的电压为

$$
\begin{aligned}
u_L &= L\frac{di_L}{dt} = L\frac{dI_{Lm}\sin(\omega t+\psi_i)}{dt} \\
&= I_{Lm}\omega L\cos(\omega t+\psi_i) \\
&= U_{Lm}\sin(\omega t+\psi_i+\frac{\pi}{2}) \\
&= U_{Lm}\sin(\omega t+\psi_u)
\end{aligned}
\qquad (5\text{-}8)
$$

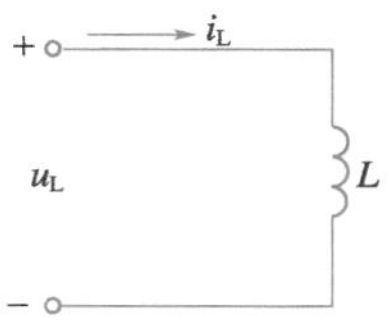

图 5.5　电感元件

动画 – 感抗

式中

$$U_{Lm}=\omega LI_{Lm}\quad \psi_u=\psi_i+\frac{\pi}{2}$$

写成有效值为

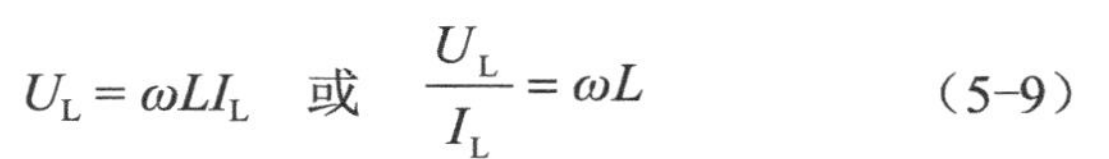

$$U_L=\omega LI_L \quad 或 \quad \frac{U_L}{I_L}=\omega L \qquad (5\text{-}9)$$

温馨提示

① 电感两端的电压与电流同频率；
② 电感两端的电压在相位上超前电流 90°；
③ 电感两端的电压与电流有效值（或最大值）之比为 ωL。

令

$$X_L=\omega L=2\pi fL \qquad (5\text{-}10)$$

X_L 称为感抗，它是用来表示电感元件对电流阻碍作用的一个物理量。它与角频率成正比。单位是欧姆。

在直流电路中，$\omega=0$，$X_L=0$，所以电感在直流电路中视为短路。

将式（5-10）代入式（5-9）得

$$U_L=X_LI_L \qquad (5\text{-}11)$$

电感元件的电压、电流波形图如图 5.6 所示（设 $\psi_i=0$）。

电感元件上电压与电流的相量关系为

$$\dot{I}_L=I_L\angle\psi_i$$

$$\dot{U}_L=\omega LI_L\angle(\psi_i+90^\circ)=j\omega L\dot{I}_L=jX_L\dot{I}_L$$

即

$$\dot{U}_L=jX_L\dot{I}_L \qquad (5\text{-}12)$$

概念对对碰 – 电感与感抗

图 5.7 给出了电感元件的相量模型及相量图。

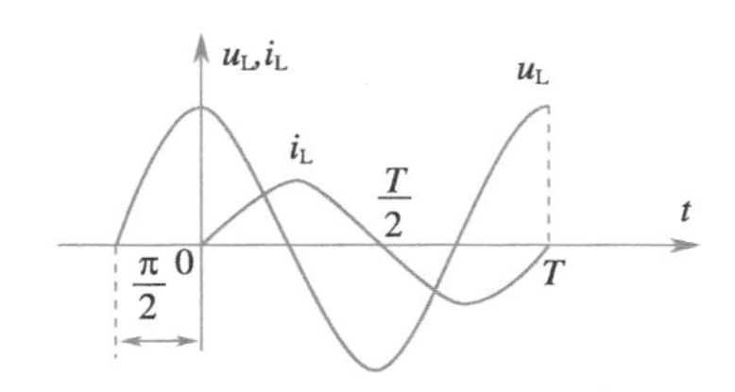

图 5.6　电感元件的电压、电流波形图

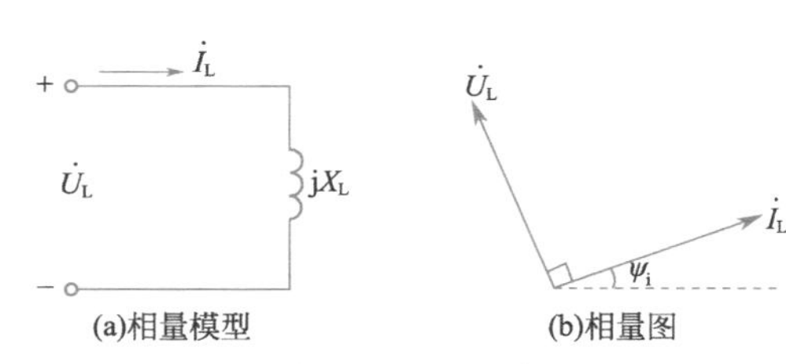

(a)相量模型　(b)相量图

图 5.7　电感元件的相量模型及相量图

（2）电感元件的功率

在电压与电流参考方向一致的情况下电感元件的瞬时功率

$$p = u_L i_L$$

若电感两端的电流、电压为（设 $\psi_i = 0$）

$$i_L = I_{Lm}\sin\omega t$$

$$u_L = U_{Lm}\sin(\omega t + \frac{\pi}{2})$$

则正弦交流电路中电感元件上的瞬时功率为

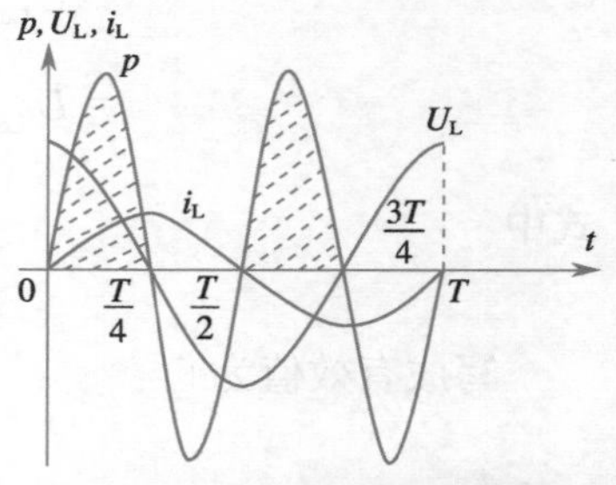

图 5.8　电感元件的功率波形图

$$\begin{aligned} p = u_L i_L &= U_{Lm}\sin(\omega t + \frac{\pi}{2}) \times I_{Lm}\sin\omega t \\ &= U_{Lm}I_{Lm}\sin\omega t\cos\omega t \\ &= U_L I_L \sin 2\omega t \end{aligned} \tag{5-13}$$

其电压、电流、功率的波形图如图5.8所示。由式（5-13）或波形图都可以看出，此功率是以两倍角频率作正弦变化的。

电感在通以正弦电流时，所吸收的平均功率为

$$P = \frac{1}{T}\int_0^T p\mathrm{d}t = \frac{1}{T}\int_0^T U_L I_L \sin 2\omega t\mathrm{d}t = 0 \tag{5-14}$$

温馨提示

① 电感元件是不消耗能量的，它是储能元件，一个周期内消耗的平均功率为零；

② 电感吸收的瞬时功率不为零，在第一和第三个 1/4 周期内，瞬时功率为正值，电感吸取电源的电能，并将其转换成磁场能量储存起来；在第二和第四个 1/4 周期内，瞬时功率为负值，将储存的磁场能量转换成电能返送给电源。

为了衡量电源与电感元件间的能量交换的大小，把电感元件瞬时功率的最大值称为其无功功率，用 Q_L 表示。

$$Q_L = U_L I_L = I_L^2 X_L = \frac{U_L^2}{X_L} \tag{5-15}$$

无功功率的单位为乏（var），工程中有时也用千乏（kvar），1kvar = 10^3 var。

【例 5.2】若将 $L = 20\text{mH}$ 的电感元件，接在 $U_L = 110\text{V}$ 的正弦电源上，则通过的电流是 1mA。

求：①电感元件的感抗及电源的频率；②若把该元件接在直流 110V 电源上，会出现什么现象？

解：① $X_L = \dfrac{U_L}{I_L} = \dfrac{110}{1\times10^{-3}} = 110\ \text{k}\Omega$

电源频率 $f = \dfrac{X_L}{2\pi L} = \dfrac{110\times10^3}{2\pi\times20\times10^{-3}} = 8.76\times10^5\ \text{Hz}$

② 在直流电路中（频率 $f = 0$），$X_L = 0$，电流很大，电感元件可能烧坏。

3. 电容元件

（1）电容元件上电压和电流的关系

设一电容 C 中通入正弦交流电，其参考方向如图 5.9 所示。设外接正弦交流电压为

$$u_c = U_{cm}\sin(\omega t + \psi_u)$$

则电路中电流

$$i_c = C\frac{du_c}{dt} = C\frac{dU_{cm}\sin(\omega t + \psi_u)}{dt}$$

$$= U_{cm}\omega C\cos(\omega t + \psi_u)$$

$$= I_{cm}\sin(\omega t + \psi_u + \frac{\pi}{2})$$

$$= I_{cm}\sin(\omega t + \psi_i) \tag{5-16}$$

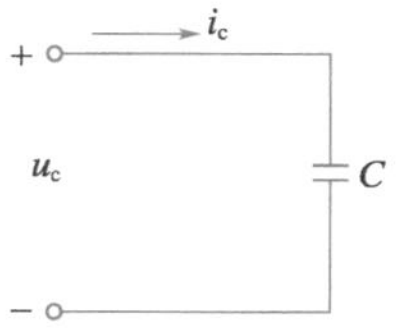

图 5.9　电容元件

式中　$I_{cm} = U_{cm}\omega C \qquad \psi_i = \psi_u + \dfrac{\pi}{2}$

写成有效值为　$I_C = \omega C U_C$　或　$\dfrac{U_C}{I_C} = \dfrac{1}{\omega C}$　（5-17）

温馨提示

① 电容两端的电压与电流同频率；
② 电容两端的电压在相位上滞后电流 90°；
③ 电容两端的电压与电流有效值之比为 $1/\omega C$。

令

$$X_C = \frac{1}{\omega C} = \frac{1}{2\pi f C} \tag{5-18}$$

X_C 称为容抗，它是表示电容元件对电流阻碍作用的一个物理量，它与角频率成反比，单位是欧姆。将式（5-18）代入式（5-17），得

$$U_C = X_C I_C \tag{5-19}$$

电容元件的电压、电流波形图如图 5.10 所示。（设 $\psi_u = 0$）

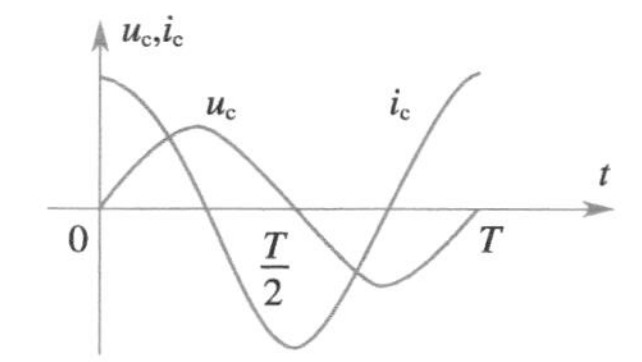

图 5.10　电容元件的电压、电流波形图

微课 – 交流电路的电容元件

电容元件上电压与电流的相量关系为

$$\dot{U}_C = U_C\angle\psi_u$$

$$\dot{I}_C = \omega C U_C\angle(\psi_u + 90°) = j\omega C\dot{U}_C = j\frac{\dot{U}_C}{X_C}$$

概念对对碰 – 电容与容抗

即
$$\dot{U}_C = -jX_C\dot{I}_C \tag{5-20}$$

图 5.11 给出了电容元件的相量模型及相量图。

（2）电容元件的功率

在电压与电流参考方向一致的情况下，设 $u_C = U_{Cm}\sin\omega t$，则电容元件的瞬时功率为

$$\begin{aligned} p = u_c i_c &= U_{Cm}\sin\omega t \times I_{Cm}\sin(\omega t + \frac{\pi}{2}) \\ &= U_{Cm}I_{Cm}\sin\omega t\cos\omega t \\ &= U_C I_C \sin 2\omega t \end{aligned} \tag{5-21}$$

其电压、电流、功率的波形图如图 5.12 所示。由式（5-21）或波形图都可以看出，此功率是以两倍角频率作正弦变化的。

电容在通以正弦电流时，所吸收的平均功率为

$$P = \frac{1}{T}\int_0^T p\mathrm{d}t = \frac{1}{T}\int_0^T U_C I_C \sin 2\omega t\mathrm{d}t = 0 \tag{5-22}$$

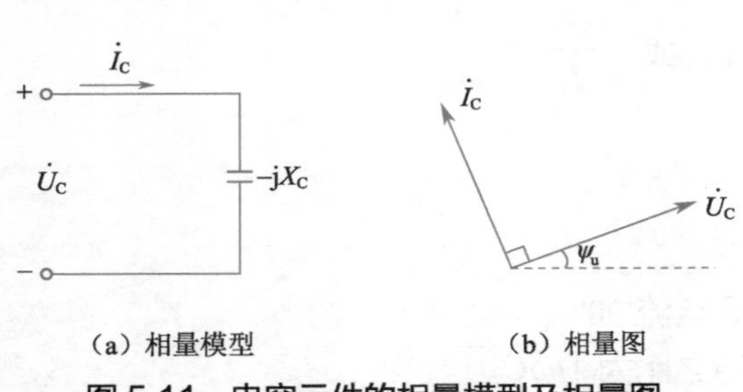

图 5.11　电容元件的相量模型及相量图

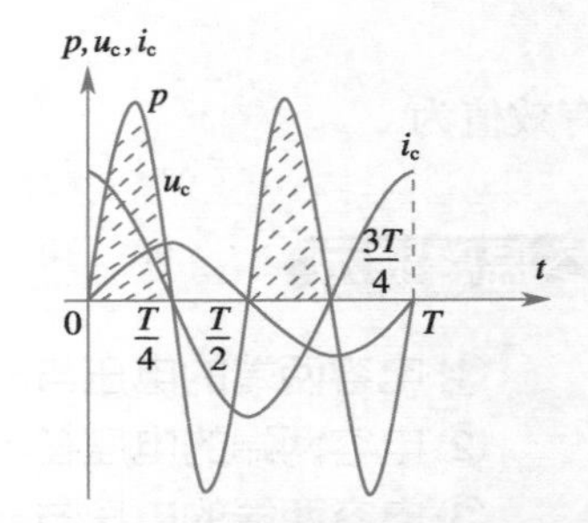

图 5.12　电容元件的功率波形图

温馨提示

① 电容元件也是不消耗能量的，它是储能元件，一个周期内消耗的平均功率为零；

② 电容吸收的瞬时功率不为零，在第一和第三个 1/4 周期内，瞬时功率为正值，电容吸取电源的电能，并将其转换成电场能量储存起来；在第二和第四个 1/4 周期内，瞬时功率为负值，将储存的电场能量转换成电能返送给电源。

为了衡量电源与电容元件间的能量交换的大小，把电容元件瞬时功率的最大值称为其无功功率，用 Q_C 表示

$$Q_C = U_C I_C = I_C^2 X_C = \frac{U_C^2}{X_C} \tag{5-23}$$

【例 5.3】设加在一电容器上的电压 $u(t) = 6\sqrt{2}\sin(1000t - 60^\circ)$ V，其电容 C 为 10μF，求：① 流过电容的电流 $i(t)$ 并画出电压、电流的相量图。

② 若接在直流 6V 的电源上，则电流为多少？

解：①
$$\dot{U} = 6\angle -60^\circ \text{ V}$$

$$X_C=\frac{1}{\omega C}=\frac{1}{1000\times10\times10^{-6}}=100\Omega$$

$$\dot{I}_C=\frac{\dot{U}_C}{-jX_C}=\frac{6\angle-60^\circ}{-j100}=0.06\angle(-60^\circ+90^\circ)=0.06\angle30^\circ\ \text{A}$$

电容电流　　　$i(t)=0.06\sqrt{2}\sin(1000t+30^\circ)\ \text{A}$

电容电压、电流的相量图如图 5.13 所示。

② 若接在直流 6V 电源上（频率 $f=0$），$X_C=\infty$，$I=0$。

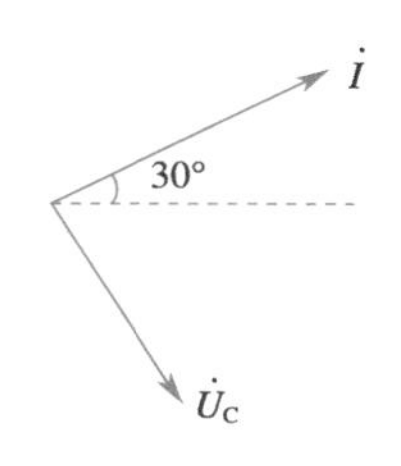

图 5.13　例 5.3 电压、电流的相量图

温馨提示

RLC 元件各种关系一览表

电路图	电压和电流有效值的大小关系	相位关系	阻抗	功率	相量关系
i, u, R	$U=IR$ $I=\frac{U}{R}$	$\dot{U}$、$\dot{I}$ 同向	电阻 R	$P=UI=I^2R=\frac{U^2}{R}$	$\dot{U}=\dot{I}R$
i, u, L	$U=I\omega L=IX_L$ $I=\frac{U}{\omega L}=\frac{U}{X_L}$	$\dot{U}$ 超前 $\dot{I}$ 90°	感抗 $X_L=\omega L$	$P=0$ $Q_L=I^2X_L=\frac{U^2}{X_L}=UI$	$\dot{U}=jX_L\dot{I}$
i, u, C	$U=I\frac{1}{\omega C}=IX_C$ $I=U\omega C=\frac{U}{X_C}$	$\dot{I}$ 超前 $\dot{U}$ 90°	容抗 $X_C=\frac{1}{\omega C}$	$P=0$ $Q_C=I^2X_C=\frac{U^2}{X_C}=UI$	$\dot{U}=-jX_C\dot{I}$

练一练

1. 无源二端网络，电压与电流参考方向一致时，其端电压为 $u=200\sin(1000t+60^\circ)$V，其电流 $i=2\sin(1000t-30^\circ)$A，问该元件为哪种元件？其参数为多少？若只改变电流的参考方向，问此元件又为何元件？其参数为多少？

2. 纯电感电路中无功功率用来反映电路中（　　）。

A. 纯电感不消耗电能的情况　　B. 消耗功率的多少

C. 能量交换的规模　　D. 无用功的多少

3. 电阻的大小与电源的频率无关，而感抗和容抗的大小与电源的频率的关系是（　　）。

A. 感抗和容抗均与频率成正比

B. 感抗和容抗均与频率成反比

C. 感抗与频率成正比，容抗与频率成反比

D. 感抗与频率成反比，容抗与频率成正比

4. 把一个 100Ω 的电阻元件接到频率为 50Hz，电压有效值为 10V 的正弦电源上，问电流是多少？如保持电压值不变，而电源频率改变为 5000Hz，这时电流将为多少？

5. 某电阻可忽略的线圈接到 $f=50\text{Hz}$，220V 的工频电压上，其电流为 4.9A，试求其电感及无功功率；若将此线圈接到 5000Hz，220V 的电压上，则流过线圈的电流为多少？

6. 一只电容量 0.47μF 的电容器，接到 $u=10\sqrt{2}\sin(1000t+30^\circ)\text{V}$ 的电压上，选定电压、电流参考方向一致。求流过电容器的电流 i 的表达式，并画出电压、电流相量图。

模块 16　复阻抗

① 基尔霍夫定律适用交流电路吗?

② 阻抗是实数吗?

1. 基尔霍夫定律的相量形式

在交流电路中，任一瞬间的电流总是连续的，因此基尔霍夫电流定律适用于交流电路的任一瞬间。即任一瞬间，流入电路任一节点的各电流瞬时值的代数和恒等于零，即$\sum i=0$。

正弦交流电路中，各电流都是与电源同频率的正弦量，把这些同频率的正弦量用相量表示即为

$$\sum \dot{I}=0 \tag{5-24}$$

这就是基尔霍夫电流定律的相量形式。

同理可得基尔霍夫电压定律的相量形式为

$$\sum \dot{U}=0 \tag{5-25}$$

【例 5.4】电路如图 5.14（a）所示为正弦交流电路中的一部分，已知电压表 V_1 的读数为 6V，V_2 的读数为 8V，试求端口电压 U。

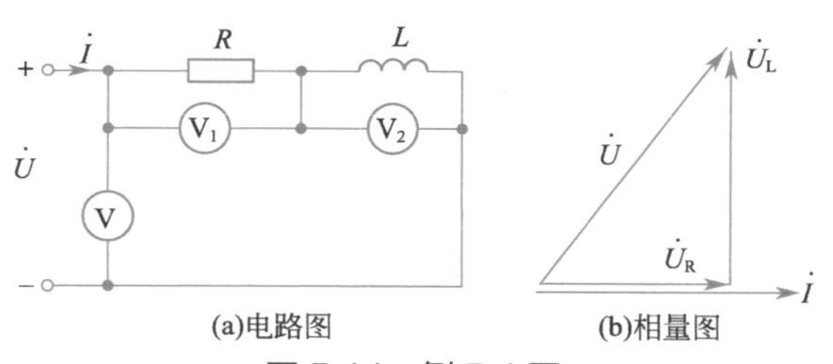

(a)电路图　　(b)相量图

图 5.14　例 5.4 图

解：以电流为参考相量，画出相量图如图 5.14（b）所示。

由相量图可见，$\dot{U}_R$、$\dot{U}_L$、$\dot{U}$三者组成一直角三角形，故得

$$U=\sqrt{U_R^2+U_L^2}=\sqrt{6^2+8^2}=10\ \text{V}$$

本例也可用相量法计算：

设电流相量为$\dot{I}=I\angle 0°$

则
$$\dot{U}_R=6\angle 0°=6\ \text{V}$$

$$\dot{U}_L=8\angle 90°=\text{j}8\ \text{V}$$

由 KVL　　$\dot{U}=\dot{U}_R+\dot{U}_L=6+\text{j}8=10\angle 53.1°\ \text{V}$

可知端口电压 $U=10\text{V}$。

2. 阻抗

（1）阻抗及其欧姆定律

电路中电阻、电感和电容上的电流、电压的相量关系可以分别写为：

微课－复阻抗

$$\left.\begin{aligned}&\frac{\dot{U}_R}{\dot{I}_R}=R\\&\frac{\dot{U}_L}{\dot{I}_L}=j\omega L=jX_L\\&\frac{\dot{U}_C}{\dot{I}_C}=-j\frac{1}{\omega C}=-jX_C\end{aligned}\right\}$$

以上诸式可以用如下统一形式来表示，即

$$\frac{\dot{U}}{\dot{I}}=Z \tag{5-26}$$

式中，Z 称为元件的阻抗，式（5-26）称为欧姆定律的相量形式。其中，电压与电流相量的参考方向设为一致。

（2）二端网络的阻抗

以上对元件上电压、电流相量关系的讨论可以推广到由这些元件构成的不含独立电源的二端网络，见图 5.15（a）。

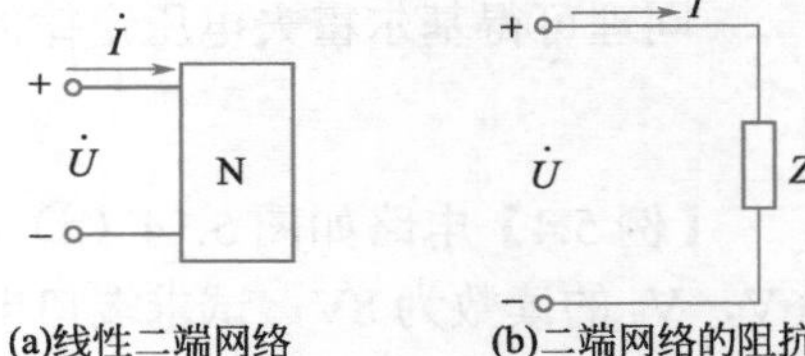

(a)线性二端网络　(b)二端网络的阻抗

图 5.15　阻抗

假设端口电流的相量 $\dot{I}=I\angle\psi_i$，端口电压相量 $\dot{U}=U\angle\psi_u$。$\dot{U}$与和$\dot{I}$之比用 Z 表示，即有

$$Z=\frac{\dot{U}}{\dot{I}}=|Z|\angle\varphi_z \tag{5-27}$$

Z称为该二端网络的阻抗，$|Z|=\dfrac{U}{I}$，$\varphi_z=\psi_u-\psi_i$。

Z 是一个复数，所以又称为复阻抗，$|Z|$ 是阻抗的模，φ_Z 为阻抗角，阻抗的图形符号见图 5.15（b），它与电阻的图形符号相似。

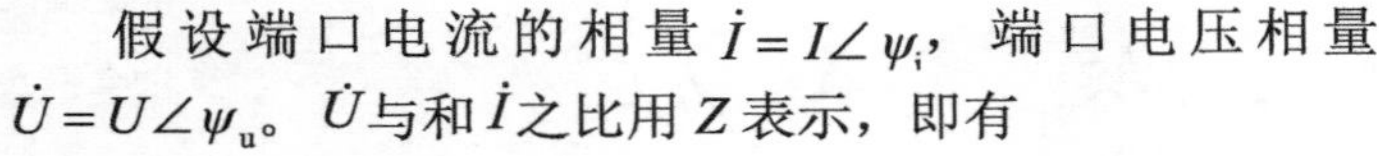
温馨提示

① 我国传统上把 Z 称为复阻抗，而把 $|Z|$ 称为阻抗的模；

② 如果一个二端网络的阻抗已知，则二端网络端口电压可按下式计算

$$\dot{U}=Z\dot{I}$$

即

$$U=|Z|I,\quad \psi_u=\varphi_Z+\psi_i$$

可见，端口电压值等于阻抗的模乘以端口电流值，电压的初相等于阻抗角加电流的初相。

复阻抗Z用代数形式表示时可写为 $Z=R+jX$，其实部即R称为电阻，虚部即X称为电抗。

根据上述定义，电阻 R、电感 L 和电容 C 是特殊的阻抗，它们的阻抗 Z_R、Z_L 和 Z_C 分别为

$$\left.\begin{aligned} Z_R &= R \\ Z_L &= \mathrm{j}\omega L = \mathrm{j}X_L \\ Z_C &= \frac{1}{\mathrm{j}\omega C} = -\mathrm{j}X_C \end{aligned}\right\} \tag{5-28}$$

可见 Z_R 的“电阻”即 R，而 Z_R 的“电抗”为零。同理，Z_L 和 Z_C 的“电阻”为零，Z_L 的“电抗”为感抗 X_L，Z_C 的“电抗”为容抗 X_C。

综上，如用相量表示正弦稳态电路内的各电压、电流，那么，这些相量必须服从基尔霍夫定律的相量形式和欧姆定律的相量形式。这些定律的形式与前面直流电路中的形式类似，差别只在这里不直接用电压电流，而用代表相应电压和电流的相量；不用电阻，而用阻抗。

注意到这种对换关系，可以将直流电路中的一些公式和方法用到正弦稳态分析中来。

知识拓展

复导纳

阻抗的倒数定义为导纳，记为 Y，即

$$Y = \frac{1}{Z} \tag{5-29}$$

或

$$Y = \frac{\dot{I}}{\dot{U}} \tag{5-30}$$

导纳的单位为西门子（S）。电阻、电容和电感的导纳分别为

$$\left.\begin{aligned} Y_R &= \frac{1}{R} = G \\ Y_C &= \mathrm{j}\omega C \\ Y_L &= \frac{1}{\mathrm{j}\omega L} = -\mathrm{j}\frac{1}{\omega L} \end{aligned}\right\} \tag{5-31}$$

这样，基本元件的相量关系式还可以归结为另一形式，即

$$\dot{I} = Y\dot{U} \tag{5-32}$$

式（5-32）也称为欧姆定律的相量形式。导纳习惯上也称为复导纳。

【例 5.5】已知某二端网络 N 的端电压与电流波形如图 5.16（a）、（b）所示，试求该二端网络的阻抗。设电源频率 $f = 50\text{Hz}$。

解：按照波形图可写出 u、i 的瞬间表达式

$$i = 0.5\sqrt{2}\sin(\omega t + 30^\circ)\,\text{A}$$

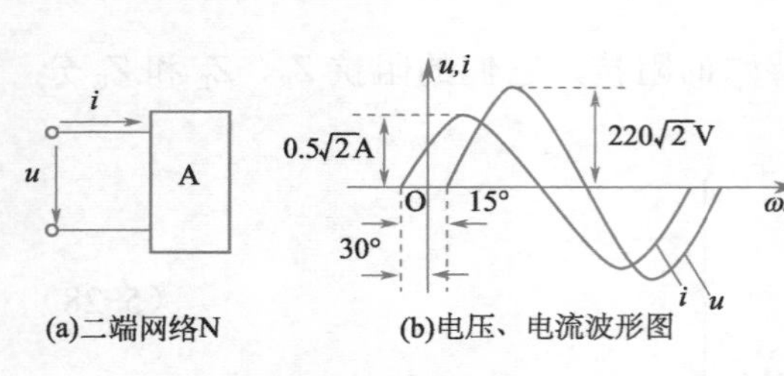

图 5.16　例 5.5 图

$$u = 220\sqrt{2}\sin(\omega t - 15^\circ)\ \text{V}$$

相量形式为 $\dot{I} = 0.5\angle 30^\circ$ A

$$\dot{U} = 220\angle -15^\circ\ \text{V}$$

$$Z = \frac{\dot{U}}{\dot{I}} = \frac{220\angle -15^\circ}{0.5\angle 30^\circ} = (311 - \text{j}311)\ \Omega。$$

3. 阻抗的串联

阻抗串联电路如图 5.17 所示，根据相量形式的 KVL 可得，

$$\dot{U} = \dot{U}_1 + \dot{U}_2 + \dot{U}_3 = (Z_1 + Z_2 + Z_3)\dot{I}$$
$$= Z\dot{I}$$

式中

$$Z = Z_1 + Z_2 + Z_3 \tag{5-33}$$

（1）阻抗串联等效阻抗 Z

串联阻抗的等效阻抗 Z 等于各复阻抗之和。如果把各阻抗用代数形式来表示，即

$$Z_1 = R_1 + \text{j}X_1,\quad Z_2 = R_2 + \text{j}X_2,\quad Z_3 = R_3 + \text{j}X_3$$

则

$$Z = Z_1 + Z_2 + Z_3 = (R_1 + R_2 + R_3) + \text{j}(X_1 + X_2 + X_3) = R + \text{j}X$$

因此，串联阻抗的等效电阻等于各电阻之和，等效电抗等于各电抗的代数和。

（2）等效阻抗 Z 的模

等效阻抗 Z 的模为

$$|Z| = \sqrt{(R_1 + R_2 + R_3)^2 + (X_1 + X_2 + X_3)^2}$$

（3）等效阻抗 Z 的阻抗角

阻抗角为

$$\varphi = \arctan\frac{X_1 + X_2 + X_3}{R_1 + R_2 + R_3}$$

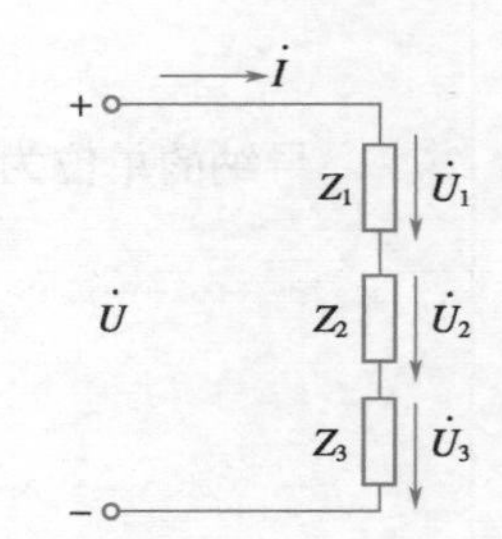

图 5.17　阻抗串联电路

（4）阻抗串联时分压公式

阻抗串联时的分压公式

$$\dot{U}_1 = \frac{Z_1}{Z}\dot{U}$$

其公式与直流电路相似，所不同的是电压、电流均为相量，Z 为复数。

事实上，引入阻抗的概念后，阻抗的串联和并联电路的计算，形式上完全与电阻电路一样，可以用一个等效的阻抗来替代。这种情况下，阻抗与电阻对应。

※4. 阻抗的并联

阻抗并联电路如图 5.18 所示，根据相量形式的 KCL 可得，

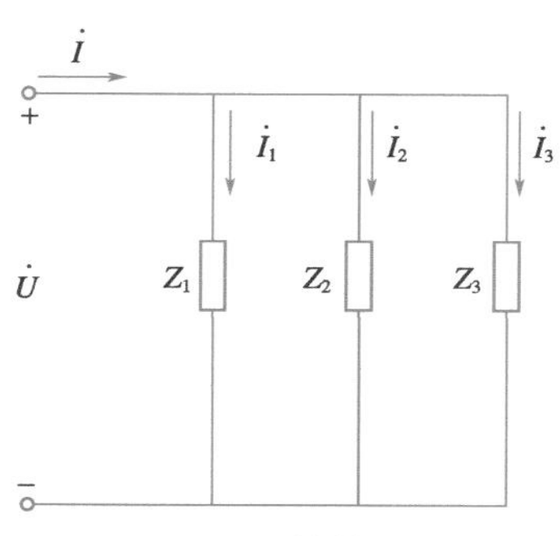

图 5.18　阻抗并联电路

$$\begin{aligned}\dot{I} &= \dot{I}_1 + \dot{I}_2 + \dot{I}_3 \\ &= Y_1\dot{U} + Y_2\dot{U} + Y_3\dot{U} \\ &= (Y_1 + Y_2 + Y_3)\dot{U} \\ &= Y\dot{U}\end{aligned}$$

式中
$$Y = Y_1 + Y_2 + Y_3 \tag{5-34}$$

其中，$Y_1 = \dfrac{1}{Z_1}$；$Y_2 = \dfrac{1}{Z_2}$；$Y_3 = \dfrac{1}{Z_3}$，即 Y_1、Y_2、Y_3 分别是对应复阻抗 Z_1、Z_2、Z_3 的复导纳。

可见，并联导纳的等效导纳等于各复导纳之和。将阻抗转换成导纳形式更利于并联电路的计算。当只有两个阻抗 Z_1 和 Z_2 并联时，等效阻抗为

$$Z = \frac{Z_1Z_2}{Z_1 + Z_2} \tag{5-35}$$

【例 5.6】设三个复阻抗串联电路如图 5.17 所示，已知 $Z_1 = 5 + \mathrm{j}10\Omega$，$Z_2 = 10 - \mathrm{j}15\Omega$，$Z_3 = -\mathrm{j}9\Omega$，电源电压 $\dot{U} = 40\angle 30°\ \mathrm{V}$，试求等效复阻抗 Z，电流 $\dot{I}$ 和电压 $\dot{U}_1$，$\dot{U}_2$，$\dot{U}_3$。

解：复阻抗
$$\begin{aligned}Z &= Z_1 + Z_2 + Z_3 \\ &= 5 + \mathrm{j}10 + 10 - \mathrm{j}15 - \mathrm{j}9 \\ &= 15 - \mathrm{j}14 \\ &= 20.5\angle -43°\ \Omega\end{aligned}$$

$$\dot{I} = \frac{\dot{U}}{Z} = \frac{40\angle 30°}{20.5\angle -43°} = 1.95\angle 73°\ \mathrm{A}$$

$$\dot{U}_1 = Z_1\dot{I} = (5 + \mathrm{j}10) \times 1.95\angle 73° = 21.8\angle 136.4°\ \mathrm{V}$$

$$\dot{U}_2 = Z_2\dot{I} = (10 - \mathrm{j}15) \times 1.95\angle 73° = 35.2\angle 16.7°\ \mathrm{V}$$

$$\dot{U}_3 = Z_3\dot{I} = -\mathrm{j}9 \times 1.95\angle 73° = 17.6\angle -17°\ \mathrm{V}$$

各电压相量图见图 5.19。

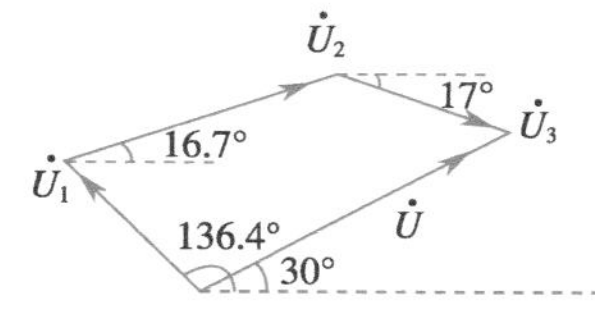

图 5.19　例 5.6 图

【例 5.7】已知，电路如图 5.20（a）所示，电源电压 $u(t) = 120\sin(1000t + 90°)\ \mathrm{V}$，求电流 $i(t)$。

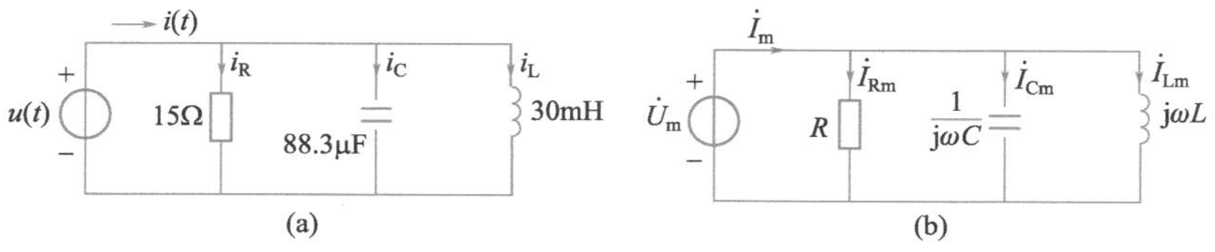

图 5.20　例 5.7 图

解：

分析：电路为并联结构，物理量为正弦量，各元件电压相同。

常规思路为：将物理量由时域变换为相量，求出每一条支路电流及总电流相量；最后再将相量变换为正弦量。

① 结构示意图可以这样描述如下：

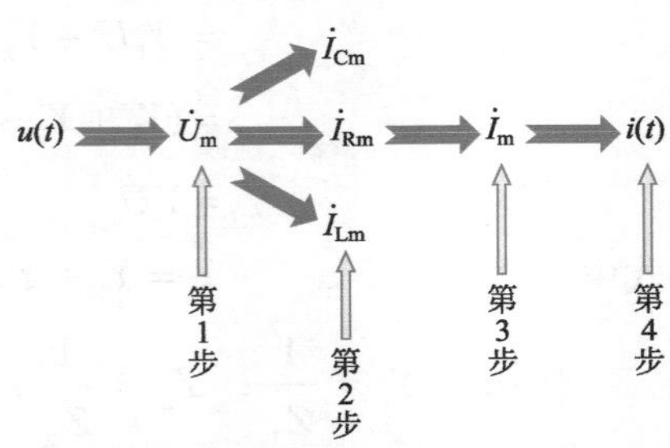

② 时域电路转相量模型分析，电感和电容以感抗和容抗表示，电路如图 5.20（b）所示。

③ 根据已知条件，写出电压的相量为 $\dot{U}_m = 120\angle\ 90°\text{V} = \text{j}120\text{V}$

④ 计算各支路电流的相量为

$$
\begin{cases}
\dot{I}_{Rm} = \dfrac{\dot{U}_m}{R} = \dfrac{\text{j}120}{15} = \text{j}8\text{A} \\
\dot{I}_{Cm} = j\omega C\dot{U}_m = \text{j}\,88.3\times10^{-3}\text{j}120 \approx 10\angle 180° = -10\text{A} \\
\dot{I}_{Lm} = \dfrac{\dot{U}_m}{j\omega L} = \dfrac{\text{j}120}{\text{j}30} = 4\angle 0° = 4\text{A}
\end{cases}
$$

⑤ 计算总电流的相量为

$$\dot{I}_m = \dot{I}_{Rm} + \dot{I}_{Lm} + \dot{I}_{Cm} = (\text{j}8 + 4 - 10) = (\text{j}8 - 6) = -10\angle -63° = 10\angle 127°\text{A}$$

⑥ 写出总电流的正弦量为 $i(t) = 10\sin(1000t + 127°)\text{A}$

 练一练 

1. 已知图 5.21 电路的电压 $u(t)$、电流 $i(t)$ 各如下式所示。试求每种情况下的阻抗 Z。

① $u(t) = 100\sin(314t)\text{V}$，$i(t) = 10\sin(314t)\text{A}$

② $u(t) = 10\sin(314t + 45°)\ \text{V}$，$i(t) = 2\sin(314t + 35°)\ \text{A}$

③ $u(t) = 50\sin(314t + 60°)\ \text{V}$，$i(t) = 2\sin(314t + 35°)\ \text{A}$

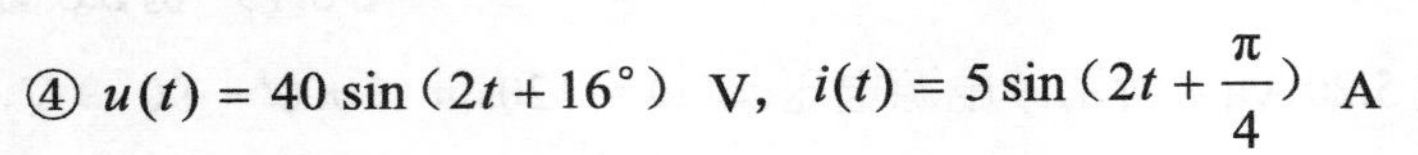

④ $u(t) = 40\sin(2t + 16°)\ \text{V}$，$i(t) = 5\sin\left(2t + \dfrac{\pi}{4}\right)\ \text{A}$

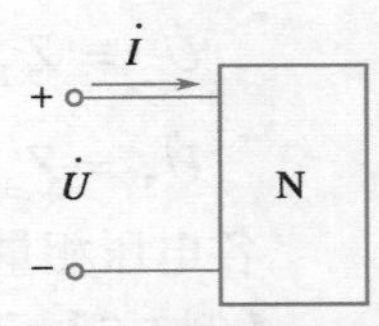

图 5.21 题 1 图

2. 在由 Z_1 与 Z_2 串联组成的正弦交流电路中，以下公式正确的是（　　）。

A. $Z = Z_1 + Z_2$　　B. $Z = \dfrac{Z_1 Z_2}{Z_1 + Z_2}$　　C. $\dot{I} = \dot{I}_1 + \dot{I}_2$　　D. $U = U_1 + U_2$

模块 17　RLC 串联交流电路的分析

① RLC 串联交流电路的阻抗与电路的电压、电流有关吗？

② 改变电路参数 L 或 C 可以改变电路的性质吗？

本模块讨论的 RLC 串联电路是一种典型的多参数电路，通过对 RLC 串联电路中正弦电压与电流之间的关系的讨论，从而引出一些结论可用于各种复杂的交流电路。已经知道单一参数 RLC 电路中电流与电压的关系，如果把三者连成串联电路，它们又有怎样的关系？

1.RLC 串联电路的阻抗

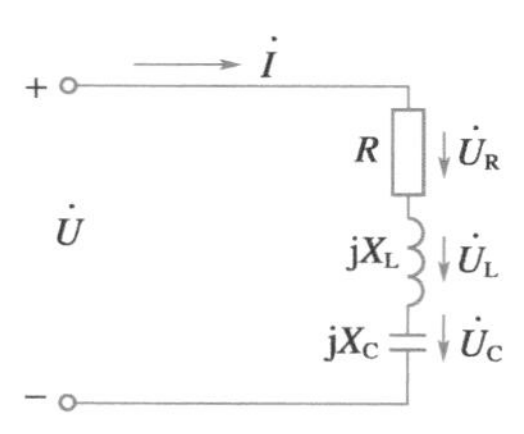

图 5.22　R、L、C 串联电路

RLC 串联电路如图 5.22 所示。

（1）等效阻抗代数式表达方法

串联阻抗的等效阻抗等于各阻抗的和，因此等效阻抗

$$\begin{aligned} Z &= Z_R + Z_L + Z_C \\ &= R + jX_L + (-jX_C) \\ &= R + j(X_L - X_C) \end{aligned} \tag{5-36}$$

令 $X = X_L - X_C$，则有 $Z = R + jX$

可见，在 R、L、C 串联电路中，总阻抗 Z 的实部为电路的电阻 R，虚部为电抗 X，其大小为电路中的感抗 X_L 与容抗 X_C 之差。

（2）等效阻抗极坐标式表达方法

将复阻抗写成极坐标形式，则为

$$Z = \sqrt{R^2 + X^2}\angle \arctan\frac{X}{R} = |Z|\angle\varphi$$

微课 −RLC 串联电路的分析

其中

$$|Z| = \sqrt{R^2 + X^2} = \sqrt{R^2 + (X_L - X_C)^2} \tag{5-37}$$

$$\varphi = \arctan\frac{X}{R} = \arctan\frac{X_L - X_C}{R} \tag{5-38}$$

复阻抗的模 $|Z|$（也可称阻抗）及阻抗角 φ 的大小，只与其固有参数及角频率有关，而与电压及电流无关。

（3）阻抗三角形

式（5-37）说明，复阻抗 Z 的模 $|Z|$ 和 R 及 X 构成一个直角三角形。如图 5.23 所示，称为阻抗三角形。其中

$$R = |Z|\cos\varphi$$

$$X = |Z|\sin\varphi$$

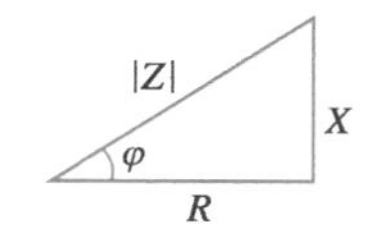

图 5.23　阻抗三角形

由式（5-26）可得

$$Z=\frac{\dot{U}}{\dot{I}}=\frac{U\angle\psi_u}{I\angle\psi_i}$$

$$=\frac{U}{I}\angle(\psi_u-\psi_i)=|Z|\angle\varphi$$

可见复阻抗的模 $|Z|$ 也等于电压的有效值与电流的有效值之比，辐角 φ 等于电压与电流的相位差角，即

$$\left.\begin{aligned}|Z|&=\frac{U}{I}\\ \varphi&=\psi_u-\psi_i\end{aligned}\right\}\tag{5-39}$$

【例 5.8】某 RLC 串联电路中，$R=3\Omega$，$X_L=3\Omega$，$X_C=7\Omega$，正弦电压 $U=100\text{V}$，试求电路的复阻抗、电路中的电流和各元件上的电压，并作出相量图。

解：复阻抗　$Z=R+\text{j}(X_L-X_C)=3+\text{j}(3-7)=3-\text{j}4=5\angle-53.1°\ \Omega$

设电压　$\dot{U}=100\angle0°$

则　$\dot{I}=\dfrac{\dot{U}}{Z}=\dfrac{100\angle0°}{5\angle-53.1°}=20\angle53.1°\ \text{A}$

$$\dot{U}_R=R\dot{I}=3\times20\angle53.1°=60\angle53.1°\ \text{V}$$

$$\dot{U}_L=\text{j}X_L\dot{I}=\text{j}3\times20\angle53.1°=60\angle143.1°\ \text{V}$$

$$\dot{U}_C=-\text{j}X_C\dot{I}=-\text{j}7\times20\angle53.1°=140\angle-36.9°\ \text{V}$$

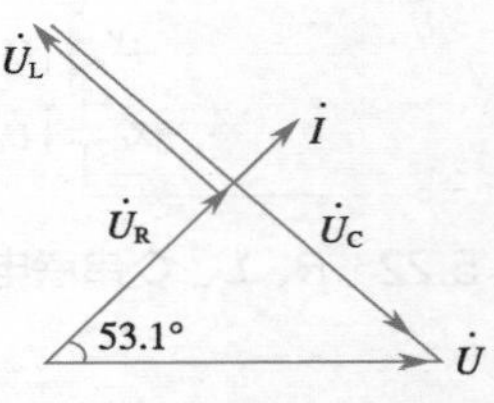

图 5.24　例 5.8 图

相量图如图 5.24 所示。

2. 电路参数对 RLC 串联电路性质的影响

根据电路参数可得出 R、L、C 串联电路的性质：

① 当 $X_L>X_C$ 时，$\varphi=\arctan\dfrac{X_L-X_C}{R}>0$，即电压超前电流 φ 角，电路呈感性；

② 当 $X_L<X_C$ 时，$\varphi<0$，即电压滞后电流，电路呈容性；

③ 当 $X_L=X_C$ 时，$\varphi=0$，即电压与电流同相位，电路呈阻性。

三种情况的相量图如图 5.25 所示：

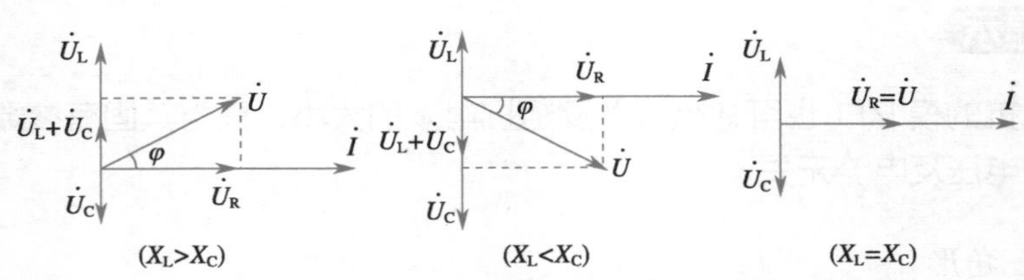

图 5.25　R、L、C 串联电路相量图

温馨提示

① RLC 串联电路的阻抗角 φ 满足 $-90° < \varphi < 90°$，根据 X_L 及 X_C 定义式，当电源频率不变时，改变电路参数 L 或 C，可以改变电路的性质；

② 若电路参数不变，也可以改变电源频率来改变电路的性质。

从图 5.25 的相量图还可看出，电阻电压 $\dot{U}_R$、电抗电压 $\dot{U}_X = \dot{U}_L + \dot{U}_C$ 和端电压 $\dot{U}$ 的三个相量组成一个直角三角形叫电压三角形，它与阻抗三角形是相似三角形。即

$$U = \sqrt{U_R^2 + (U_L - U_C)^2} = \sqrt{U_R^2 + U_X^2}$$

其中

$$U_X = |U_L - U_C|$$

知识拓展

移相电路

交流电路中的电感和电容都有移相作用，可利用这一特点组成移相电路。

【例 5.9】电路如图 5.26（a）所示是一移相电路，已知输入电压 $U_{in} = 1V$，$f = 1000Hz$，$C = 0.01\mu F$，欲使输出电压 u_o 较输入电压 u_{in} 的相位滞后 60°，试求电路的电阻。

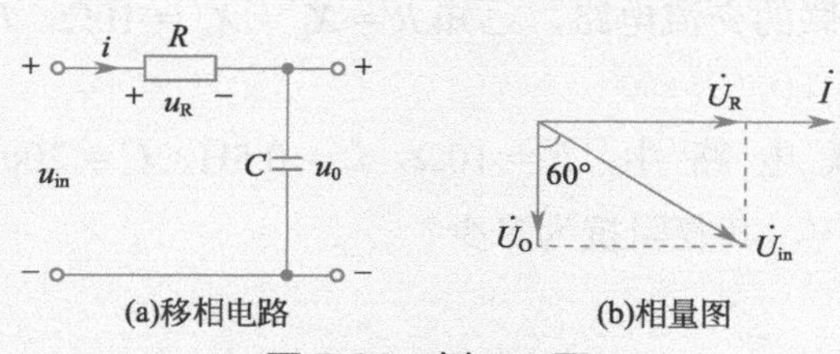

图 5.26　例 5.9 图

解：

解法一：$X_C = \dfrac{1}{2\pi fC} = \dfrac{1}{2\pi \times 1000 \times 0.01 \times 10^{-6}} = 15.9k\Omega$

$$U_o = -jIX_C$$

$$\dot{U}_{in} = \dot{I}(R - jX_C)$$

$$\frac{\dot{U}_o}{\dot{U}_{in}} = \frac{-j\dot{I}X_C}{\dot{I}(R - jX_C)} = \frac{-jX_C}{R - jX_C} = \frac{X_C\angle -90°}{\sqrt{R^2 + X_C^2}\angle -\arctan(X_C / R)}$$

欲使输出电压 u_o 较输入电压 u_{in} 的相位滞后 60°

$$\varphi = -90° + \arctan\frac{X_C}{R} = -60°$$

则

$$\arctan\frac{X_C}{R} = 30°$$

即
$$\frac{X_C}{R}=\frac{\sqrt{3}}{3}$$
$$R=\sqrt{3}X_C=\sqrt{3}\times 15.9=27.6\text{k}\Omega$$

解法二：以电流$\dot{I}$为参考正弦量，画出相量图如图 5.26（b）所示。

从相量图得：$\tan 60^\circ=\frac{U_R}{U_O}=\frac{R}{X_C}$

所以
$$R=X_C\tan 60^\circ=\frac{1}{2\pi fC}\tan 60^\circ$$
$$=\frac{1}{2\times 3.14\times 1000\times 0.01\times 10^{-6}}\sqrt{3}=27.6\text{k}\Omega$$

由上例可以看出，在交流电路的计算中，有些电路可借助于相量图的分析方法，使解题过程变得简便。

练一练

1. 有一 R、L、C 串联的交流电路，已知 $R=X_L=X_C=10\Omega$，$I=1\text{A}$，试求电压 U、U_R、U_L、U_C 和电路总阻抗 $|Z|$。

2. 已知 RLC 串联电路中，$R=10\Omega$，$L=0.5\text{H}$，$C=20\mu\text{F}$，外加电压为 $u=10\sqrt{2}\sin(1000t+50^\circ)\text{V}$，其复阻抗为多少？

模块 18　正弦稳态电路的功率

课前思考

① 在交流电路中，负载的功率因数决定于电路的哪些参数?
② 将一个电容和感性负载并联，能否提高功率因数?
③ 设备的容量越大，其输出的有功功率是不是越多?

在模块 15 中分析了电阻、电感及电容单一元件的功率，本模块将分析正弦交流电路中功率的一般情况。

1. 瞬时功率

设有一个二端网络，取电压、电流参考方向如图 5.27 所示，则网络在任一瞬间时吸收的功率即瞬时功率为

$$p = u(t)i(t)$$

微课 – 正弦稳态电路的功率

设

$$u(t) = \sqrt{2}U\sin(\omega t + \varphi)$$

$$i(t) = \sqrt{2}I\sin(\omega t)$$

其中 φ 为电压与电流的相位差。

$$\begin{aligned} p(t) &= u(t)i(t) \\ &= \sqrt{2}U\sin(\omega t + \varphi)\sqrt{2}I\sin\omega t \\ &= UI\cos\varphi - UI\cos(2\omega t + \varphi) \end{aligned} \tag{5-40}$$

其波形图如图 5.28 所示。

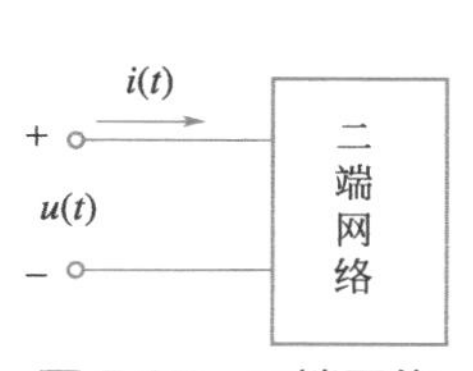

图 5.27　二端网络

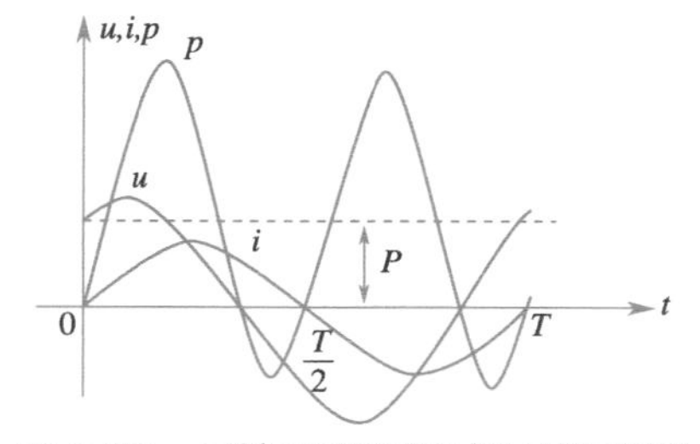

图 5.28　二端网络的瞬时功率波形图

温馨提示

① 瞬时功率有时为正值，有时为负值，表示网络有时从外部接受能量，有时向外部发出能量；

② 如果所考虑的二端网络内不含独立源，这种能量交换的现象就是网络内储能元件所引起的；

③ 瞬时功率的实用意义不大。

2. 有功功率、无功功率、视在功率和功率因数

（1）有功功率（平均功率）

二端网络所吸收的平均功率 P 为瞬时功率 $p(t)$ 在一个周期内的平均值，即

$$P=\frac{1}{T}\int_0^T p\mathrm{d}t$$

概念对对碰－有功功率、无功功率、视在功率

将式（5-40）代入上式得

$$P=\frac{1}{T}\int_0^T[UI\cos\varphi-UI\cos(2\omega t+\varphi)]\,\mathrm{d}t=UI\cos\varphi \tag{5-41}$$

可见，正弦交流电路的有功功率等于电压、电流的有效值和电压、电流相位差角余弦的乘积。

温馨提示

① $\cos\varphi$ 称为二端网络的功率因数，用 λ 表示，即 $\lambda=\cos\varphi$，φ 称为功率因数角；

② 在二端网络为纯电阻情况下，$\varphi=0$，功率因数 $\cos\varphi=1$，网络吸收的有功功率 $P_R=UI$；

③ 当二端网络为纯电抗情况下，$\varphi=\pm90°$，功率因数 $\cos\varphi=0$，则网络吸收的有功功率 $P_X=0$；

④ 在一般情况下，二端网络的 $Z=R+\mathrm{j}X$，$\varphi=\arctan\dfrac{X}{R}$，$\cos\varphi\neq0$，即 $P=UI\cos\varphi$。$\lambda>0$ 时，表明该网络吸收有功功率；$\lambda<0$ 时，表明该网络发出有功功率。

如果二端网络仅由 R、L、C 元件组成，则可以证明，有功功率等于各电阻消耗的平均功率的和。

（2）无功功率

在正弦交流电路中，无功功率也是一个重要的量。电力系统正常运行与无功功率有着密切的关系。在模块 15 中，已对电感元件、电容元件分析过无功功率，即无功功率是用来衡量电源与储能元件间的能量交换的，因此无源二端网络的无功功率就等于等效电抗中的无功功率。

即
$$Q=U_XI$$
而
$$U_X=U\sin\varphi$$
所以无功功率
$$Q=UI\sin\varphi \tag{5-42}$$

温馨提示

① 当 $\varphi=0$ 时，二端网络为一等效电阻，电阻总是从电源获得能量，没有能量的交换；

② 当 $\varphi\neq0$ 时，说明二端网络中必有储能元件，因此，二端网络与电源间有能量的交换。对于感性负载，电压超前电流，$\varphi>0$，$Q>0$；对于容性负载，电压滞后电流，$\varphi<0$，$Q<0$。

（3）视在功率

二端网络两端的电压 U 和电流 I 的乘积 UI 也是功率的量纲，因此，把乘积 UI 称为该网络的视在功率，用符号 S 来表示，即

$$S = UI \tag{5-43}$$

为与有功功率区别，视在功率的单位用伏安（V•A）。

视在功率也称容量，例如一台变压器的容量为 4000kV•A，而此变压器能输出多少有功功率，要视负载的功率因数而定。

【例 5.10】两个负载并联，接到 220V、50Hz 的电源上。一个负载的功率 $P_1 = 2.8\text{kW}$，功率因数 $\cos\varphi_1 = 0.8$（感性），另一个负载的功率 $P_2 = 2.42\text{kW}$，功率因数 $\cos\varphi_2 = 0.5$（感性）。试求：

① 电路的总电流和总功率因数；

② 电路消耗的总功率；

解：第一个负载 $I_1 = \dfrac{P_1}{U\cos\varphi_1} = \dfrac{2800}{220 \times 0.8} = 15.9\text{A}$

$$\cos\varphi_1 = 0.8 \quad 得 \quad \varphi_1 = 36.9°$$

第二个负载 $I_2 = \dfrac{P_2}{U\cos\varphi_2} = \dfrac{2420}{220 \times 0.5} = 22\text{A}$

$$\cos\varphi_2 = 0.5 \quad 得 \quad \varphi_2 = 60°$$

① 设电源电压 $\dot{U} = 220\angle 0°$ V，根据负载并联（负载感性），其电压超前对应电流 φ 角则

$$\dot{I}_1 = 15.9\angle -36.9°\text{ A}$$

$$\dot{I}_2 = 22\angle -60°\text{A}$$

$$\dot{I} = \dot{I}_1 + \dot{I}_2 = 15.9\angle -36.9° + 22\angle -60° = 37.1\angle -50.3°\text{A}$$

得总电流 $\quad I = 37.1\text{A}$

总功率因数角 $\quad \varphi' = 0° - (-50.3°) = 50.3°$

总功率因数 $\quad \cos\varphi' = 0.64$（感性）

② 电路消耗的总有功功率 $P = P_1 + P_2 = 2.8 + 2.42 = 5.22\text{kW}$

知识拓展

功率表的使用

1. 功率表的结构及使用

功率表是用来测量平均功率的仪表，通常用电动系仪表制成，主要由一个固定线圈和一个可动线圈组成。其固定线圈导线较粗，匝数较少，阻抗非常低，在电路中相当于短路，称为电流线圈；其可动线圈导线较细，匝数较多，串有一定的附加电阻，阻抗非常

高，在电路中相当于开路，称为电压线圈。

如图 5.29（a）所示为功率表的结构，图形符号如图 5.29（b）所示。接线方法如图 5.29（c）所示。功率表电流线圈应与负载串联，电压线圈（包括附加电阻）应与负载并联。

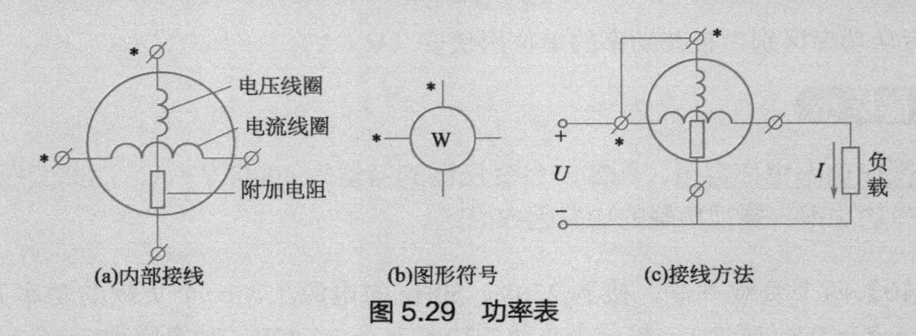

图 5.29　功率表

功率表只有正确联接才能读出数值，因此在两个线圈的始端标以“±”或“*”号，这两个始端应接于电源的同一端，使通过这两个接线端电流的参考方向同为流进或同为流出。

2. 功率表的量程选择

使用功率表时，电流、电压都不允许超过各自线圈的量程，即功率表中的电流量程应不小于负载电流，电压量程应不低于负载电压。注意不能仅从功率表量程来考虑。

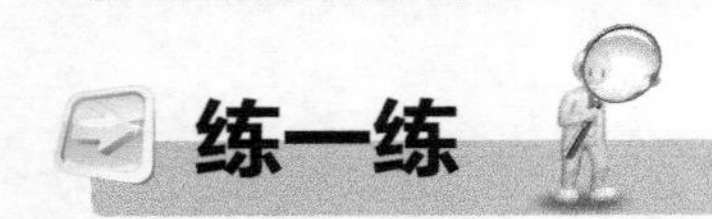

练一练

1. 一线圈 $R = 3\Omega$，$L = 12.73\text{mH}$，接到 50Hz，220V 的电源上，试求电路的功率因数、有功功率、无功功率、视在功率。

2. 对于正弦交流电路，以下关于功率描述正确的是（　　）。

A. $S=P+Q$　　B. $S=\sqrt{P^2+Q^2}$　　C. $S^2=P^2+Q^2$　　D. $S=P-Q$

3. 一个无源二端网络，其外加电压为 $u = 100\sqrt{2}\sin(10000t + 60^\circ)$ V，通过的电流为 $i = 2\sqrt{2}\sin(10000t + 120^\circ)$ A，则该二端网络的等效阻抗及功率因数是（　　）。

A. 50Ω、0.5　　B. 50Ω、−0.5　　C. 50Ω、0.866　　D. 50Ω、−0.866

模块 19　功率因数的提高及最大功率传输

① 在交流电路中，提高功率因数有什么意义？
② 如何提高功率因数？

1. 提高功率因数的意义

电源的额定输出功率为 $P_N = S_N \cos\varphi$，它除了决定于本身容量（即额定视在功率）外，还与负载功率因数有关。若负载功率因数低，电源输出功率将减小，这显然是不利的。功率因数不高的原因，主要是由于大量电感性负载的存在，工厂生产中广泛使用的三相异步电动机就相当于电感性负载。因此为了充分利用电源设备的容量，应该设法提高负载网络的功率因数。

微课 – 功率因数的提高

同时，若负载功率因数低，电源在供给有功功率的同时，还要提供足够的无功功率，致使供电线路电流增大，从而造成线路上能耗增大。可见，提高功率因数有很大的经济意义。

2. 提高功率因数的方法

为了提高功率因数，可以从两个基本方面来着手：一方面是改进用电设备的功率因数，但这主要涉及更换或改进设备；另一方面是在感性负载的两端并联适当大小的电容器。

下面分析利用并联电容器来提高功率因数的方法。

原负载为 RL 串联感性负载，其功率因数为 $\cos\varphi_1$，电流为 $\dot{I}_1$，在其两端并联电容器 C，电路如图 5.30 所示，并联电容以后，并不影响原负载的工作状态。从相量图可知由于电容电流补偿了负载中的无功电流。使总电流 $\dot{I}$ 减小，功率因数角 φ 减小，电路的总功率因数提高了。

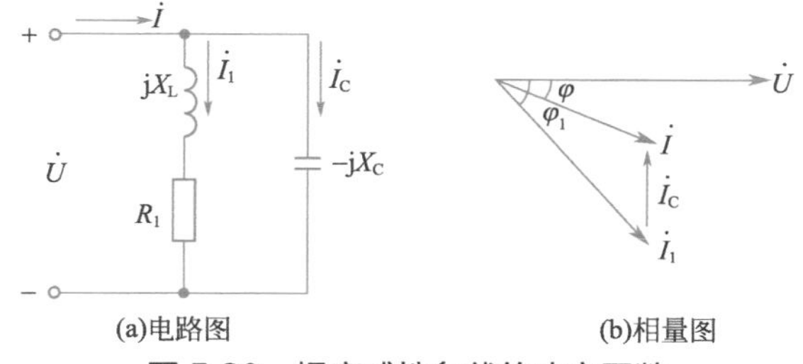

图 5.30　提高感性负载的功率因数

设有一感性负载的端电压为 U，功率为 P，功率因数 $\cos\varphi_1$，为了使功率因数提高到 $\cos\varphi$，可推导所需并联电容 C 的计算公式（并联电容前后，电路有功功率不变）：

$$I_1 \cos\varphi_1 = I \cos\varphi = \frac{P}{U}$$

流过电容的电流 $$I_C = I_1 \sin\varphi_1 - I\sin\varphi = \frac{P}{U}(\tan\varphi_1 - \tan\varphi)$$

又因 $$I_C = U\omega C$$

所以 $$C = \frac{P}{\omega U^2}(\tan\varphi_1 - \tan\varphi) \tag{5-44}$$

【例 5.11】要将例 5.10 中电路总的功率因数提高到 0.92，需并联多大的电容？此时，电路的总电流为多少？如果再把电路的功率因数从 0.92 提高到 1，需并联多大的电容？

解：由例 5.10 可知，电路总有功功率 $P=5.22\text{kW}$，功率因数及功率因数角为 $\cos\varphi'=0.64$，$\varphi'=50.3°$

① 将功率因数提高到 0.92，则

$$\cos\varphi=0.92，\varphi=23.1°$$

因此，需并联的电容为：

$$C=\frac{P}{\omega U^2}(\tan 50.3° - \tan 23.1°) = 0.00034(1.2-0.426) = 263\mu\text{F}$$

电路总电流为：

$$I=\frac{P}{U\cos\varphi}=\frac{5220}{220\times 0.92}=25.8\text{A}$$

② 将功率因数从 0.92 提高到 1，则原来功率因数及功率因数角为：$\cos\varphi'=0.92$，$\varphi'=23.1°$

并联后 $$\cos\varphi=1，\varphi=0°$$

因此，需并联的电容为：

$$C'=\frac{P}{\omega U^2}(\tan 23.1° - \tan 0°) = 0.00034(0.426-0) = 144.8\mu\text{F}$$

由上例计算可以看出，将功率因数从 0.92 提高到 1，仅提高了 0.08，补偿电容需要 144.8μF，将增大设备的投资。

【例 5.12】某变电所输出的电压为 220V，其视在功率为 220kV·A。如向电压为 220V、功率因数为 0.8、额定功率为 44kW 的工厂供电，试问能供几个这样的工厂用电？若用户把功率因数提高到 1，该变电所又能供给几个同样的工厂用电？

解：变电所输出的额定电流为

$$I_O=\frac{S}{U}=\frac{220\times10^3}{220}\text{A}=1000\text{A}$$

当 $\lambda=0.8$ 时，每个工厂所取的电流应为

$$I=\frac{P}{U\lambda}=\frac{44\times10^3}{220\times0.8}\text{A}=250\text{A}$$

故供给的工厂个数为

$$n=\frac{I_O}{I}=\frac{1000}{250}=4$$

而当 $\lambda=1$ 时，每个工厂所取电流为

$$I = \frac{P}{U\lambda} = \frac{44 \times 10^3}{220 \times 1}\text{A} = 200\text{A}$$

这时供给工厂的个数为

$$n = \frac{I_O}{I} = \frac{1000}{200} = 5$$

概念对对碰 – 功率因数与提高功率因数

温馨提示

① 上面例题可见，在实际生产中并不要把功率因数提高到 1（功率因数为 1 时有时会发生谐振），因为这样做需要并联的电容较大，功率因数提高到什么程度为宜，只能在作具体的技术经济比较之后才能决定。

② 通常只将功率因数提高到 0.9 ~ 0.95 之间。

3. 正弦交流电路负载获得最大功率的条件

在实际问题中，有时需要研究负载在什么条件下能获得最大功率。在图 5.31 所示电路中，$\dot{U}_S$ 为信号源的电压相量，$Z_i = R_i + jX_i$ 为信号源的内阻抗，$Z = R + jX$ 为负载阻抗。

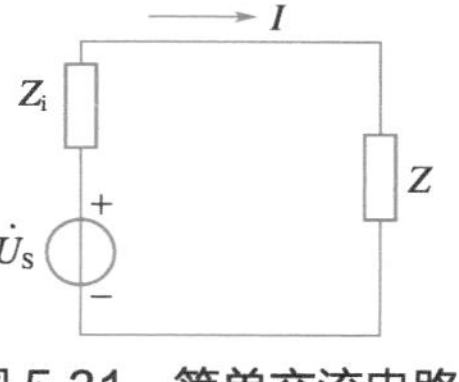

图 5.31　简单交流电路

经推导可得负载能获得最大功率的条件为

$$R = R_i，X = -X_i$$

即

$$Z = Z_i^* \quad (5\text{-}45)$$

当上式成立时，也称负载阻抗与电源阻抗匹配。

此时，负载所得最大功率为

$$P_{max} = \frac{U_S^2}{4R_i} \quad (5\text{-}46)$$

温馨提示

① 在阻抗匹配电路中，负载得到的最大功率仅是电源输出功率的一半；

② 阻抗匹配电路的传输效率为 50%，所以阻抗匹配电路只能用于一些小功率电路，而对于电力系统来说，首要的问题是效率，而不是考虑匹配。

练一练

1. 在 50Hz、380V 的电路中，一感性负载吸收的功率 $P = 20\text{kW}$，功率因数 $\lambda_1 = 0.6$。若要使功率因数提高到 0.9，求在负载的两端并联多大的电容器？

2. 如图 5.31 所示，已知 $\dot{U}_S = 141\angle 0°$，$Z_i = 5 + 10j\Omega$，则负载 Z 为多少时，可以获得最大的功率？最大功率为多少？

※模块 20 RLC 电路串联谐振

课前思考

① 什么情况下会发生串联谐振?

② 在电网中，希望发生串联谐振吗?

微课 –RLC 串联电路谐振

谐振是电路的一种特殊的工作状况，谐振现象在无线电工程和电子技术中得到广泛的应用，但谐振在有些场合下又有可能破坏系统的正常工作，因此，研究谐振现象有重要的意义。

谐振按发生电路的不同可分为串联谐振和并联谐振。本模块仅研究串联谐振。

1. 串联谐振条件

如图 5.32 所示，在 R、L、C 元件串联电路中，电路的复阻抗为

$$Z = R + \mathrm{j}X = R + \mathrm{j}(X_L - X_C) = R + \mathrm{j}\left(\omega L - \frac{1}{\omega C}\right)$$

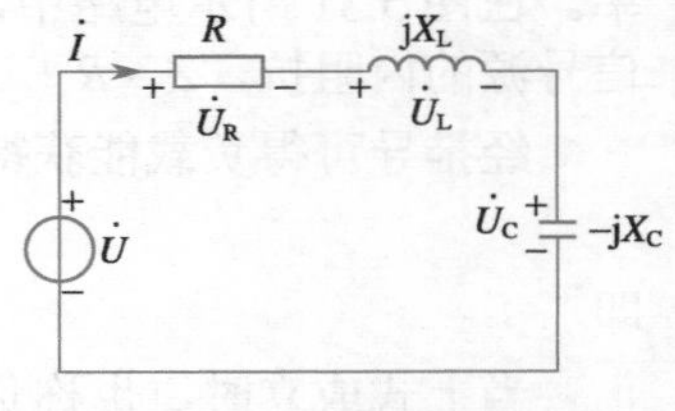

图 5.32 R、L、C 串联电路

当 $X = \omega L - \dfrac{1}{\omega C} = 0$ 时，整个电路的阻抗等于电阻 R，此时电压与电流同相，这种工作状况称为串联谐振。$X = 0$ 时对应的角频率称为串联谐振角频率，记作 ω_0，即有

$$\omega_0 L - \frac{1}{\omega_0 C} = 0$$

所以

$$\omega_0 = \frac{1}{\sqrt{LC}} \tag{5-47}$$

谐振频率为

$$f_0 = \frac{1}{2\pi\sqrt{LC}} \tag{5-48}$$

上式即为 RLC 串联电路发生谐振的条件。

温馨提示

① 谐振频率与电路中的电阻无关，仅决定于电路中的 L 和 C 的数值；

② 改变 ω、L、C 中的任何一个量都可使电路达到谐振。

2. 串联谐振电路特性

谐振时感抗和容抗的绝对值称之为串联谐振电路的特性阻抗，用符号 ρ 表示，它由电路的 L、C 参数决定。即

$$\rho=\omega_0 L=\frac{1}{\omega_0 C}=\sqrt{\frac{L}{C}} \tag{5-49}$$

式中，电感 L 的单位为 H；电容 C 的单位为 F；特性阻抗 ρ 的单位为 Ω。

电工技术中将谐振电路的特性阻抗与回路电阻的比值定义为该谐振电路的品质因素，即

$$Q=\frac{\rho}{R} \tag{5-50}$$

Q 是个无量纲的量，其大小可反映谐振电路的性能，它与电感、电容及电源上电压的关系为

$$\left.\begin{array}{l}\dot{U}_{\mathrm{L}}=\mathrm{j}Q\dot{U}\\ \dot{U}_{\mathrm{C}}=-\mathrm{j}Q\dot{U}\end{array}\right\} \tag{5-51}$$

① 串联谐振电路为纯电阻性质，电流有效值 $I=\frac{U}{|Z|}=\frac{U}{R}=I_0$ 达最大，且 R 越小时 I 将越大；

② 电感电压 U_{L} 和电容电压 U_{C} 都等于电源电压 U 的 Q 倍；

③ 谐振时，电源提供的能量全部消耗在电阻上，电容和电感之间进行能量交换，二者和电源无能量交换。

注意，串联谐振时，电感电压和电容电压可能远大于总电源电压 U。在电力系统中，若电路工作于串联谐振状态，可能在电感线圈或电容器两端产生高电压，从而引起某些电气设备的损坏。故在电力系统运行时，要避免出现这种情况。相反这一现象在电子线路中得到广泛应用。比如，利用串联谐振，使微弱的电讯信号通过谐振电路，在电容两端取得一个比输入电压大许多倍的电压，从而加以应用。

基于这一特点，串联谐振又称为电压谐振。

知识拓展

谐振曲线

在 RLC 串联电路中，表示电流、电压与频率关系的曲线称为谐振曲线。其中电路电流为

$$\dot{I}=\frac{\dot{U}}{Z}=\frac{\dot{U}}{R+\mathrm{j}(\omega L-\frac{1}{\omega C})}$$

当电路发生谐振时，其角频率为 ω_0，对应谐振电流有效值为 I_0，现以 $\frac{I}{I_0}$ 为纵坐标，以 $\frac{\omega}{\omega_0}$ 为横坐标画出电流谐振曲线。谐振时电路中电流最大，对应的纵坐标等于1，横坐标也等于1。

图 5.33 画出了三条谐振曲线，且 $Q_1 < Q_2 < Q_3$。

可见，电路的品质因数对谐振曲线影响很大。Q 值越低，曲线愈平坦，经过谐振频率时不出现尖峰；Q 值愈高，曲线就愈尖锐，说明当 ω 稍偏离 ω_0 时，电路中的电流就急剧减小。这表明电路对非谐振频率信号是有很强的抑制能力，谐振电路的选择性就好。反之，Q 值愈低，谐振电路的选择性就愈差。

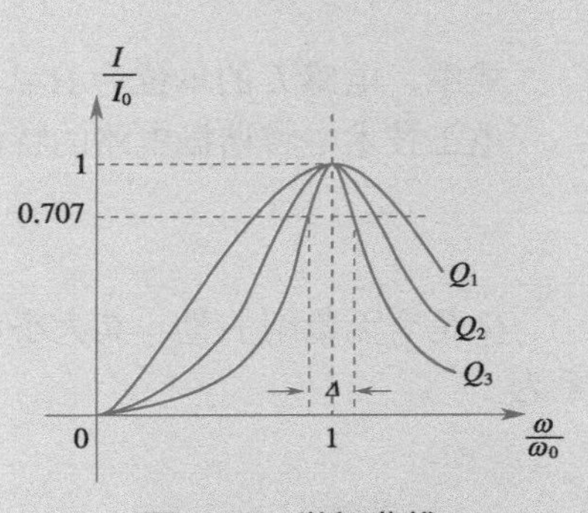

图 5.33　谐振曲线

收音机输入回路若选择性很差，就可能出现“混台”现象。

工程上规定，在谐振电路中，当某频率信号在电路中所激起的电流不低于谐振电流 I_0 的 0.707 倍时，就认为该信号可以通过此电路。所以凡是位于谐振曲线上 $I/I_0 = 0.707$ 的两点所对应频率范围内信号均能通过电路。我们把这一频率范围称为通频带。在无线电广播和通讯中，除了要求接收机输入回路有较高的选择性外，还应有足够的通频带，简称带宽。

从图 5.33 可知，品质因数愈高，电路的选择性愈好，但通频带愈窄，通频带窄会引起失真现象。因此，在设计电路时，必须全盘考虑。

3. 串联谐振的应用

在具有电感和电容元件的电路中，电路两端的电压与其中的电流一般不同相，如果我们调节电路的参数或电源的频率而使它们同相，这时电路中就发生谐振现象。

在电力工程中发生串联谐振时，如果电压过高，可能会击穿线圈和电容器的绝缘，所以一般应避免发生串联谐振。但在无线电工程中则常利用串联谐振以获得较高电压，电容或电感元件上的电压常高于电源电压几十倍或几百倍。

无线电技术中常应用串联谐振的选频特性来选择信号。收音机通过接收天线，接收到各种频率的电磁波，每一种频率的电磁波都要在天线回路中产生相应的微弱的感应电流。为了达到选择信号的目的，通常在收音机里采用如图 5.34 所示的谐振电路。把调谐回路中的电容 C 调节到某一值，电路就具有一个固有的频率 f_0。如果这时某电台的电磁波的频率正好等于调谐电路的固有频率，就能收听该电台的广播节目，其他频率的信号被抑制掉，这样就实现了选择电台的目的。

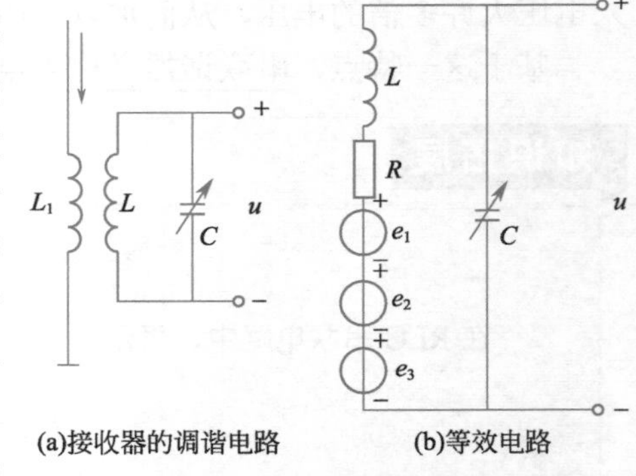

图 5.34　收音机谐振电路

【例 5.13】将电容器（$C = 320\mu F$）与一线圈（$L = 8mH$，$R = 100\Omega$）串联，接在 $U = 50V$ 的电源上。当 $f_0 = 100kHz$ 时发生谐振，求电流与电容器的电压；

解：当 $f_0 = 100kHz$ 电路发生谐振时，

$$X_L = 2\pi f_0 L = 2\times 3.14\times 100\times 10^3\times 8\times 10^{-3}\ \Omega = 5000\Omega$$

$$X_C = \frac{1}{2\pi f_0 C} = \frac{1}{2 \times 3.14 \times 100 \times 10^3 \times 320 \times 10^{-12}}\Omega = 5000\Omega$$

$$I_0 = \frac{U}{R} = \frac{50\text{V}}{100\,\Omega} = 0.5\,\text{A}$$

$$U_C = I_0 X_C = 0.5 \times 5000 = 2500\,\text{V}$$

【例 5.14】收音机的输入回路可用 RLC 串联电路为其模型，其电感为 0.233mH，可调电容的变化范围为 42.5 ～ 360pF。试求该电路谐振频率的范围。

解：$C = 42.5$pF 时的谐振频率为

$$f_{01} = \frac{1}{2\pi\sqrt{LC}} = \frac{1}{2\pi\sqrt{0.233 \times 10^{-3} \times 42.5 \times 10^{-12}}}\text{Hz}$$

$$= 1600\text{kHz}$$

$C = 360$pF 时的谐振频率为

$$f_{02} = \frac{1}{2\pi\sqrt{LC}} = \frac{1}{2\pi\sqrt{0.233 \times 10^{-3} \times 360 \times 10^{-12}}}\text{Hz}$$

$$= 550\text{kHz}$$

所以此电路的调谐频率为 550 ～ 1600kHz。

练一练

1. 有一 RLC 串联电路的谐振频率为 f_0，问：① 若电感 L 增大，要使谐振频率 f_0 维持不变，则电容 C 应如何变化？② 若电阻 R 增大，则电路的谐振频率是否变化，品质因数如何变化？

2. 某收音机输入回路可以简化为一个线圈和一只电容器串联的电路。线圈的电感 L = 0.24mH，可变电容器的变化范围是 50 ～ 400pF，试计算此收音机可能接收信号的频率范围。

5.1　电路如图 5.35 所示，$R=5\Omega$，$L=0.05\text{H}$，$\dot{I}=1\text{A}$，$\omega=200\text{rad/s}$，试求 $\dot{U}_{\text{R}}$、$\dot{U}_{\text{L}}$ 和 $\dot{U}_{\text{S}}$，并作出相量图。

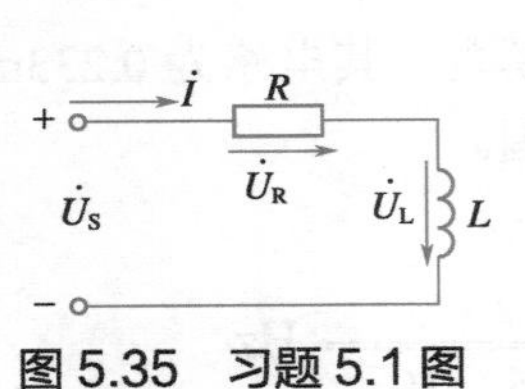

图 5.35　习题 5.1 图

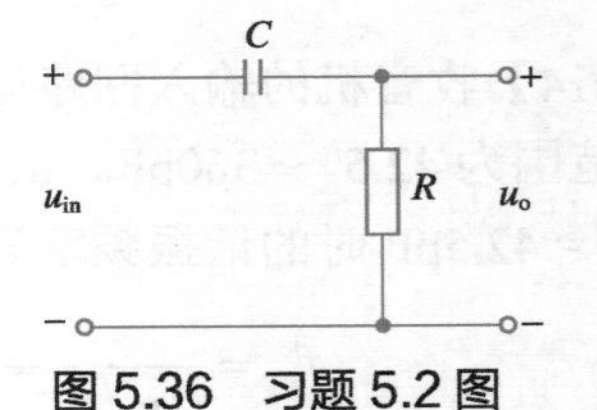

图 5.36　习题 5.2 图

5.2　RC 移相电路如图 5.36 所示，$C=0.1\mu\text{F}$，输入电压 $u_{\text{in}}=\sqrt{2}\sin1000t\ \text{V}$，欲使输出电压 u_{O} 比输入电压超前 45°，电阻应为多大？输出电压的有效值为多少？

5.3　已知图 5.37 所示电路中电压表的读数 V_1 为 6V，V_2 为 8V，V_3 为 14V，电流表的读数 A_1 为 3A，A_2 为 8A，A_3 为 4A。求电压表 V 和电流表 A 的读数。

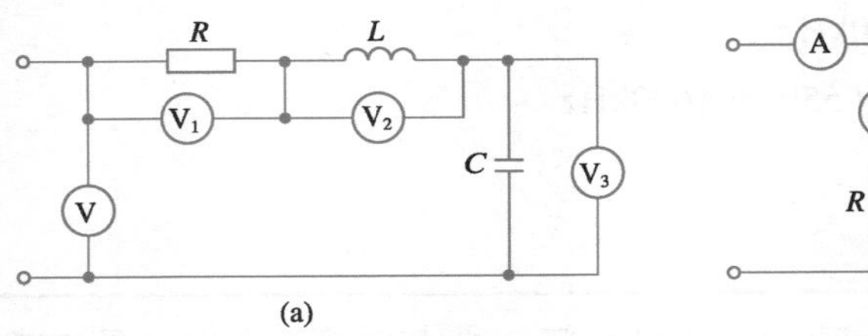

图 5.37　习题 5.3 图

5.4　在 R、L、C 串联电路中，已知 $R=10\Omega$，$X_{\text{L}}=15\Omega$，$X_{\text{C}}=5\Omega$，电源电压 $u=10\sin(314t+30°)\text{V}$。求此电路的复阻抗 Z、电流 $\dot{I}$、电压 $\dot{U}_{\text{R}}$、$\dot{U}_{\text{L}}$、$\dot{U}_{\text{C}}$，并画出相量图。

5.5　有三个复阻抗 $Z_1=40+\text{j}15\,\Omega$，$Z_2=20-\text{j}20\,\Omega$，$Z_3=60+\text{j}80\,\Omega$ 相串联，电源电压 $\dot{U}=100\angle30°\ \text{V}$。试计算：

① 总的复阻抗 Z；

② 电路的电流 $\dot{I}$；

③ 各阻抗电压 $\dot{U}_1$、$\dot{U}_2$、$\dot{U}_3$，并画出相量图。

5.6　电路如图 5.38 已知 $Z_1=20+\text{j}15\,\Omega$，$Z_2=20-\text{j}10\,\Omega$，外加正弦电压的有效值为 220V，求各负载和整个电路的有功功率、无功功率、视在功率和功率因数。

5.7　将额定电压为 220V，额定功率为 40W，功率因数为 0.5 的日光灯电路的功率因数提高到 0.9，需并联多大电容？

※5.8　在 RLC 串联电路中，已知 $R=50\Omega$，$L=300\text{mH}$，在 $f_0=100\text{Hz}$ 时电路发生谐振。试求：① 电容 C 值及电路特性阻抗 ρ 和品质因素 Q；② 若谐振时电路两端电压有效值 $U=20\text{V}$，求电路中电流 I_0 及电阻、电感、电容上的各自电压；③ 若改变电路 R 大小，电路的谐振频率是否改变。

※5.9　在如图 5.39 所示电路中，电源电压 $U = 10\text{V}$，角频率 $\omega = 5000\text{rad/s}$。调节电容 C 使电路中电流达最大，这时电流为 200mA，电容电压为 600V。试求 R、L、C 之值及回路的品质因素 Q。

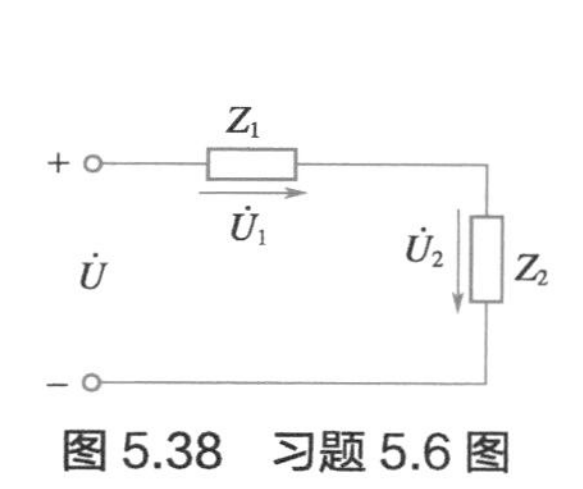

图 5.38　习题 5.6 图

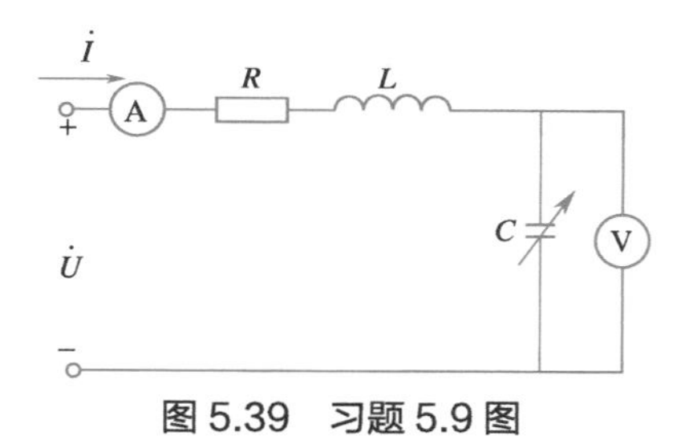

图 5.39　习题 5.9 图

第6单元

三相电路的分析

单元导读

现代电力系统中的输电方式几乎全是采用三相正弦交流电路。三相交流电在输电距离、输送功率、功率因数、电压损失和功率损失都相同的条件下，比单相输电经济得多。三相负载接法灵活，通过星形、三角形接法变换，可改变三相负载的电流、电压大小，调整功率。且单相电源也可以从三相交流电中取得。因此三相交流电得到了广泛的应用。

本单元主要研究对称三相电路、对称三相电路的计算，不对称三相电路的概念以及三相电路的功率等。重点是电压和电流的相值和线值之间的关系。

专业词汇

三相电路——three-phase circuit
对称三相电源——symmetrical three-phase source
对称三相负载——symmetrical three-phase load
相电压——phase voltage
相电流——phase current
线电压——line voltage
线电流——line current
星形连接——star connection（y-connection）
三角形连接——triangular connection（delta connection）
中线——neutral line

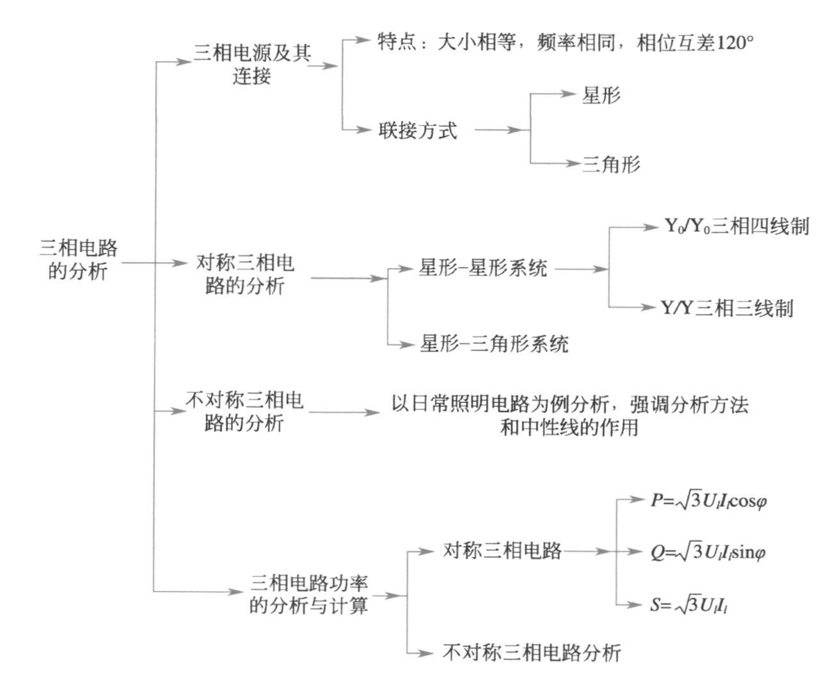

模块 21　三相电路

① 对称三相电源有什么特点？

② 什么是相序？什么是对称负载？什么是三相电路？

③ 三相电源和三相负载有哪几种联接方式？不同连接方式下线电压（电流）与相电压（电流）的关系是怎样的？

生产及生活中普遍使用的交流电源由三相交流发电机发电而来。

1. 三相电源及其表达式

实际的交流发电机有三个绕组，六个接线端。图 6.1（a）为三相交流发电机的示意图。在发电机定子中嵌有三组相同的绕组 AX、BY、CZ，分别称为 A 相、B 相、C 相绕组。它们在空间上相隔 120° 电角度。当转子磁极匀速旋转时，在各绕组中都将产生正弦感应电动势，这些电动势的幅值相等、频率相同、相位互差 120° 电角度，相当于三个独立的交流电压源，如图 6.1（b）所示。这组电压源称为对称三相电源，它们的瞬时值表达式分别为（以 u_A 为参考正弦量）

微课 – 三相电路

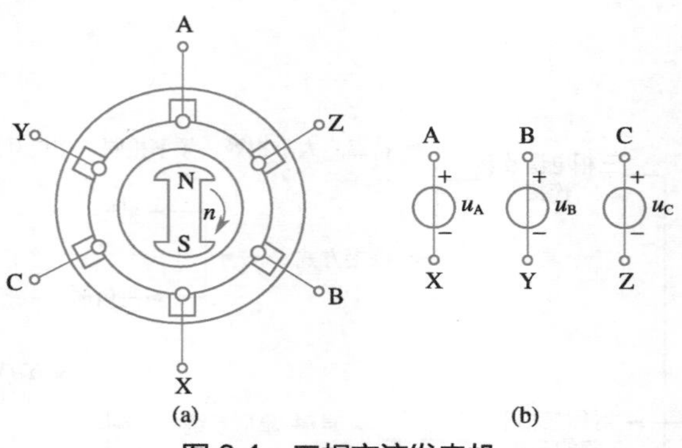

图 6.1　三相交流发电机

$$\left.\begin{aligned} u_A &= U_m \sin \omega t \\ u_B &= U_m \sin(\omega t - 120^\circ) \\ u_C &= U_m \sin(\omega t - 240^\circ) = u_m \sin(\omega t + 120^\circ) \end{aligned}\right\} \tag{6-1}$$

表示它们的相量分别为：

$$\left.\begin{aligned} \dot{U}_A &= U_P \angle 0^\circ \\ \dot{U}_B &= U_P \angle -120^\circ \\ \dot{U}_C &= U_P \angle 120^\circ \end{aligned}\right\} \tag{6-2}$$

式中　U_P——相电压有效值，下标中的“P”字系 phase（相）的第一个字母。

它们的波形和相量图如图 6.2 所示。

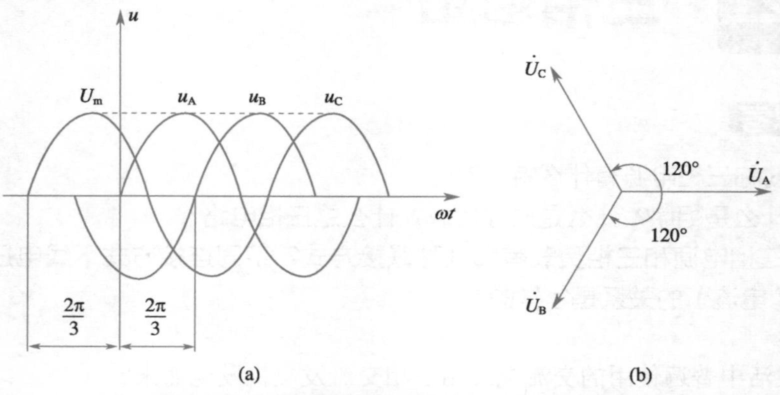

图 6.2　对称三相电压的电压波形图和相量图

对称三相电源的电压瞬时值的和为零，即

$$u_A + u_B + u_C = 0$$

或

$$\dot{U}_A + \dot{U}_B + \dot{U}_C = 0$$

三个电压到达最大值的先后顺序叫做三相交流电的相序。如图6.2（a）所示，A相先达到最大值，其次是B相，再次是C相，这样按照A→B→C次序循环下去的相序称为顺序或者正序。与此相反，如B相超前A相120°，C相超前B相120°，这种相序称为逆序或者反序。

本单元仅讨论顺序的情况。未明确说明相序为反序时，一律默认为顺序。

2. 三相电源的连接方式

发电机产生的对称三相电源如果分别用输电线向负载供电，则需六根输电线（每相用两根输电线），这样很不经济。目前采用的是将这三相交流电按照一定的方式，连接成一个整体向外送电，形成三相交流电源，简称三相电源。由这种电源供电的电路叫做三相交流电路，简称三相电路。

在三相电路中，对称三相电源一般接成星形或三角形两种特定的方式。

（1）星形接法

如图 6.3（a）所示，把三相电源的负极接在一起，形成一个中（性）点 N，从三个正极端子引出三条导线，这就是三相电源的星形连接方式。按照星形方式连接的电源简称星形或 Y 形电源。从中点引出的导线称为中线，从端点 A、B、C 引出的三根导线称为端线或火线。

端线之间的电压称为线电压，分别用 $\dot{U}_{AB}$、$\dot{U}_{BC}$、$\dot{U}_{CA}$ 表示。每一相电源的电压称为相电压，分别为 $\dot{U}_A$、$\dot{U}_B$、$\dot{U}_C$。

概念对对碰 – 相电压与线电压

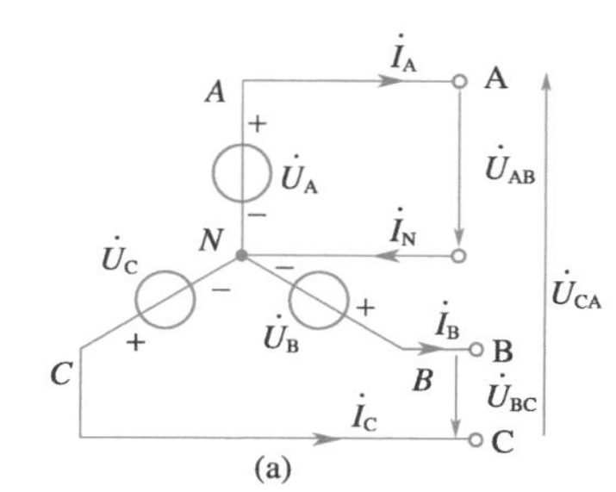

(a)

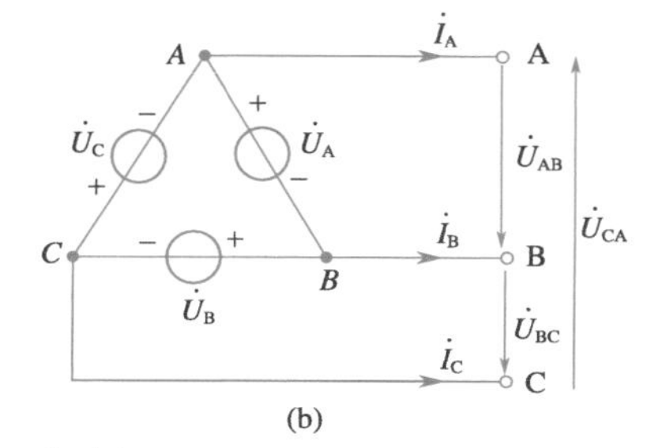

(b)

图 6.3　三相电源

端线中的电流称为线电流，分别为 $\dot{I}_A$、$\dot{I}_B$、$\dot{I}_C$。各相电源中的电流称为相电流。显然在 Y 形电源中线电流等于相电流。

（2）三角形接法

将三相电源中的三相绕组依次首末相接，构成一个回路，从三个连接点引出三根端线，用以连接负载或电力网，这种连接方式称为三相电源的三角形连接，也称△连接，如图 6.3（b）所示。

三角形电源的相电压、线电压和相电流、线电流的定义与 Y 形电源相同。显然，三角形电源的相电压与线电压相等。

温馨提示

① 三角形电源在连接正确的情况下，回路中总电压的瞬时值等于三个电压源电压的瞬时值之和。由于 $\dot{U}_A+\dot{U}_B+\dot{U}_C=0$，所以能保证在没有输出的情况下，电源内部没有环形电流；

② 三角形电源首末端如若接错，将可能形成很大的环形电流。

3. 三相负载与三相电路

三相负载是由三个负载连接成星形或三角形所组成，分别称为星形负载和三角形负载，其连接方式与三相电源的连接方式相同，此处不再赘述。

如果三个负载都相等，则称为对称负载，否则为不对称负载。

三相电路就是由上述形式的三相电源和三相负载连接起来组成的系统，如图 6.4 所示共有五种形式，即有 Y－Y 连接，Y－△连接，△－Y 连接，△－△连接，Y_0-Y_0 连接。其中图 6.4（e）Y_0-Y_0 连接称为三相四线制，N－n 称为中线。

如果三相电源、三相负载都对称，且端线的 3 个阻抗相等，则称为对称三相电路。

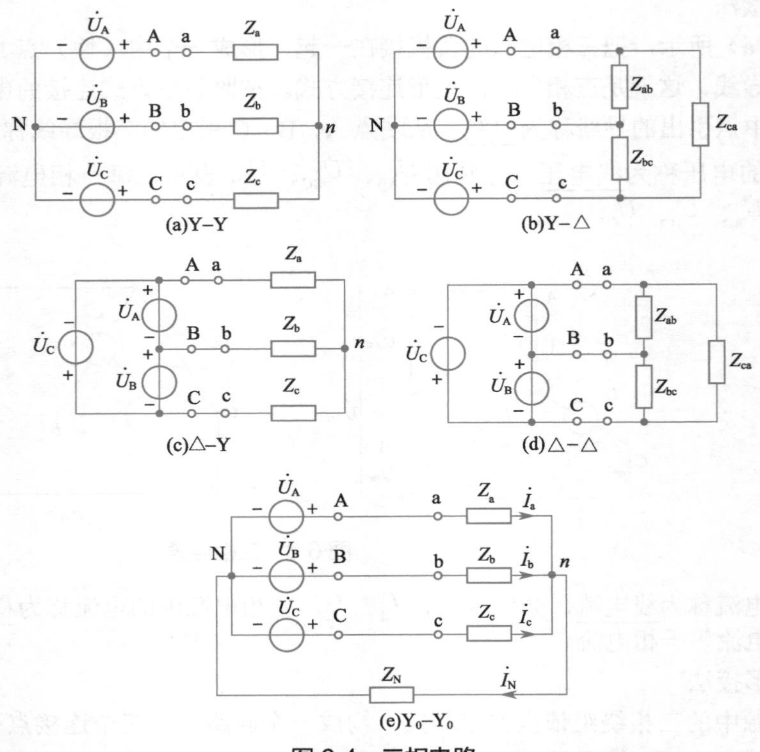

图 6.4　三相电路

4. 线电压（电流）与相电压（电流）的关系

在对三相电路进行分析时，首先要了解不同连接方式下线电压（电流）与相电压（电流）的关系。事实上无论是三相电源还是三相负载，其相电压、线电压和相电流、线电流之间的关系都与连接方式有关，讨论方法是一样的。

该部分内容研究线电压（电流）与相电压（电流）的关系，其前提是电源为三相对称电源（三相电路中，一般电源均为对称的），负载为对称负载。

（1）对称星形连接

图 6.5（a）所示的对称星形连接，线电流等于相电流，线电压与相电压的关系为

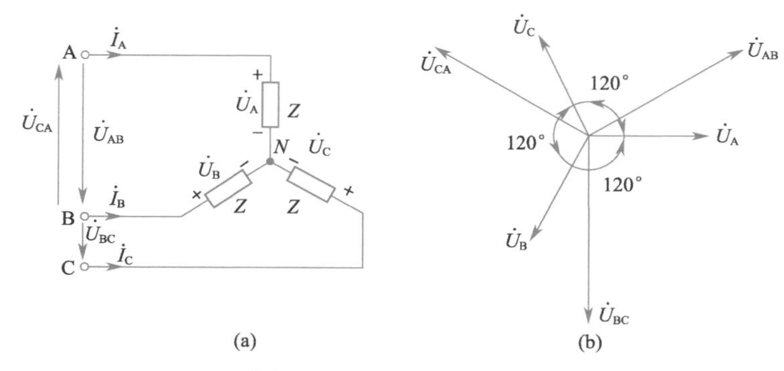

图 6.5　对称星形连接负载及相、线电压相量图

$$\left.\begin{aligned}\dot{U}_{AB}&=\dot{U}_A-\dot{U}_B=\sqrt{3}\dot{U}_A\angle 30^\circ\\\dot{U}_{BC}&=\dot{U}_B-\dot{U}_C=\sqrt{3}\dot{U}_B\angle 30^\circ\\\dot{U}_{CA}&=\dot{U}_C-\dot{U}_A=\sqrt{3}\dot{U}_C\angle 30^\circ\end{aligned}\right\}\tag{6-3}$$

若设 $\dot{U}_A=U_P\angle 0^\circ$，则 Y 形连接线电压与相电压的相量关系可以用图 6.5（b）的相量图表示。由相量图及式（6-3）可得

概念对对碰 - 星形连接与三角形连接

$$\left.\begin{aligned}\dot{U}_{AB}&=\sqrt{3}U_P\angle 30^\circ\\\dot{U}_{BC}&=\sqrt{3}U_P\angle -90^\circ\\\dot{U}_{CA}&=\sqrt{3}U_P\angle 150^\circ\end{aligned}\right\}\tag{6-4}$$

由此可见，相电压对称时，线电压也一定对称，它的有效值是相电压有效值的$\sqrt{3}$倍，相位依次超前 $\dot{U}_A$、$\dot{U}_B$、$\dot{U}_C$30°，计算时只要算出 $\dot{U}_{AB}$ 就可依次写出 $\dot{U}_{BC}$、$\dot{U}_{CA}$。

（2）对称三角形连接

对于图 6.6（a）所示的三角形连接，线电压等于相电压。设每相负载中的电流分别为 $\dot{I}_{AB}$、$\dot{I}_{BC}$、$\dot{I}_{CA}$ 且为对称的，线电流为 $\dot{I}_A$、$\dot{I}_B$、$\dot{I}_C$，由 KCL 得

$$\left.\begin{aligned}\dot{I}_A&=\dot{I}_{AB}-\dot{I}_{CA}=\sqrt{3}\dot{I}_{AB}\angle -30^\circ\\\dot{I}_B&=\dot{I}_{BC}-\dot{I}_{AB}=\sqrt{3}\dot{I}_{BC}\angle -30^\circ\\\dot{I}_C&=\dot{I}_{CA}-\dot{I}_{BC}=\sqrt{3}\dot{I}_{CA}\angle -30^\circ\end{aligned}\right\}\tag{6-5}$$

三角形连接时，相、线电流的相量图如图 6.6（b）所示。由于相电流是对称的，所以线电流也是对称的，即 $\dot{I}_A+\dot{I}_B+\dot{I}_C=0$。只要求出一个线电流，其他两个可以依次写出。

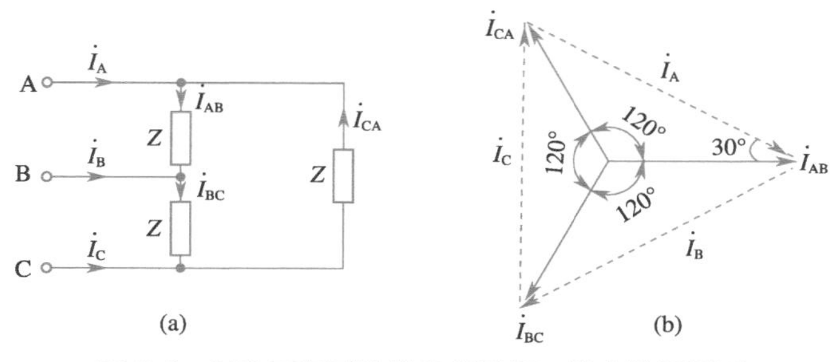

图 6.6　对称三角形连接负载及相、线电流相量图

由此可见，线电流有效值是相电流有效值的$\sqrt{3}$倍，相位依次滞后$\dot{I}_{AB}$，$\dot{I}_{BC}$，$\dot{I}_{CA}$的相位30°。

温馨提示

① 三相负载到底采用哪种连接方式应根据各相负载的额定电压和电源线电压的关系而定；

② 如果每相负载的额定电压与电源的线电压相等，则应将负载接成三角形；

③ 如果负载每相的额定电压等于电源相电压，则应将负载接成星形。

【例 6.1】一对称三相负载分别接成 Y 和△形，如图 6.7 所示，分别求线电流大小。

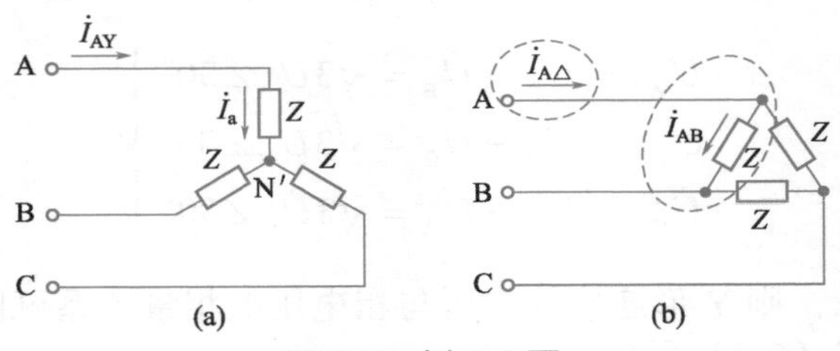

图 6.7　例 6.1 图

解：① 图 6.7（a）Y 连接时，线、相电流相等，因负载对称，电流计算可得

$$I_{AY}=I_a=\frac{U_{AN'}}{|Z|}=\frac{U_{AB}}{\sqrt{3}|Z|}$$

② 图 6.7（b）△连接时，线、相电压相等，负载对称。相、线电流分别计算得

$$I_{AB}=\frac{U_{AB}}{|Z|}\qquad I_{A\triangle}=\sqrt{3}I_{AB}=\frac{\sqrt{3}U_{AB}}{|Z|}=3I_{AY}$$

可见，三相对称负载，三角形连接时其线路上的线电流是星形连接时其线路线电流的 3 倍。三相异步电动机的 Y- △降压启动就是利用这个原理，降低启动瞬间的启动电流。

知识拓展

三相对称电源△连接时，始端、末端要依次相连，为什么呢？

三相对称电源△连接，使用时特别强调电源始端、末端要依次相连，相电压有效值为 U，如图 6.8 所示电路。

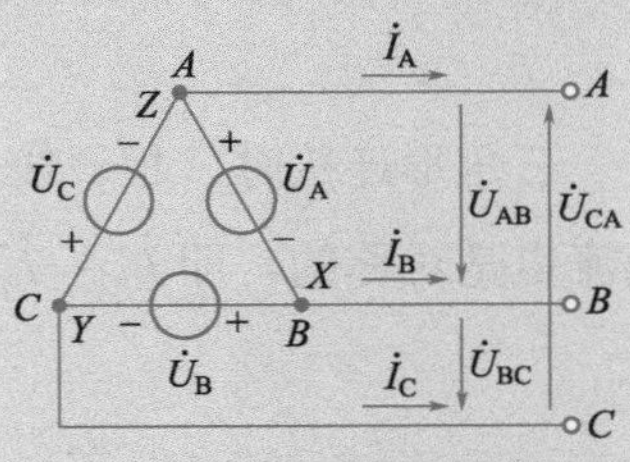

三相电源作三角形连接时，电源线、相电压对称且相等，表达式如下式所示。其三相电压之和在任意瞬间为零。相量图及其端头位置如图 6.9（a）所示，三角形连接时其内部环流为 I，如图 6.9（b）所示。

图 6.8　三相电源三角形连接

$$\dot{U}_{AB}=\dot{U}_A=U\angle 0°$$
$$\dot{U}_{BC}=\dot{U}_B=U\angle -120°$$
$$\dot{U}_{CA}=\dot{U}_C=U\angle 120°$$

分析图 6.9（a）、图 6.9（b）相量图可见，三相电源各电压之间相量关系为

$$\dot{U}_A+\dot{U}_B=-\dot{U}_C$$

$$\dot{U}_A+\dot{U}_B+\dot{U}_C=0$$

(a)　(b)

图 6.9　三相电源三角形连接相量图

$I=0$，即△连接电源中不会产生环流。

如果某一相电源接反，假定 C 相电源 C、Z 端反接。电路图和相量图如图 6.10 所示。此时，各电压相量的关系式为

$$\dot{U}_A+\dot{U}_B=\dot{U}_C$$
$$\dot{U}_A+\dot{U}_B+\dot{U}_C=2\dot{U}_C$$

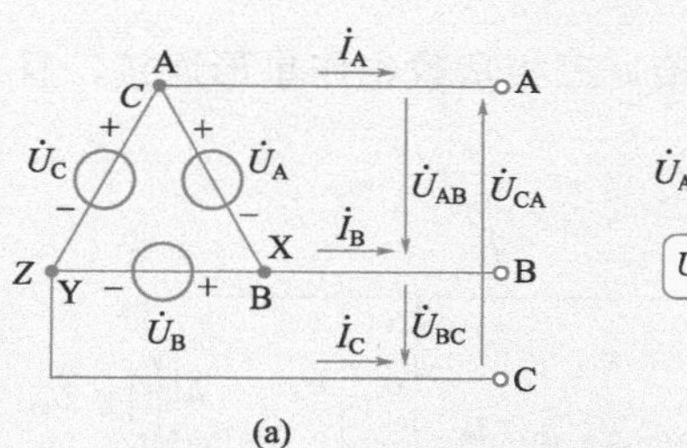

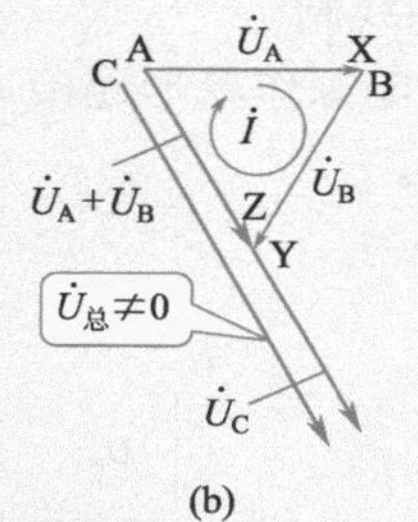

图 6.10　C 相电源 CZ 端反接的电路图和相量图

图上相量可见，三相电源电压之和不为零，$I\neq0$，内部产生环流，发热甚至烧毁三相电源。

实际工作中，技术人员经常在电源三角形连接时，留一个首末端不连接，并在此开口处接一交流电压表，如图 6.11 所示。测量回路总电压是否为零；如果电压为零，说明连接正确；然后再把开口处接在一起。

图 6.11　测量三相对称电源的开口电压

练一练

1. 已知对称三相电源 A 相的电压 $u_A=380\sin314t$ V，求 u_B、u_C 的表达式。

2. Y 形电源中，线电流等于相电流，那线电压与相电压是否相等？

3. 如果三相对称负载连接成三角形，已知连接在每相负载电路中的电流表的读数为 10A，则线电流用电流表测定其读数为（　　）。

A. 10A　　B. $10\sqrt{3}$ A　　C. $10/\sqrt{3}$ A　　D. $10/\sqrt{2}$ A

4. 已知三相对称负载连接成星形，电路线电压为 380V，则相电压为（　　）。

A. 380V　　B. $380\sqrt{3}$ V　　C. $380/\sqrt{3}$ V　　D. $380\times3\sqrt{3}$ V

模块22 对称三相电路的分析

课前思考

① 星形－星形连接方式下如何进行电路分析和计算?

② 星形－三角形连接方式下如何进行电路分析和计算?

微课－对称三相电路的分析

模块 21 中提到对三相电路按电源和负载接成 Y 形还是△形，分为 Y－Y、Y－△、△－Y、△－△、Y_0－Y_0 五种连接组。其中横杠左边表示电源的连接，右边表示负载的连接；下标“0”表示有中性线，否则表示无中性线。

本模块主要研究几种典型结构的对称三相电路的计算。

1. 星形－星形电路分析

（1）Y_0/Y_0 三相四线制

图 6.12 中，三相电源作星形连接。三相负载也作星形连接，且有中线。这种连接称 Y_0/Y_0 连接的三相四线制。

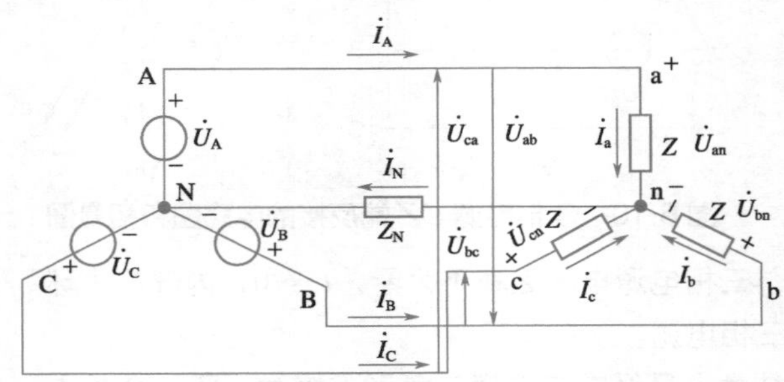

图 6.12　三相四线制

设每相负载阻抗均为 $Z=|Z|\angle\varphi$。N 为电源中点，n 为负载的中点，Nn 为中线。设中线的阻抗为 Z_N。每相负载上的电压称为负载相电压，用 $\dot{U}_{an}$、$\dot{U}_{bn}$、$\dot{U}_{cn}$ 表示；负载端线之间的电压称为负载的线电压，用 $\dot{U}_{ab}$、$\dot{U}_{bc}$、$\dot{U}_{ca}$ 表示。各相负载中的电流称为相电流，用 $\dot{I}_a$、$\dot{I}_b$、$\dot{I}_c$ 表示；端线中的电流称为线电流，用 $\dot{I}_A$、$\dot{I}_B$、$\dot{I}_C$ 表示。

线电流的参考方向从电源端指向负载端，中线电流 $\dot{I}_N$ 的参考方向从负载端指向电源端。对于负载 Y 连接的电路，线电流 $\dot{I}_A$ 就是相电流 $\dot{I}_a$。

三相电路实际上是一个复杂正弦交流电路，采用节点法分析此电路可得

$$\dot{U}_{nN}=0$$

结论是对称 Y_0/Y_0 电路负载中点与电源中点等电位，它与中线阻抗的大小无关。由此可得

$$\begin{cases}\dot{U}_{an}=\dot{U}_A\\ \dot{U}_{bn}=\dot{U}_B\\ \dot{U}_{cn}=\dot{U}_C\end{cases} \tag{6-6}$$

在这种连接方式下［由式（6-6）也可以看出］，负载相电压等于电源相电压（在忽略输电线阻抗时），即负载三相电压也为对称三相电压。同时，各相负载的电压和电流均由该相的电源和负载决定，与其他两相无关，各相具有独立性。

以 $\dot{U}_A$ 为参考相量，$\dot{U}_A = U_p \angle 0^\circ$ 则线电流为

$$\left.\begin{aligned} \dot{I}_A &= \frac{\dot{U}_{an}}{Z} = \frac{\dot{U}_A}{Z} = \frac{U_p}{|Z|}\angle -\varphi \\ \dot{I}_B &= \frac{\dot{U}_{bn}}{Z} = \frac{\dot{U}_B}{Z} = \frac{U_p}{|Z|}\angle(-\varphi - 120^\circ) \\ \dot{I}_C &= \frac{\dot{U}_{cn}}{Z} = \frac{\dot{U}_C}{Z} = \frac{U_p}{|Z|}\angle(-\varphi + 120^\circ) \end{aligned}\right\} \tag{6-7}$$

温馨提示

对称 Y_0/Y_0 电路的分析和计算可采取以下步骤：

① 先进行一个相的计算（如 A 相），首先根据电源找到该相的相电压，算出 $\dot{I}_A$；

② 根据对称性，推知其他两相电流 $\dot{I}_B$、$\dot{I}_C$；

③ 三相电流对称，中线电流 $\dot{I}_N = \dot{I}_A + \dot{I}_B + \dot{I}_C = 0$。

（2）Y/Y 三相三线制

若对称 Y_0/Y_0 电路中无中线，即 $Z_N = \infty$ 时，电路为 Y/Y 三相三线制电路。

由节点法分析可知 $\dot{U}_{nN} = 0$，即负载中点与电源中点等电位，此时相当于三相四线制。即每相电路看成是独立的，计算时采用如上的三相四线制的计算方法。可见，对称 Y-Y 连接的电路，不论有无中线以及中线阻抗的大小，都不会影响各相负载的电流和电压。由于 $\dot{U}_{nN} = 0$，所以负载的线电压与相电压的关系同电源的线电压与相电压的关系相同。

$$\left.\begin{aligned} \dot{U}_{ab} &= \sqrt{3}\dot{U}_{an}\angle 30^\circ \\ \dot{U}_{bc} &= \sqrt{3}\dot{U}_{bn}\angle 30^\circ \\ \dot{U}_{ca} &= \sqrt{3}\dot{U}_{cn}\angle 30^\circ \end{aligned}\right\} \tag{6-8}$$

即

$$U_l' = \sqrt{3}U_p' \tag{6-9}$$

式中，U_l'、U_p' 为负载的线电压和相电压。

当忽略输电线阻抗时，$U_l' = U_l$，$U_p' = U_p$。U_l、U_p 为电源的线电压和相电压。

温馨提示

星形－星形连接系统的对称三相电路其负载电压、电流有以下特点：

① 线电压、相电压，线电流、相电流都是对称的；

② 线电流等于相电流；

③ 线电压的有效值等于 $\sqrt{3}$ 倍的相电压有效值，相位超前相应的相电压 30°。

【例 6.2】某对称三相电路，负载为 Y 形连接，三相三线制，其电源线电压为 380V，每相负载阻抗 $Z = 8 + 6\text{j}\Omega$，忽略输电线路阻抗。求负载每相电流，画出负载电压和电流相量图。

解：已知 $U_l = 380\text{V}$，负载为 Y 形连接，其电源无论是 Y 形还是△形连接，都可用等效的 Y 形连接的三相电源进行分析。

电源相电压
$$U_{\text{p}} = \frac{380}{\sqrt{3}} = 220\ \text{V}$$

设
$$\dot{U}_{\text{A}} = 220\angle 0^\circ\ \text{V}$$

则
$$\dot{I}_{\text{A}} = \frac{\dot{U}_{\text{A}}}{Z} = \frac{220\angle 0^\circ}{8 + \text{j}6} = 22\angle -36.9^\circ\ \text{A}$$

根据对称性可得：
$$\dot{I}_{\text{B}} = 22\angle(-36.9^\circ - 120^\circ) = 22\angle -156.9^\circ\ \text{A}$$
$$\dot{I}_{\text{C}} = 22\angle(-36.9^\circ + 120^\circ) = 22\angle 83.1^\circ\ \text{A}$$

相量图如图 6.13 所示。

【例 6.3】如图 6.14 所示为一对称三相电路，对称三相电源的线电压为 380V，每相负载的阻抗 $Z = 80\angle 30^\circ\Omega$，输电线阻抗 $Z_l = 1 + 2\text{j}\,\Omega$，求三相负载的相电压、线电压、相电流。

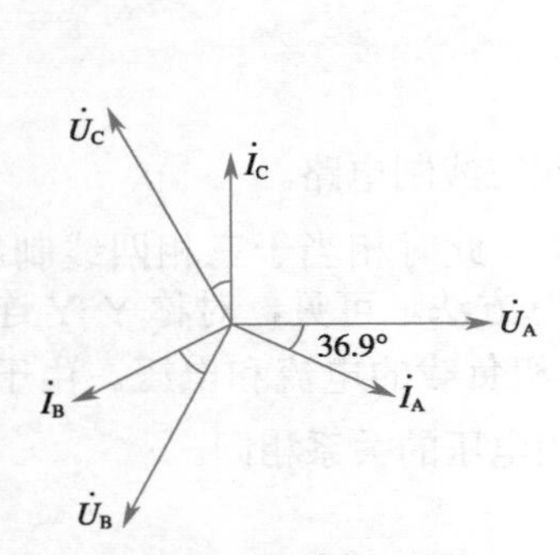

图 6.13 例 6.2 图

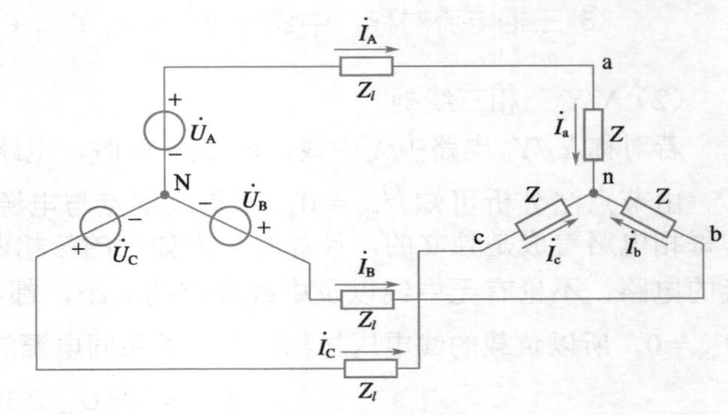

图 6.14 例 6.3 图

解：电源相电压
$$U_{\text{p}} = \frac{380}{\sqrt{3}} = 220\ \text{V}$$

设
$$\dot{U}_{\text{A}} = 220\angle 0^\circ\ \text{V}$$

则
$$\dot{I}_{\text{A}} = \frac{\dot{U}_{\text{A}}}{Z + Z_l} = \frac{220\angle 0^\circ}{80\angle 30^\circ + 1 + \text{j}2} = \frac{220\angle 0^\circ}{81.9\angle 30.9^\circ} = 2.69\angle -30.9^\circ\ \text{A}$$

由对称性得 $\dot{I}_{\text{B}} = 2.69\angle -150.9^\circ\text{A}$ $\dot{I}_{\text{C}} = 2.69\angle 89.1^\circ\text{A}$

三相负载的相电压
$$\dot{U}_{\text{an}} = Z\dot{I}_{\text{A}} = 80\angle 30^\circ \times 2.69\angle -30.9^\circ = 215.2\angle -0.9^\circ\ \text{V}$$
$$\dot{U}_{\text{bn}} = 215.2\angle -120.9^\circ\ \text{V}$$
$$\dot{U}_{\text{cn}} = 215.2\angle 119.1^\circ\ \text{V}$$

三相负载的线电压 $\dot{U}_{ab}=\sqrt{3}\dot{U}_{an}\angle30°=372.7\angle29.1°\ \text{V}$

$$\dot{U}_{bc}=372.7\angle-90.9°\ \text{V}$$

$$\dot{U}_{ca}=372.7\angle149.1°\ \text{V}$$

由于输电线路阻抗的存在，负载的相电压、线电压与电源的相电压、线电压不相等，但仍是对称的。

2. 星形－三角形电路分析

电源星形而负载作三角形连接，组成星形－三角形系统。实际上，不管电源是星形连接还是三角形连接，与负载相连的三个电源一定是线电压，如图 6.15 所示。

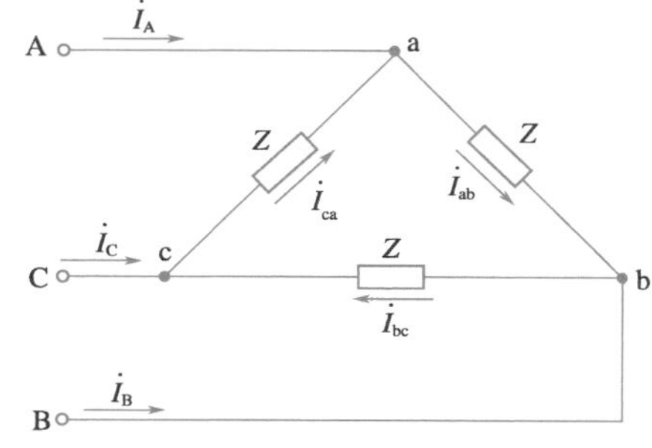

图 6.15 负载三角形连接的对称三相电路

设 $Z=|Z|\angle\varphi$，三相负载相同，其负载线电流为 $\dot{I}_A$、$\dot{I}_B$、$\dot{I}_C$，相电流为 $\dot{I}_{ab}$、$\dot{I}_{bc}$、$\dot{I}_{ca}$。

设 $\dot{U}_{AB}=U_l\angle0°\ \ \text{V}$，当忽略输电线阻抗时，负载线电压等于电源线电压。

负载的相电流为

$$\left.\begin{aligned}\dot{I}_{ab}&=\frac{\dot{U}_{ab}}{Z}=\frac{\dot{U}_{AB}}{Z}=\frac{U_l}{|Z|}\angle-\varphi\\ \dot{I}_{bc}&=\frac{\dot{U}_{bc}}{Z}=\frac{\dot{U}_{BC}}{Z}=\frac{U_l}{|Z|}\angle(-\varphi-120°)\\ \dot{I}_{ca}&=\frac{\dot{U}_{ca}}{Z}=\frac{\dot{U}_{CA}}{Z}=\frac{U_l}{|Z|}\angle(-\varphi+120°)\end{aligned}\right\}\tag{6-10}$$

线电流为

$$\left.\begin{aligned}\dot{I}_A&=\dot{I}_{ab}-\dot{I}_{ca}=\sqrt{3}\dot{I}_{ab}\angle-30°\\ \dot{I}_B&=\dot{I}_{bc}-\dot{I}_{ab}=\sqrt{3}\dot{I}_{bc}\angle-30°\\ \dot{I}_C&=\dot{I}_{ca}-\dot{I}_{bc}=\sqrt{3}\dot{I}_{ca}\angle-30°\end{aligned}\right\}\tag{6-11}$$

温馨提示

负载△形连接的对称三相电路，其负载电压、电流有以下特点：

① 相电压、线电压，相电流、线电流均对称；

② 每相负载上的线电压等于相电压；

③ 线电流的有效值等于相电流有效值的 $\sqrt{3}$ 倍。即 $I_l=\sqrt{3}I_p$，且线电流滞后相应的相电流 30° 。电压、电流相量图如图 6.16 所示。

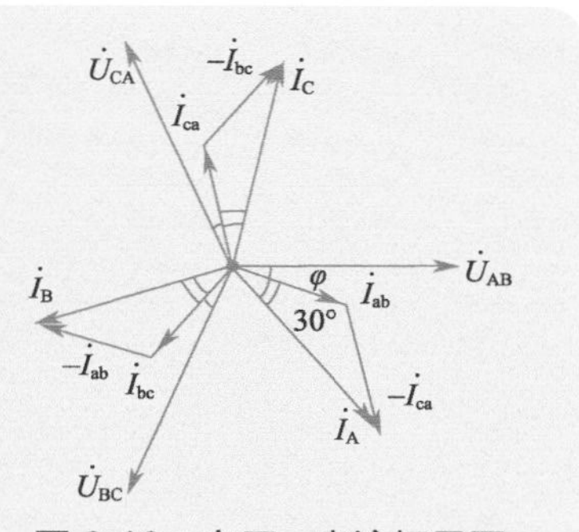

图 6.16 电压、电流相量图

【例 6.4】已知负载△连接的对称三相电路，电源为 Y 形连接，其相电压为 110V，负载每相阻抗 $Z = 4 + 3\text{j}\ \Omega$。求负载的相电压和线电流。

解：电源线电压

$$U_l = \sqrt{3}U_p = \sqrt{3} \times 110 = 190\ \text{V}$$

设

$$\dot{U}_{AB} = 190\angle 0^\circ\ \text{V}$$

则相电流

$$\dot{I}_{ab} = \frac{\dot{U}_{AB}}{Z} = \frac{190\angle 0^\circ}{4 + \text{j}3} = 38\angle -36.9^\circ\ \text{A}$$

根据对称性得

$$\dot{I}_{bc} = 38\angle -156.9^\circ\ \text{A}$$

$$\dot{I}_{ca} = 38\angle 83.1^\circ\ \text{A}$$

线电流 $\dot{I}_A = \sqrt{3}\dot{I}_{ab}\angle 30^\circ = \sqrt{3} \times 38\angle(-36.9^\circ - 30^\circ) = 66\angle -66.9^\circ\ \text{A}$

$$\dot{I}_B = 66\angle -186.9^\circ = 66\angle 173.1^\circ\ \text{A}$$

$$\dot{I}_C = 66\angle 53.1^\circ\ \text{A}$$

负载三角形连接的电路，还可以利用阻抗的 Y- △等效变换，将负载变换为星形连接，再按 Y-Y 连接的电路进行计算。（Y- △等效变换详见单元 2 拓展模块）

练一练

1. 三相对称电源绕组相电压为 220V，若有一个三相对称负载额定相电压为 380V，电源与负载应按（　　）连接。

A. 星形 - 三角形　　B. 三角形 - 三角形

C. 星形 - 星形　　D. 三角形 - 星形

2. 对称三相负载三角形连接，电源线电压 $\dot{U}_{AB} = 220\angle 0^\circ$，如不考虑输电线上的阻抗，则负载相电压为（　　）V。

A.220 ∠ -120°　　B. 220 ∠ 0°　　C. 220 ∠ 120°　　D.220 ∠ 150°

3. 对称三相电路负载三角形连接，电源线电压为 380V，负载复阻抗为 $Z = (8 - \text{j}6)\ \Omega$。则线电流为（　　）A。

A. 38　　B. 22　　C. 0　　D. 65.82

※模块 23　不对称三相电路的分析

① 照明电路是采用的哪种接线方式?

② 照明电路的中性线可以去掉吗?

在三相电路中，不对称主要是指负载不对称。日常照明电路就属于典型的不对称电路。

图 6.17 所示三相四线制电路中，负载不对称，假设中线阻抗为零，则每相负载上 $\dot{U}_{an}$、$\dot{U}_{bn}$、$\dot{U}_{cn}$ 的电压一定等于该相电源的相电压 $\dot{U}_A$、$\dot{U}_B$、$\dot{U}_C$，而三相电流 $\dot{I}_a$、$\dot{I}_b$、$\dot{I}_c$（或 $\dot{I}_A$、$\dot{I}_B$、$\dot{I}_C$）由于负载阻抗不同而不对称。

微课 - 不对称三相电路的计算

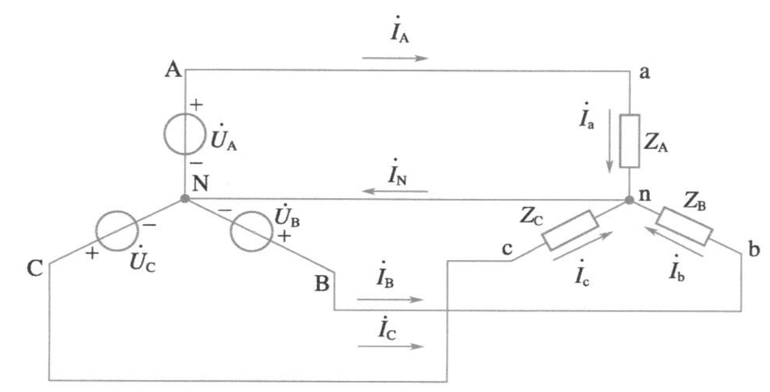

图 6.17　三相四线制的不对称三相电路

即负载相电压对称为

$$\dot{U}_{an}=\dot{U}_A,\quad \dot{U}_{bn}=\dot{U}_B,\quad \dot{U}_{cn}=\dot{U}_C \tag{6-12}$$

负载相电流不对称为

$$\dot{I}_A=\frac{\dot{U}_{an}}{Z_A},\quad \dot{I}_B=\frac{\dot{U}_{bn}}{Z_B},\quad \dot{I}_C=\frac{\dot{U}_{cn}}{Z_C} \tag{6-13}$$

此时中线电流

$$\dot{I}_N=\dot{I}_A+\dot{I}_B+\dot{I}_C\neq 0 \tag{6-14}$$

在不对称三相电路中，如果有中线，忽略输电线阻抗，则中线可迫使 $\dot{U}_{nN}=0$，尽管电路不对称，但可使负载相电压对称，以保证负载正常工作；若无中线，如图 6.18 所示。根据节点电压法得两中性点电压 $\dot{U}_{Nn}\neq 0$，中性点位移。

此时，负载中点与电源中点不重合，各负载相电压为

$$\dot{U}_{an}=\dot{U}_{AN}+\dot{U}_{Nn}$$
$$\dot{U}_{bn}=\dot{U}_{BN}+\dot{U}_{Nn}$$
$$\dot{U}_{cn}=\dot{U}_{CN}+\dot{U}_{Nn}$$

绘制相量图如图 6.19 所示。

图上明显可见，三相负载的相电压不再对称，*b* 相负载电压明显增大，*a* 相负载电压明显减小，*c* 相负载电压变化较小，负载电压严重不对称，工作状态不正常。同时，分析可见，中性点位移越大，负载不对称程度越严重，负载不能正常工作。

实际中，电源对称时，也可根据中性点位移情况来判断负载端不对称程度。

可见，中线作用至关重要，且不能断开。实际接线中，中线的干线必须考虑有足够的机

械强度，且不允许安装开关和熔丝。

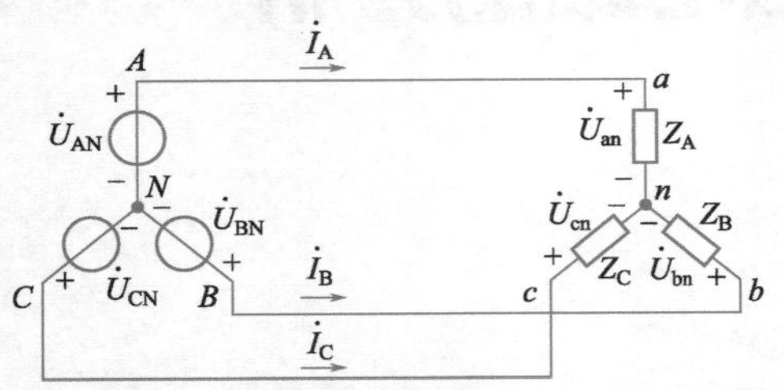

图 6.18　无中线的三相四线制不对称电路

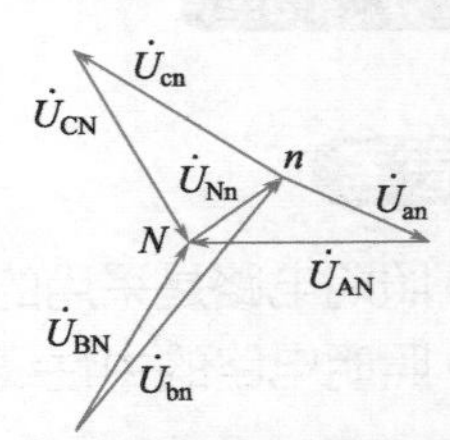

图 6.19　无中线的三相四线制不对称电路相量图

知识拓展

中线在不对称三相电路中的作用

总结起来，中线的作用有三个：

① 为单相用电设备提供相电压；

② 用来传导三相系统中的不平衡电流或单相电流；

③ 用以减小中性点位移电压，使星形连接的不对称三相负载的相电压对称或接近于对称。

【例 6.5】电路如图 6.20 所示，每只灯泡的额定电压为 220V，额定功率为 100W，电源系 220V/380V 电网，试求按照三相四线制接线时各灯泡的亮度是否一样？

解：虽然此时三相负载不对称，但是有中线，加在各相灯泡上的电压均为 220V，各灯泡正常发光，亮度一样。

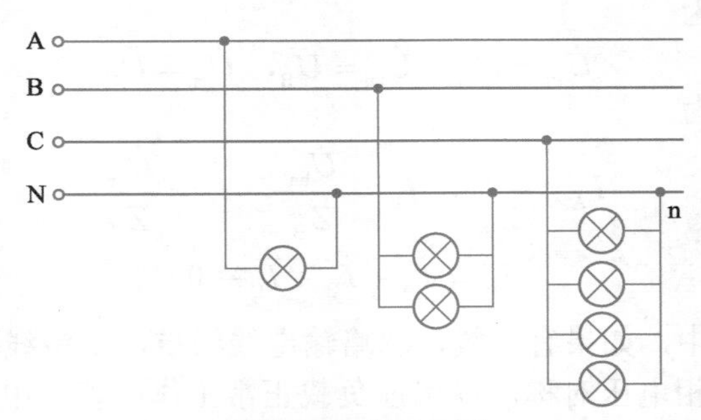

图 6.20　例 6.5 图

【例 6.6】如图 6.21 所示电路，一星形连接三相电路，电源电压对称。

设电源线电压 $u_{AB}=380\sqrt{2}\sin(314t+30°)$ V，负载为电灯组，（1）若 $R_A=R_B=R_C=5\Omega$，求线电流及中性线电流；（2）若 $R_A=5\Omega$，$R_B=10\Omega$，$R_C=20\Omega$，求线电流及中性线电流。

解：已知电源正弦量线电压，则电源线、相电压写成相量为

$$\dot{U}_{AB}=380\angle 30°\ \text{V}\qquad \dot{U}_A=220\angle 0°\ \text{V}$$

① 图示三负载电阻相等，电路对称。

Nn 两中性点等电位，中性线可有可无，每一组负载自成单独的回路；

则负载相电流（也是线电流）为$\dot{I}_{a}=\dot{I}_{A}=\dfrac{\dot{U}_{A}}{R_{A}}=\dfrac{220\angle 0^{\circ}}{5}=44\angle 0^{\circ}\text{A}$

根据对称性，可以写出另两相的负载相电流（线电流）。

$$\dot{I}_{b}=\dot{I}_{B}=44\angle -120^{\circ}\text{A}$$
$$\dot{I}_{c}=\dot{I}_{C}=44\angle 120^{\circ}\text{A}$$

中性线电流为$\dot{I}_{N}=\dot{I}_{A}+\dot{I}_{B}+\dot{I}_{C}=0$

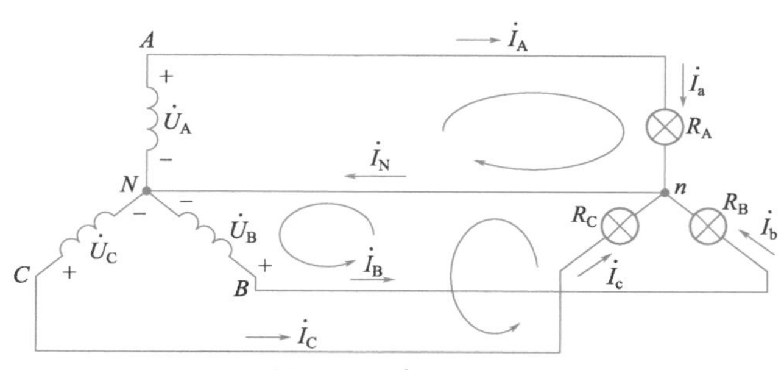

图 6.21　例 6.6 图

② 图示三负载电阻不相等，电路不对称，*Nn* 两中性点的电位不相等，中性线不能去掉。下面分别计算三相电路电流：

选择 *A* 相计算

A 相负载相电流（也是线电流）为$\dot{I}_{a}=\dot{I}_{A}=\dfrac{\dot{U}_{A}}{R_{A}}=\dfrac{220\angle 0^{\circ}}{5}=44\angle 0^{\circ}\text{A}$

选择 *B* 相计算

B 相负载相电流（也是线电流）为$\dot{I}_{b}=\dot{I}_{B}=\dfrac{\dot{U}_{B}}{R_{B}}=\dfrac{220\angle 120^{\circ}}{10}=22\angle 120^{\circ}\text{A}$

选择 *C* 相计算

C 相负载相电流（也是线电流）为$\dot{I}_{c}=\dot{I}_{C}=\dfrac{\dot{U}_{C}}{R_{C}}=\dfrac{220\angle -120^{\circ}}{20}=11\angle -120^{\circ}\text{A}$

中性线电流为$\dot{I}_{N}=\dot{I}_{A}+\dot{I}_{B}+\dot{I}_{C}=29\angle -19^{\circ}\text{A}$

练一练

1. 对称三相电路，负载为星形连接，测得各相电流均为 5A，则中性线电流 I_N 是多少？当 U 相负载断开时，中性线电流又是多少？

2. 在三相四线制的中线上，不安装开关和熔断器的原因是（　　）。

A. 中线上没有电缆

B. 开关接通或断开对电路无影响

C. 安装开关和熔断器降低中线的机械强度

D. 开关断开或熔丝熔断后，三相不对称负载承受三相不对称电压的作用，无法正常工作，严重时会烧毁负载

模块 24 三相电路功率的计算

课前思考

① 三相对称电路与三相不对称电路，其三相功率的计算方法是否相同？
② 三相电路功率如何测量？

微课 - 三相功率的计算

微课 - 三相电路功率的测量

在三相电路中，三相负载的有功功率、无功功率分别等于每相负载上的有功功率、无功功率之和，即

$$P = P_A + P_B + P_C \tag{6-15}$$

$$Q = Q_A + Q_B + Q_C \tag{6-16}$$

三相负载对称时，各相负载吸收的功率相同，根据负载星形及三角形接法时线、相电压和线、相电流的关系，则三相负载的有功功率、无功功率分别表示为

$$P = 3P_A = 3U_p I_p \cos\varphi = \sqrt{3} U_l I_l \cos\varphi \tag{6-17}$$

$$Q = 3Q_A = 3U_p I_p \sin\varphi = \sqrt{3} U_l I_l \sin\varphi \tag{6-18}$$

式中，U_l、I_l 分别为负载的线电压和线电流；U_p、I_p 分别为负载的相电压和相电流；φ 为每相负载的阻抗角，也是每相电压与电流的相位差。注意：不是线电压与线电流之间的相位差。

对称三相电路的视在功率定义如下：

$$S = \sqrt{P^2 + Q^2} \tag{6-19}$$

根据对称三相负载的功率表达式关系，则

$$S = \sqrt{3} U_l I_l \tag{6-20}$$

知识拓展

三相电路功率的测量

三相电路的功率测量有一功率表法、两功率表法及三功率表法，其中三相四线制电路中，负载对称时采用一功率表法，负载不对称时采用三功率表法；在三相三线制电路中，采用两功率表法。

1. 三相四线制电路（电压测量的是相电压）

（1）一功率表法

在三相四线制电路中，负载对称时，只需测出一相负载的功率，乘以 3 即可得三相负载的功率。如图 6.22（a）所示。

动画 - 三相功率的测量

（2）三功率表法

在三相四线制电路中，负载不对称时，可以采用三功率表法测量三相负载的功率。因为有中线，可以方便地用功率表分别测量各相负载的功率，将测得的结果相加就可以得到三相负载的功率。如图 6.22（b）所示。

2. 三相三线制电路（电压测量的是线电压）

在三相三线制电路中，由于没有中线，直接测量各相负载的功率不方便，可以采用二功率表测量三相负载的功率。

二功率表法所用的测量电路如图 6.22（c）所示。这里两个功率表指示的功率之和等于三相负载的功率。需要指出：在用两个功率表测量三相负载功率时，每一个功率表指示的功率值没有确定的意义，而两个功率表指示的功率值之和恰好是三相负载吸收的总功率。

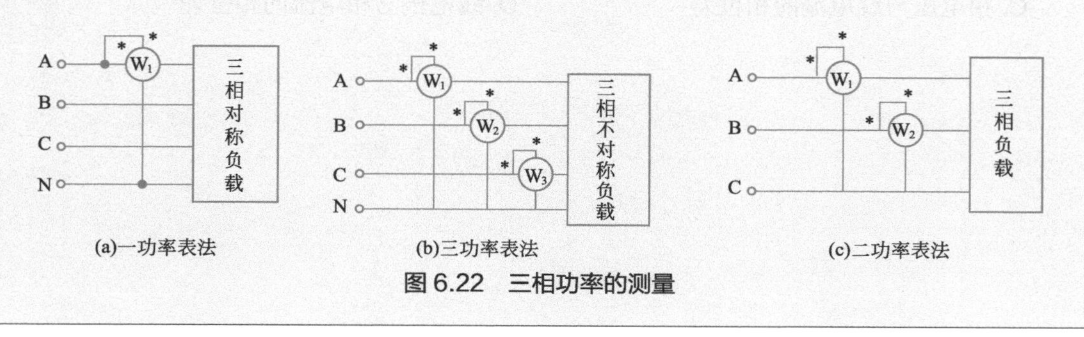

图 6.22　三相功率的测量

【例 6.7】某三相异步电动机每相绕组的等值阻抗 $|Z| = 27.74\Omega$，功率因数 $\cos\varphi = 0.8$，正常运行时绕组作三角形连接，电源线电压为 380V。试求：

① 正常运行时相电流、线电流和电动机的输入功率；

② 为了减小启动电流，在启动时改接成星形，试求此时的相电流、线电流及电动机输入功率。

解：① 正常运行时，电动机作三角形连接

$$I_{\mathrm{p}} = \frac{U_l}{|Z|} = \frac{380}{27.74} = 13.7\,\mathrm{A}$$

$$I_l = \sqrt{3}I_{\mathrm{p}} = \sqrt{3} \times 13.7 = 23.7\,\mathrm{A}$$

$$P = \sqrt{3}U_l I_l \cos\varphi = \sqrt{3} \times 380 \times 23.7 \times 0.8 = 12.51\,\mathrm{kW}$$

② 启动时，电动机星形连接

$$I_{\mathrm{p}} = \frac{U_{\mathrm{p}}}{|Z|} = \frac{380/\sqrt{3}}{27.74} = 7.9\,\mathrm{A}$$

$$I_l = I_{\mathrm{p}} = 7.9\mathrm{A}$$

$$P = \sqrt{3}U_l I_l \cos\varphi = \sqrt{3} \times 380 \times 7.9 \times 0.8 = 4.17\,\mathrm{kW}$$

从此例可以看出，同一个对称三相负载接于电路，当负载作△连接时的线电流是 Y 连接时线电流的三倍，作△连接时的功率也是作 Y 形连接时功率的三倍。即

$$P_{\triangle} = 3P_{\mathrm{Y}}$$

练一练

1. 在对称三相电路中，电源线电压 $\dot{U}_{\mathrm{AB}} = 380\angle 0^\circ$ V，负载为三角形连接时，负载相电

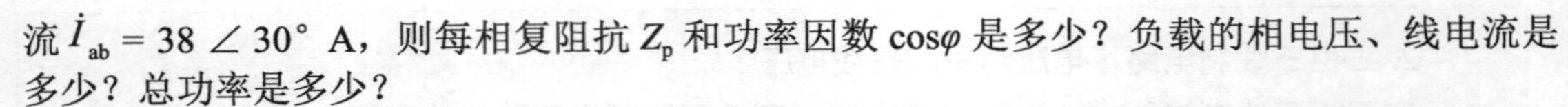

流 $\dot{I}_{ab} = 38\angle 30°$ A，则每相复阻抗 Z_p 和功率因数 $\cos\varphi$ 是多少？负载的相电压、线电流是多少？总功率是多少？

2. 上题中电源不变，该负载作星形连接时，负载相电压、线电流和总功率各是多少？

3. 某三相对称负载作三角形连接，已知电源线电压 $U_L = 380$V，测得线电流 $I_L = 15$A，三相电功率 $P = 8.5$kW，则该三相对称负载的功率因数为多少？

4. 在计算三相对称负载的有功功率的公式中，角度 φ 是指（　　）。

A. 相电压与相电流的相位差　　B. 线电压与线电流的相位差

C. 相电压与线电流的相位差　　D. 线电压与相电流的相位差

习题

6.1　三相对称负载星形连接，每相为电阻 $R=4\Omega$，感抗 $X_L=3\Omega$ 的串联负载，接于线电压 $U_l=380V$ 的三相电源上，试求相电流 $\dot{I}_A$、$\dot{I}_B$、$\dot{I}_C$，并画相量图。

6.2　某三相对称负载，每相阻抗 $Z=8+j6\Omega$。试求在下列情况下，负载的线电流：①负载作△连接，接在线电压 $U_l=220V$ 电源上；②负载作 Y 连接，接在线电压 $U_l=380V$ 电源上；

6.3　额定电压为 220V 的三个相同的单相负载，其复阻抗都是 $Z=8+j6\Omega$，接到 220V/380V 的三相四线制电网上。试求：①负载应如何接入电源？画出电路图；②求各相电流；③作电压、电流相量图。

6.4　作三角形连接的对称三相负载，每相复阻抗为 $Z=200+j150\Omega$，接到线电压为 380V 的电源上，试求各相电流和线电流，并画出相量图。

6.5　某三相交流异步电动机正常运行时三相绕阻是△连接，启动时改为 Y 形，每相绕阻等效电路为 RL 的串联电路，$R=15\Omega$，$X_L=34.9\Omega$。现将电动机连接到线电压为 380V 的对称电源上，试求 Y 连接时各相电流。

※6.6　在图 6.23 三相四线制电路中，电源电压为 220V/380V，三相负载为 $Z_A=10\Omega$，$Z_B=j10\Omega$，$Z_C=-j10\Omega$。试求各相电流和中线电流，并作出相量图。

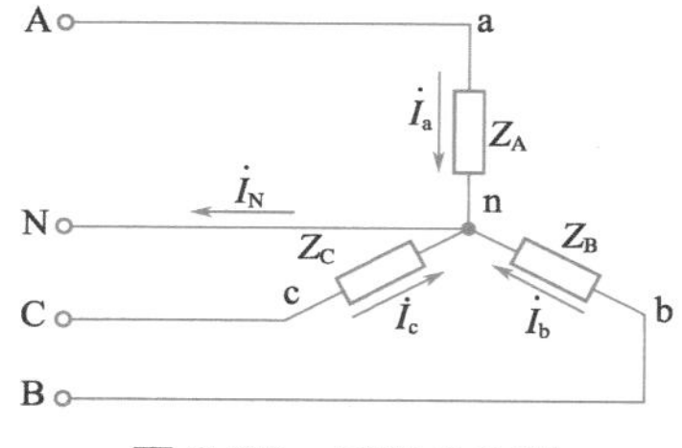

图 6.23　习题 6.6 图

6.7　三个相等的复阻抗 $Z_P=(40+j30)\ \Omega$，接成三角形接到三相电源上，求总的三相功率：①电源为三角形连接，线电压为 220V；②电源为星形连接，其相电压为 220V。

6.8　一对称三相电感性负载，接于线电压为 220V 的三相电源上，线电流为 5A，负载功率因数 $\cos\varphi=0.8$，求有功功率和无功功率及视在功率。

6.9　对称三相负载为感性，接在对称线电压 $U_l=380V$ 的对称三相电源上，测得输入线电流 $I_l=12.1A$，输入功率为 5.5kW，求功率因数和无功功率。

6.10　某三相对称负载每相阻抗 $Z=40\Omega$，$\cos\varphi=0.85$，电源线电压为 380V。试求：①三相负载作 Y 形连接时线电流及三相功率；②三相负载作△形连接时线电流及三相功率。

6.11　有一个 Y 连接的三相对称负载，其线电压为 380V，三相电功率为 2.2kW，每相功率因数为 $\cos\varphi=0.8$，现将此负载接到 380V/220V 电网上，试求各相电流。

6.12　有一个△形连接三相异步电动机接到线电压为 380V 的三相电源上，此时线电流为 17.3A，三相电功率为 4.5kW，求电动机绕阻等效电阻和电抗。

第7单元

互感耦合电路的分析

单元导读

在电气工程中大量用到的电机、变压器、电磁铁及某些电工测量仪表等电气设备，都是利用电磁相互作用进行工作的，其内部都有铁芯线圈，这些铁芯线圈中不仅有电路问题，而且有磁路问题。铁芯构成磁路，线圈构成电路，它们存在着电与磁的相互作用。

本单元围绕磁路的基本知识、线圈内部的基本电磁关系和两个（或两个以上）电感元件之间的磁耦合现象展开，引出自感、互感、同名端的概念，并通过变压器来研究自感、互感现象及磁耦合对电路的影响。

专业词汇

磁路——magnetic circuit

磁场—— magnetic field

电磁感应现象——electromagnetic induction phenomenon

磁性材料——the magnetic material

磁感应强度——magnetic induction density

磁饱和——magnetic saturation

磁通——magnetic flux

磁化曲线——magnetization curve

磁导率——permeability

磁滞回线——hysteresis loop

磁场强度——magnetic field intensity

自感——self-induction

自感电动势——self-induction voltage

感应电流——Induced current

互感——mutual inductance

耦合——coupling

同名端——dotted terminal

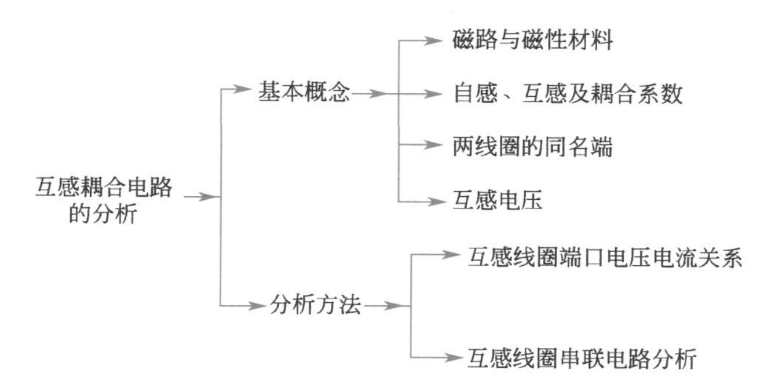

模块 25　磁路的基础知识

① 磁场的来源有哪些?

② 什么是磁路? 磁路与电路可做哪些类比?

③ 电机和变压器常用的铁心材料是什么?

历史上，第一个提出地球磁场理论概念的是英国人吉尔伯特。他在 1600 年提出一种论点，认为地球自身就是一个巨大的磁体，它的两极和地理两极相重合。最早由中国人发明的“指南针”也说明了地球存在着一个大磁场。可见，磁场无处不在。英国科学家法拉第在 1831 年实现了“磁生电”的科学实验，并研究发现了电磁感应现象，可知，磁与电又有着紧密的联系。研究各种磁场现象首先认识磁路及其相关的物理量和磁性材料。

1. 磁路与磁场

磁场是磁体（如磁铁）或电流周围存在的一种特殊物质，磁场是看不见的。

在电机、变压器等电气设备中都必须具备磁场，这个磁场是线圈通以电流产生的，通过线圈的电流叫励磁电流。如采用空心线圈，产生的磁场一般难以满足电气设备的需要，如电机、变压器等内部所要求的磁感应强度 B 数值大致为：电机 0.5 ～ 1.8T、变压器 0.9 ～ 1.7T。

如何产生强磁场？在工程上，在电机等电气设备中，常用磁性材料做成一定形状的铁心，作为导磁路径，线圈绕在铁心上。由于铁心的磁导率比周围空气大很多倍，磁通差不多全部通过铁芯而形成闭合回路，这部分磁通称为主磁通 Φ，它所经过的路径叫磁路，另外还有很少一部分经过空气而形成闭合路径，这部分磁通叫漏磁通 Φ_σ（分析时一般不考虑漏磁通）。

可见，磁路是指用强磁材料构成，在其中产生一定强度的磁场的闭合回路。

概念对对碰－磁场、磁路、磁力线

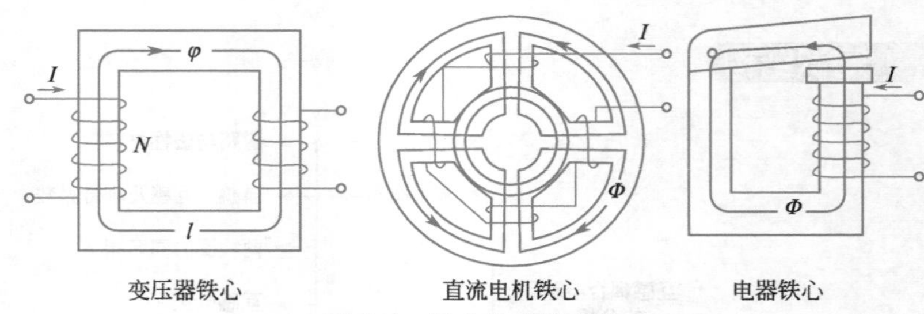

图 7.1　铁心构成的磁路

概念对对碰－磁路与电路

变压器、直流电机及电器铁心构成的磁路如图 7.1 所示。在这里，磁路中的铁心就相当于电路中的导体，起着引导磁通通过的作用，但与电路不同的是，气隙也能导磁。磁路中磁场强弱常用磁感应强度 B、磁场强度 H 等物理量来描述，其他性质物理量还有磁通、磁通势、磁阻等。

2. 磁感应强度 B 与磁场强度 H

磁感应强度B表示磁场中各点的磁场强弱和方向，单位是T（特）。

磁场强度H也是表示磁场强弱的一个物理量，单位是A/m（安培/米）。它指磁场中某点磁感应强度与该点介质磁导率μ的比值，它与磁感应强度的关系为$H=\dfrac{B}{\mu}$，其中磁导率μ是表征磁介质磁性的物理量。

3. 磁通势 F 与磁路欧姆定律

根据物理学中安培环路定律可得磁路欧姆定律为

$$\Phi=\frac{F}{R_{\mathrm{m}}}$$

微课－磁路基础知识

式中，$F=NI$ 为磁通势，它指 N 匝线圈的总电流；$R_{\mathrm{m}}=\dfrac{l}{\mu s}$为磁阻；$\Phi$ 为总磁通。

4. 磁性材料

磁性材料主要是指铁、镍、钴及其合金而言。它们具有高导磁性、磁饱和性、磁滞性等基本特性。

（1）高导磁性

本来不具磁性的物质，由于受磁场的作用而具有磁性的现象称为该物质被磁化。只有磁性材料才能被磁化。通常用磁导率 μ 来表示物质的导磁性能，μ 的单位是 H/m（亨 / 米）。

所有磁性材料的导磁能力比真空大得多，它们的相对磁导率多在几百甚至上万，也就是说在相同励磁条件下，用磁性材料做铁心建立的磁场要比用非磁性材料做铁心建立的磁场大几百倍甚至上万倍。由于这种特性使得各种电器、电机和电磁仪表等一切需要获取强磁场的设备，无不采用磁性材料作为导磁体。

（2）磁饱和性与磁化曲线

磁性材料在磁化过程中，磁感应强度B随磁场强度H变化的曲线称为磁化曲线。

将待测磁性材料制成圆环形，磁化曲线及其测定电路如图 7.2 所示，接通电路，使电流 I 由零逐渐增加，即 H 由零逐渐增加，B 随之变化，如图 7.2 所示。铁磁材料的磁化现象如图 7.3 所示，图 7.3（a）为磁化前的初始状态。可见，B 与 H 的关系是非线性分段单调增加的，其中规律如下：

（O ～ 1）段是初始磁化阶段，外磁场微弱，上升很慢；

（1 ～ 2）段是磁性变化急剧阶段，在外磁场作用下，磁畴转向与外磁场方向趋于接近，磁化现象示意图如图 7.3（b）所示；

（2 ～ 3）段是磁性变化缓慢阶段；

（3 ～ a）段是磁性饱和阶段，这时磁畴全部转到外磁场方向或接近外磁场方向，使磁化进入饱和，磁化现象示意图如图 7.3（c）所示。

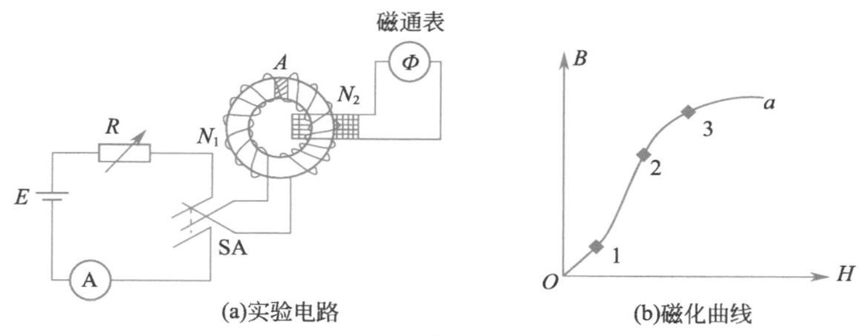

图 7.2　磁化曲线的实验测定

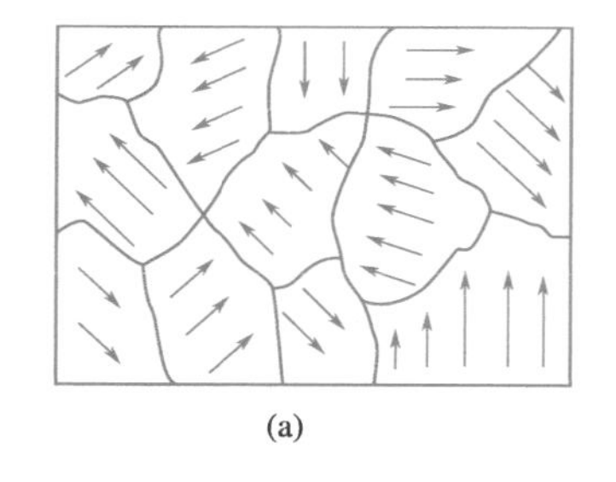

(a)

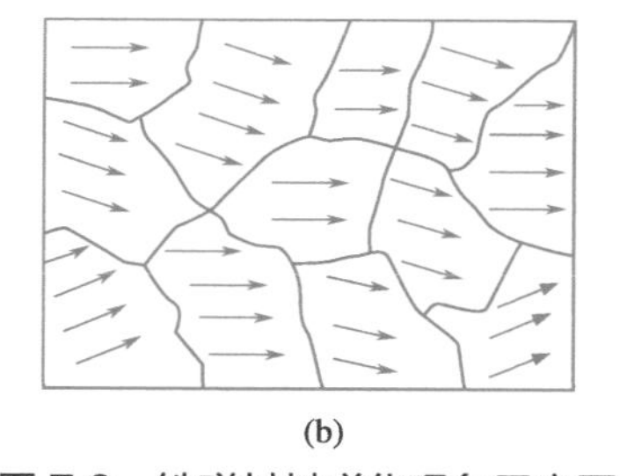

(b)

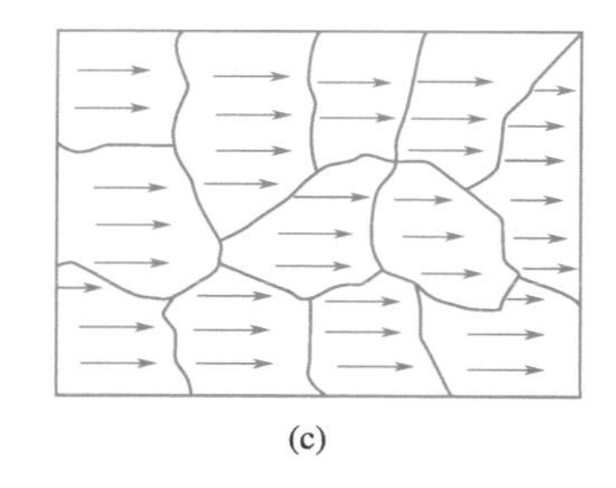

(c)

图 7.3　铁磁材料磁化现象示意图

（3）磁滞性与磁滞回线

磁滞回线反映磁性材料反复交变磁化的现象。

通过实验测定可见：当磁场强度 H 减小到零时，磁感应强度 B 并不沿着原来的曲线回降，而是沿曲线 ab 段缓慢下降，如图 7.4 所示。在 $H = 0$ 时，磁感应强度 B 仍保留一定的磁性，$B = B_r$（b 点），这个 B_r 值叫做剩磁，永久磁铁就是利用剩磁很大的磁性材料制成的。

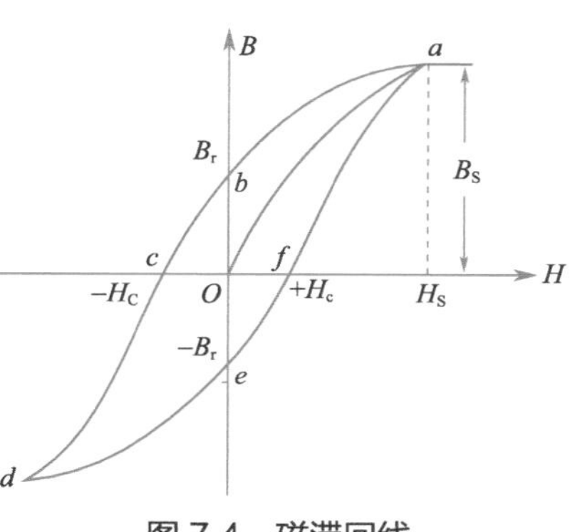

图 7.4　磁滞回线

剩磁有时候是有害的，如平面磨床加工完工件需要去除剩磁才能把工件从电磁吸盘取下。如何消除剩磁使 $B = 0$ 呢？必须外加反方向的磁场。当反向磁场增大到一定值时 $B = 0$（c 点），剩磁完全消失，bc 这段称为退磁曲线。在负方向所加的磁场强度的大小 H_c 称为矫顽力，它表示磁性材料反抗退磁的能力。

磁场强度继续在反方向增加，材料进行反向磁化到饱和，如曲线上的 *cd* 段。然后在反方向减小磁场强度到零即 *de* 段，磁化状态变为 $-B_r$（*e* 点）。

ef 段继续沿正向增加磁场强度直到 H_c 值，即 *f* 点 $B = 0$。当 $H = H_s$ 时，则磁感应强度增加到 B_s 值，即回到 *a* 点。

一个周期 *B*–*H* 曲线形成闭合回线，称为磁滞回线，磁感应强度 *B* 的变化始终落后磁场强度 *H* 的变化，这种现象称为磁滞。

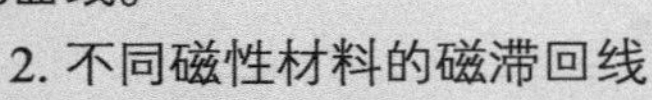
知识拓展

1. 基本磁化曲线

如果在线圈中改变交变电流幅值的大小，那么交变磁场强度 *H* 的幅值也将随之改变。

在反复交变磁化中，可相应得到一系列大小不一的磁滞回线，连接各条对称的磁滞回线的顶点（H_m，B_m）得到的一条曲线称为基本磁化曲线，如图 7.5 所示。大多数铁磁材料工作在交变磁场的情况下，一般资料中的磁化曲线都是指基本磁化曲线。

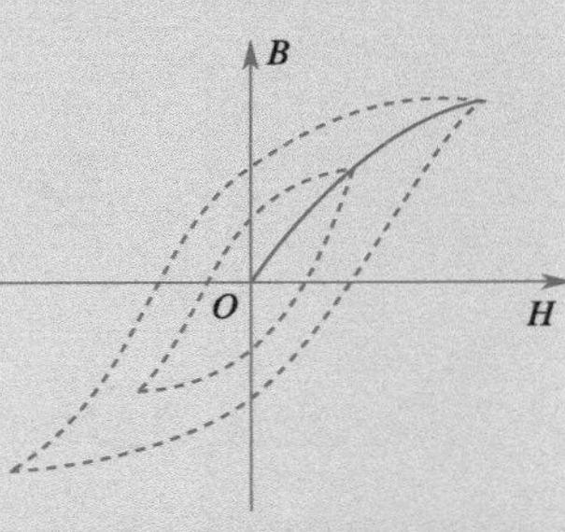

图 7.5 基本磁化曲线

2. 不同磁性材料的磁滞回线

磁滞回线表明了强磁性物质反复磁化过程中磁感应强度 *B* 与磁场强度 *H* 之间的关系。不同磁性材料磁滞回线差别很大。

（1）永磁材料 一经磁化即能保持恒定磁性的材料，又称硬磁材料，具有较大的剩磁 B_r、较高的矫顽力 H_c 和较大的磁滞回线面积，被磁化后其剩磁不易消失，属于永磁材料的有铝镍钴（多用于仪表工业中制造磁电系仪表、流量计、微特电机及继电器等）、硬磁铁氧体、稀土钴及碳钢铁等合金的永磁钢，后者主要用来制造各种用途的永磁铁和恒磁铁（如扬声器磁钢）。

（2）软磁材料 剩磁（B_r）较小，磁导率较高，磁滞回线窄而长，回线范围面积小。一般用来做成变压器、电机和电工设备的铁心，如纯铁、铸铁、铸钢、硅钢、软磁铁氧体及坡莫合金等。

（3）矩磁材料 它的磁滞回线呈矩形，剩磁大，矫顽力小。这类材料的特点是在较弱的磁场作用下也能磁化并达到饱和，当外磁场去掉后，磁性仍保持饱和状态。属于这类材料的有镁锰铁氧体和某些铁镍合金等。在计算机和自动控制中广泛用作记忆元件、开关元件和逻辑元件，如电子计算机的磁芯。

不同磁性材料的磁滞回线如图 7.6 所示。

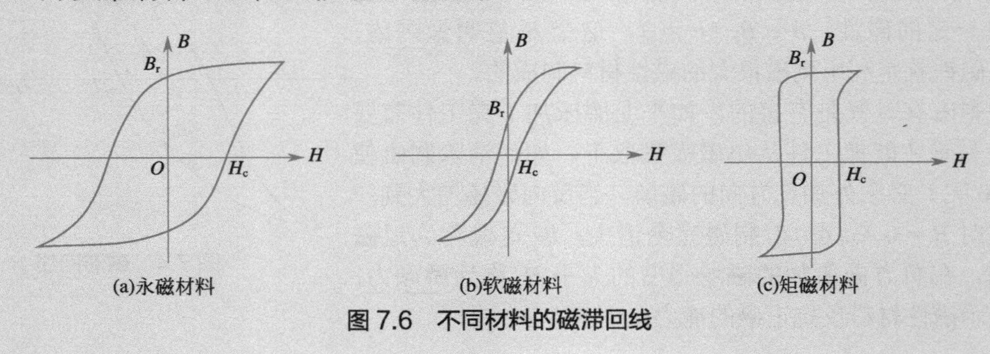

图 7.6 不同材料的磁滞回线

知识拓展

磁悬浮列车

磁场无处不在。地球是一个巨大的磁体，有南北两极。如果地球没有磁场，没有电离层对地球的保护，地球上的人类生存环境就是另一种情形。

磁悬浮列车的应用是磁场对人类交通带来的巨大变革之一。自 1825 年世界上第一条标准轨铁路出现以来，轮轨火车一直是人们出行的交通工具。然而强烈震动，使乘客感到很不舒服，当火车速度超过每小时 300 公里时，就很难再提速。磁悬浮列车是一种靠磁悬浮力（即磁的吸力和斥力）来推动的列车。由于其轨道的磁力使之悬浮在空中，因此只受来自空气的阻力。它速度可达每小时 400 公里以上，系当今世界最快地面客运交通工具之一，具有“超低空飞机”美誉。

德国和日本是世界上最早开展磁悬浮列车研究的国家，德国开发的磁悬浮列车 Transrapid 于 1989 年在埃姆斯兰试验线上达到每小时 436 公里的速度。日本开发的磁悬浮列车 MAGLEV 于 1997 年 12 月在山梨县的试验线上创造出每小时 550 公里的世界最高纪录。我国第一辆磁悬浮列车 2003 年 1 月开始在上海运行。2009 年 6 月 15 日，国内首列具有完全自主知识产权的实用型中低速磁悬浮列车，在中国北车唐山轨道客车有限公司下线后完成列车调试，这标志着我国已经具备中低速磁悬浮列车产业化的制造能力。

磁悬浮就是利用“同性相斥、异性相吸”的简单电磁原理，让磁铁对抗地心引力，让车辆悬浮起来（一般情况下不超过 1 厘米），然后利用电磁力引导，推动列车前行。工作原理具体分为两类:

第一种是以德国为代表的常导磁悬浮，技术简单但电磁吸引力较小，列车与轨道之间的缝隙为 8 ~ 10 毫米，常导型高速磁悬浮列车的时速可达 400 ~ 500 公里之间。上海浦东机场线采用的就是德国常导磁悬浮技术，列车最高时速达 430 公里，平均运行时速 380 公里，由起点至终点站只需 8 分钟。

第二种是以日本为代表的超导磁悬浮列车系统。超导磁悬浮就不是列车包轨道了，而是轨道包列车，它是利用车载超导磁体在运动过程中与轨道的感应磁场产生相互排斥力而悬浮于轨道上，列车在一个 U 形槽内运营。超导磁悬浮，悬浮气隙较大，一般为 100mm 左右。超导磁悬浮的优点是悬浮力大，列车运行速度快，可以实现时速 500 公里以上运行;缺点是技术复杂，需要屏蔽发散的电磁场。

磁悬浮列车速度大幅提升以外，使用寿命可达 35 年（普通轮轨列车只有 20 ~ 25 年），其路轨的寿命是 80 年（普通路轨 60 年）。此外，磁悬浮列车启动后 39 秒内即达到最高速度，采用新技术后，时速将达 1000 公里。

由于造价与技术难度和不实用问题，磁悬浮列车一直没有得到大规模应用，德国、日本、美国、加拿大、法国和英国等虽然开展了研究，但坚持下来的只有德国和日本。那么，中国快速发展的高铁为什么没有采用磁悬浮呢？具体原因主要包括以下几个方面。

第一，磁悬浮线路造价高。当年争议京沪高铁是上磁悬浮，还是上轮轨的时候，京沪高铁 1300 公里线路，磁悬浮的预算大约是 4000 亿元人民币，而轮轨磁悬浮的造价大约是 1300 亿元人民币（后来实际建成的时候是 2200 亿元人民币）。

第二，近年轮轨技术实现突破之后，磁悬浮相对优势已经不明显了。按照当年京沪高铁的研究，如果采用磁悬浮可以实现 420 公里时速，采用轮轨可以实现 380 公里时速，磁悬浮节省 25 分钟，多花几千亿元，显然划不来。

第三，磁悬浮有天然的劣势比较难克服，最突出的是联网难。高铁要发挥它的最大效用，必须要联网，无论是常导磁悬浮技术还是超导磁悬浮技术都存在难以变轨的缺点，变轨困难还会带来救援困难。上海浦东机场线磁悬浮列车，曾经发生过一次火灾事故，一周之后才将事故列车拖走。

练一练

1. 铁磁材料反复磁化形成的闭合曲线有何特征？
2. 磁力线线条稀疏处表示磁场（　　）。
A. 强　　B. 弱　　C. 不强也不弱　　D . 不存在
3. 磁铁的两端磁性（　　）。
A. 最强　　B. 最弱　　C. 不强也不弱　　D. 不存在
4. 永磁材料的类别及用途分别有哪些？

模块 26　自感与互感现象

① 什么是电磁感应现象？自感是电磁感应现象吗？

② 哪些电气设备中存在耦合电感现象？耦合电感线圈的同名端与哪些因素有关？如何判断同名端？

③ 感应电流和感应电动势与哪些因素有关？

电气名人历史珍闻－迈克尔·法拉第

既然电能生磁，那么磁是否能生电呢？如果磁能生电，那么，怎样才能实现呢？英国科学家法拉第，他做了多次尝试，经历了一次次失败，经十年努力，终于发现：磁能生电！

1. 电磁感应现象

在图 7.7（a）所示的匀强磁场中，放置一根导线 AB，导线 AB 的两端分别与灵敏电流计的两个接线柱相连接，形成闭合回路。当导线 AB 在磁场中垂直磁感线方向运动时，灵敏电流计指针发生偏转，表明由感应电动势产生了电流。既然闭合电路里有感应电流，那么这个电路中也必定有电动势，此电动势为动生电动势，大小与磁感应强度 B、导线长度 l 及导线切割磁感线运动的速度 v 有关，表达式为

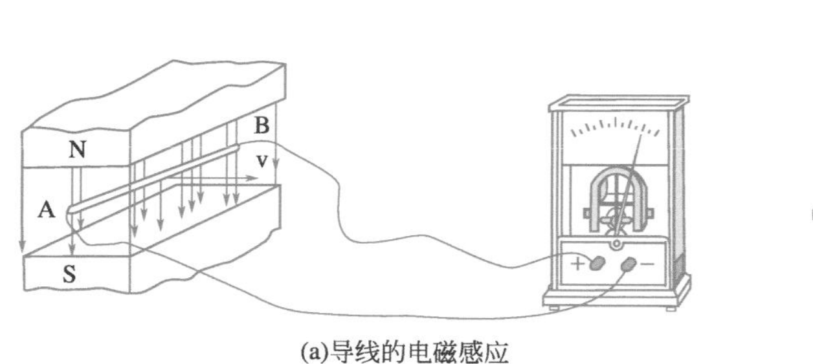

(a)导线的电磁感应

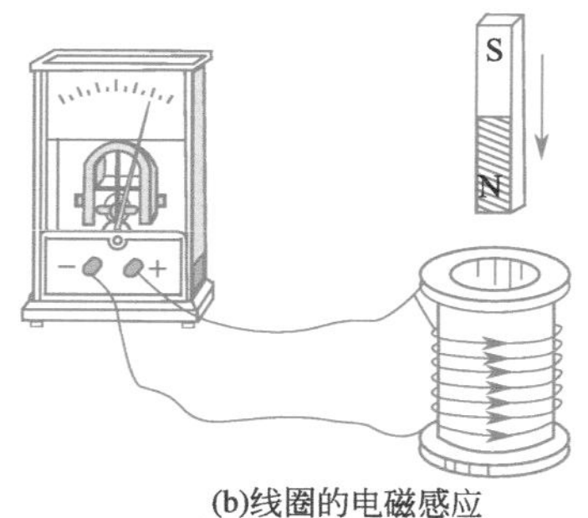

(b)线圈的电磁感应

图 7.7　电磁感应现象

$$E = Blv \tag{7-1}$$

当导线运动方向与导线本身垂直，而与磁感线方向成 θ 角时，导线切割磁感线产生的感应电动势的大小为

$$E = Blv\sin\theta \tag{7-2}$$

其方向可用右手定则判定：伸开右手，让拇指与其余四指垂直，让磁感线垂直穿过手心，拇指指向导体的运动方向，四指所指的就是感应电动势的方向。

微课－自感与互感现象

此外，当与线圈交链的磁通发生变化时，线圈中也将产生感应电动势，如图 7.7（b）所示，将磁铁插入线圈或从线圈抽出时，磁通的大小发生变化，根据法拉第定律，线圈中产生感应电动势，表达式为

$$e=-\frac{\mathrm{d}\Phi}{\mathrm{d}t} \tag{7-3}$$

式中，Φ 为磁通，Wb；t 为时间，s；e 为感应电动势，V。$\frac{\mathrm{d}\Phi}{\mathrm{d}t}$就是与线圈交链的磁通变化率。

如果线圈有 N 匝，而且磁通全部穿过 N 匝线圈，则与线圈相交链的总磁通为 $N\Phi$，称为磁链，用“ψ”表示，单位也是 Wb。则线圈的感应电动势为

$$e=-\frac{\mathrm{d}\Psi}{\mathrm{d}t}=-\frac{\mathrm{d}N\Phi}{\mathrm{d}t}=-N\frac{\mathrm{d}\Phi}{\mathrm{d}t} \tag{7-4}$$

当此感应电动势与外电路相接形成闭合回路时就有电流通过，所产生的电流叫做感应电流，由于磁通量的变化而产生电流的现象叫做电磁感应现象。同时，感应电流具有这样的方向，其磁场总要阻碍引起感应电流的磁通量的变化，它可以用来判断由电磁感应而产生的电动势的方向。这是俄国物理学家海因里希·楞次在 1834 年发现的，也称为楞次定律。

2. 自感现象

动画 - 自感

自感现象是电磁感应现象中的一种特殊情形。如果流过导线或线圈的电流发生变化，电流所产生的磁通也发生变化，于是在导线或线圈中因交链的磁通发生变化而产生感应电动势。这种由于流过线圈本身电流变化引起感应电动势的现象，称为自感现象，这个感应电动势就是自感电动势。

当电流流过回路产生磁通，此磁通称为自感磁通，用符号 Φ 表示。当电流流过匝数为 N 的线圈时，线圈的每一匝都有自感磁通穿过，如果穿过线圈每一匝的磁通都一样，那么，这个线圈的自感磁链为 $\Psi=N\Phi$，当同一电流 $i(t)$ 通过不同的线圈时，所产生的自感磁链 $\Psi(t)$ 各不相同。

为了表明各个线圈产生自感磁链的能力，线圈的自感系数 L 定义为（简称电感）

$$L=\frac{\Psi(t)}{i(t)} \tag{7-5}$$

根据法拉第定律，自感电动势为$u_{\mathrm{L}}=\frac{\mathrm{d}\Psi}{\mathrm{d}t}=L\frac{\mathrm{d}i}{\mathrm{d}t}$。

知识拓展

自感现象的应用——日光灯整流器

自感现象在各种电气设备和无线电技术中有广泛的应用，日光灯的整流器就是利用线圈自感现象的实例。自感现象在实际应用中有时也会带来危害。如大型电动机的定子绕组，由于自感系数很大，而且绕组流过的电流很强，当电路切断的瞬间，由于电流在很短时间内发生很大变化，产生很高的自感电动势，在断开处形成电弧，这不仅会烧坏开关，甚至危及工作人员的安全。因此，切断这类电路必须采用带灭弧功能的开关。

3. 互感现象

在交流电路中，两个线圈离得很近或两个线圈同绕在一个铁心上，当一个线圈中的电流变化时，不仅会在本线圈中产生感应电动势，而且使邻近的线圈中也产生感应电动势，这种现象称为互感现象。它在工程上有重要的意义，例如电工、无线电技术中使用的各种变压器都是互感器件，它利用磁的耦合把能量从一次绕组传输到二次绕组。变压器应用广泛，收录机常用的稳压电源，就是变压器的一种。

动画－互感

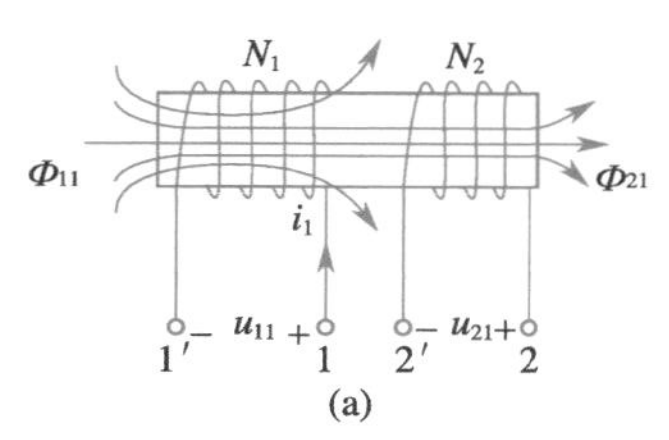

(a)

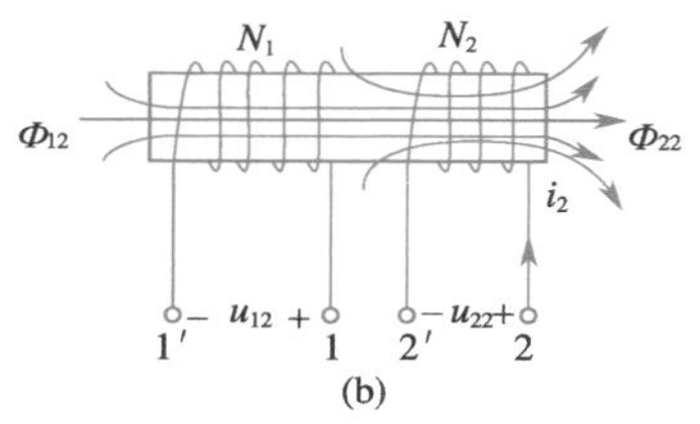

(b)

图 7.8　互感电路

（1）互感系数 M

如图 7.8（a）所示，两个有磁耦合的线圈 11′ 和线圈 22′（简称一对耦合线圈），线圈 1 中电流 i_1 称为施感电流，它在线圈 1 和 2 中产生的磁通分别为 Φ_{11} 和 Φ_{21}，则 $\Phi_{21} \leqslant \Phi_{11}$；

Φ_{11} 称为线圈 1 的自感磁通；Φ_{21} 称为线圈 1 对 2 的互感磁通，它与线圈 2 铰链形成的磁链记为 ψ_{21}，它等于 Φ_{21} 与匝数 N_2 的乘积。

类似自感的定义$L_1=\dfrac{\Psi_{11}}{i_1}$，定义线圈 1 对线圈 2 的互感量为

$$M_{21}=\frac{\Psi_{21}}{i_1} \tag{7-6}$$

同理，如图 7.8（b）所示，施感电流为 i_2，则线圈 2 对线圈 1 的互感量为

$$M_{12}=\frac{\Psi_{12}}{i_2} \tag{7-7}$$

上述系数 M_{12} 和 M_{21} 称互感系数。对线性电感 M_{12} 和 M_{21} 相等，记为 M，互感与自感有相同的单位，也是亨（H）。

变压器是既存在自感又存在互感现象的典型电气设备，主要部件是铁心和线圈，分别作为其工作的磁路和电路部分。

常用变压器有高低压两个线圈，通过磁场的耦合作用完成能量的传递。这种两个载流线圈通过彼此的磁场相互联系的物理现象称为磁耦合，两个线圈间磁耦合紧密的程度取决于两线圈的几何尺寸、相对位置和中间介质。

两个磁耦合的线圈中如果都通以电流，则每个线圈中磁链等于自感磁链与互感磁链之代数和，即

$$\begin{cases}\psi_1=N_1\Phi_{11}\pm N_1\Phi_{12}=L_1i_1\pm Mi_2\\ \psi_2=N_2\Phi_{22}\pm N_2\Phi_{21}=L_2i_2\pm Mi_1\end{cases} \tag{7-8}$$

上式表明，耦合线圈中磁链与施感电流成正比，M 前面的“±”表明互感作用存在两种可

能性。“+”号表明互感磁链与自感磁链方向一致，称为互感的增强作用；否则互感作用削弱。

温馨提示

① 除了变压器以外，收音机的“磁性天线”也是利用互感现象制成的；

② 在电力工程和电子电路中，互感现象有时也会影响电路正常工作，如一些电路板中要防止互感引起的相互干扰。

动画－变压器的工作原理

（2）同名端

为了便于反映增强和削弱作用及简化图形表示，实际描述耦合线圈采用同名端表示方法。

两个有耦合的线圈各取一个端子，并用相同的符号标记，如“*”“ • ”“Δ”等符号表示，这一对端子称为同名端，如图7.9所示电路。同名端也是同极性端，电气设备同极性端的判别相当重要。如：某变压器一次绕组由两个匝数相等、绕向一致的绕组组成，当每个绕组额定电压为110V，则当电源电压为220V时，应把两个绕组串联起来使用；如电源电压为110V时，则应将它们并联起来使用。

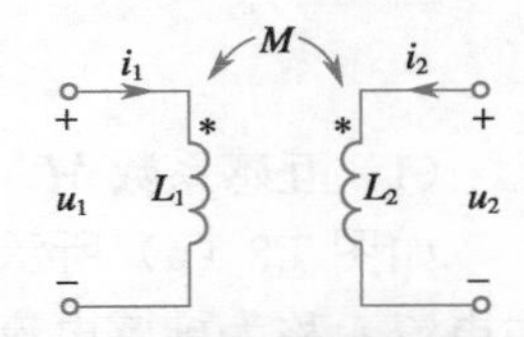

图7.9　互感线圈的同名端

变压器铁芯中交变磁通在高低压绕组中产生的感应电动势是交变的，并没有固定的极性。这里说的极性，是指原副绕组的相对极性，也就是在一次侧绕组的某一端瞬时电位为正时，二次侧绕组也有一端为正。这两个对应端就是同极性端，或称同名端。

微课－变压器同名端测定

推广到任意一对互感线圈，当一个线圈的电流发生变化时，在本线圈中产生的自感电压与在相邻线圈中所产生的互感电压极性相同的端点即为同名端，在电路中可以根据同名端判断绕组的绕向。

在实际问题中，对电气设备有磁耦合的线圈，同名端的判别非常重要。如变压器并联运行时，必须根据同名端按规定的接线组别正确连接，否则不能正常工作甚至出现重大事故。对电气技术人员，学会同名端的判别方法至关重要。

知识拓展

变压器同名端的测定

工程实际中，变压器、互感器等电力设备，是制造方在引线端子上做好同名端标记。当一台变压器引出端未注明极性或标记脱落，或绕组经过浸漆及其他工艺处理，从外观上已看不清绕组的绕向时，通常用下述直流法和交流法两种实验方法来测定变压器的同名端。

① 直流判别法　依据同名端定义以及互感电动势参考方向标注原则来判定。

用直流法测定绕组极性的电路如图7.10所示，两个耦合线圈的绕向未知，当开关S合上的瞬间，电流从1端流入，此时若电压表指针正偏转，说明3端电压为正极性，因此1、3端为同名端；若电压表指针反偏，说明4端电压正极性，则1，4端为同名端。

动画－变压器同名端的测定

② 交流判别法　用交流法测定绕组极性的电路如图 7.11 所示，将两个线圈各取一个接线端联接在一起，如图中的 2 和 4。并在匝数多的线圈上（图中为 L_1 线圈）加一个较低的交流电压 u_1，交流电压表就有显示，如果电压表读数小于 U_1，则绕组为反极性串联，故 1 和 3 为同名端。如果电压表读数大于 U_1，则 1 和 4 为同名端。

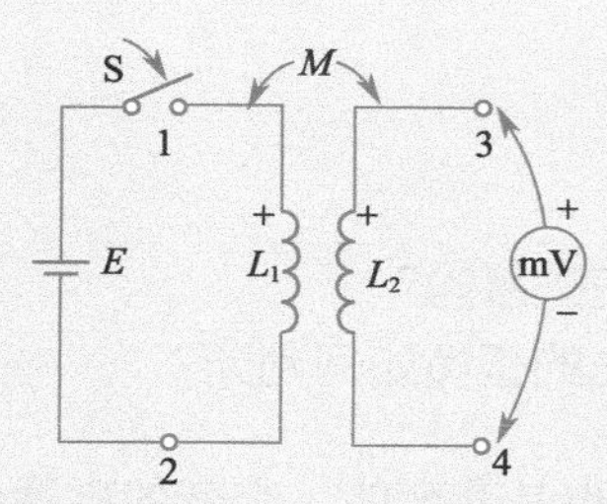

图 7.10　直流法判定绕组同名端

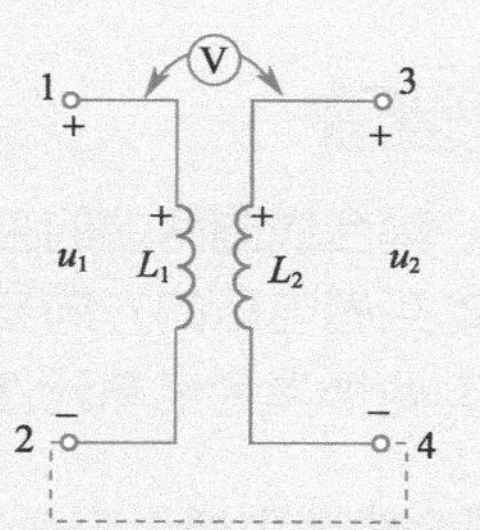

图 7.11　交流法判定绕组同名端

练一练

1. 通过线圈中电磁感应现象知道，线圈中磁通变化越快，感应电动势（　　）。

A. 越小　　B. 不变　　C. 越大　　D. 不确定

2. 楞次定律的内容是（　　）。

A. 计算线圈中感应电动势大小的定律　　B. 电流通过线圈产生热量的定律

C. 确定线圈产生感应电动势方向的定律　　D. 电流与电阻的关系定律

3. 根据楞次定律，当原磁通增加时，感应电流产生的磁通方向和原磁通的方向（　　）。

A. 相同　　B. 相反　　C. 垂直　　D. 无关

4. 自感是线圈中电流变化而产生电动势的一种现象，因此不是电磁感应现象，对吗？

5. 关于线圈自感系数的说法，正确的是（　　）。

A. 自感电动势越大，自感系数也越大

B. 把线圈中的铁心抽出一些，自感系数减小

C. 把线圈匝数增加一些，自感系数变大

D. 绕制电感线圈的导线越粗，自感系数越大

6. 图示 7.12 电路，同名端为（　　）。

A. ABC

B. BYC

C. AYZ

D. ABZ

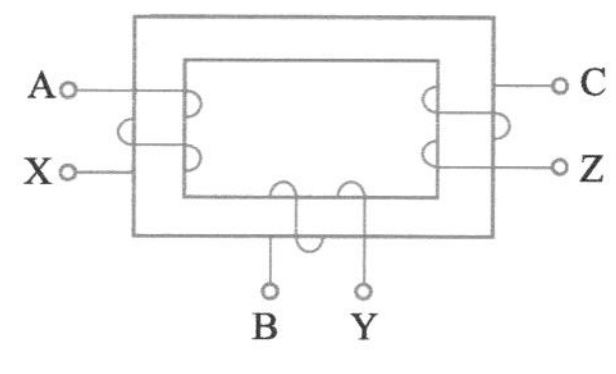

图 7.12　题 6 图

※模块27 互感电压与互感线圈的串联电路

课前思考

① 耦合线圈两端的互感电压如何判断？

② 互感电压的方向与两个线圈的相对绕向有关系吗？

③ 两个耦合电感元件上自感电压和互感电压的正负如何判断？

两个耦合线圈中通以交变电流，则产生的磁通链也是交变的，交变的磁通链将分别在两线圈中产生感应电压，由互感磁通链产生的电压称为互感电压。

1. 互感电压

互感电压与互感磁通链间符合右手螺旋定则。类似于自感电压 $u_L=\frac{d\Psi}{dt}=L\frac{di}{dt}$，在上述两线圈中分别通以交变电流 i_1 与 i_2，互感磁通链 ψ_{21} 与 ψ_{12} 在两线圈中产生的互感电压为

微课－互感电压与互感线圈的串联电路

$$u_{21}=\frac{d\psi_{21}}{dt}=M_{21}\frac{di_1}{dt} \tag{7-9}$$

$$u_{12}=\frac{d\psi_{12}}{dt}=M_{12}\frac{di_2}{dt} \tag{7-10}$$

2. 互感线圈端口电压电流关系（伏安关系）

两个互感线圈 L_1 和 L_2 中，端电压、端电流分别为 u_1、i_1 和 u_2、i_2，都取关联参考方向。

每一个线圈中既有自身电流产生的自感电压，还有另一线圈的电流产生的互感电压。注意：因自感电压与产生它的电流一般为关联参考方向，所以为正，互感电压可正可负，互感线圈中伏安关系应为

$$\left.\begin{aligned}u_1=u_{11}+u_{12}=L_1\frac{di_1}{dt}\pm M\frac{di_2}{dt}\\ u_2=u_{22}+u_{21}=L_2\frac{di_2}{dt}\pm M\frac{di_1}{dt}\end{aligned}\right\} \tag{7-11}$$

自感与互感电压正负规律：电流同时流入同名端时，互感电压与自感电压同号；电流同时流入异名端时，互感电压与自感电压异号；端钮处电压与电流向内部关联时，自感电压取正号；端钮处电压与电流向内部非关联时，自感电压取负号。

温馨提示

① 端口电压 u_1 和 u_2 中既含有自感电压，又含有互感电压；

② 自感电压和产生它的电流在一个线圈上，由电压电流的参考方向是否关联确定正负；

③ 互感电压和产生它的电流分别在两个线圈上，依据电流的方向和电压的参考方向是否对同名端一致来决定正负。

在正弦交流电路中，施感电流为同频率的正弦量时，电压电流方程用相量形式表示成

$$\left.\begin{aligned}\dot{U}_1 &= \dot{I}_1 \mathrm{j}\omega L_1 \pm \dot{I}_2 \mathrm{j}\omega M \\ \dot{U}_2 &= \dot{I}_2 \mathrm{j}\omega L_2 \pm \dot{I}_1 \mathrm{j}\omega M\end{aligned}\right\} \tag{7-12}$$

此式也称为互感线圈的相量模型，各项正、负号的确定方法与上面时域内确定方法一样。

3. 互感线圈串联的电路

将有互感的两个线圈串联，有顺串和反串两种联接方式，它们都可以用一个纯电感来等效替代。

顺串是把两个线圈的异名端接在一起。如图 7.13（a）所示，这时电流从两个线圈的同名端流入，两个互感线圈中互感电压与自感电压方向一致，故顺向串联后的总电压相量

$$\begin{aligned}\dot{U} &= \dot{U}_1 + \dot{U}_2 = (\mathrm{j}\omega L_1 \dot{I} + \mathrm{j}\omega M \dot{I}) + (\mathrm{j}\omega L_2 \dot{I} + \mathrm{j}\omega M \dot{I}) \\ &= \mathrm{j}\omega(L_1 + L_2 + 2M)\dot{I} = \mathrm{j}\omega L_{顺串} \dot{I}\end{aligned}$$

替代互感的等效电感为

$$L_{顺串} = L_1 + L_2 + 2M \tag{7-13}$$

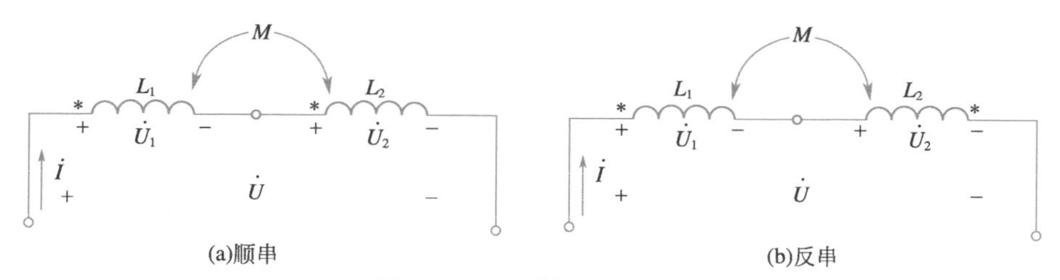

图 7.13　互感线圈的串联

反串是把两个线圈的同名端接在一起。如图 7.13（b）所示，这时，电流从两个线圈的异名端流入，两个互感线圈中互感电压与自感电压方向相反，故反向串联后的总电压相量

$$\begin{aligned}\dot{U} &= \dot{U}_1 + \dot{U}_2 = (\mathrm{j}\omega L_1 \dot{I} - \mathrm{j}\omega M \dot{I}) + (\mathrm{j}\omega L_2 \dot{I} - \mathrm{j}\omega M \dot{I}) \\ &= \mathrm{j}\omega(L_1 + L_2 - 2M)\dot{I} = \mathrm{j}\omega L_{反串} \dot{I}\end{aligned}$$

替代互感的等效电感为

$$L_{反串} = L_1 + L_2 - 2M \tag{7-14}$$

注意：即使是在反向串联的情况下，串联后的等效电感不会小于零，即 $L_1 + L_2 \geqslant 2M$。

练一练

1. 两个具有磁耦合的电感线圈的同名端与电压和电流的参考方向选取有关吗？
2. 写出互感电压与产生它的电流之间的关系式。

习题

7.1　如图 7.14 所示，A 和 B 是电阻为 R 的电灯，L 是自感系数较大的线圈，当 S_1 闭合、S_2 断开且电路稳定时，A、B 亮度相同，再闭合 S_2，待电路稳定后将 S_1 断开，下列说法中，正确的是（　　）。

A. B 灯立即熄灭

B. A 灯将比原来更亮一些后再熄灭

C. 有电流通过 B 灯，方向为 $c \to d$

D. 有电流通过 A 灯，方向为 $b \to a$

图 7.14　习题 7.1 图

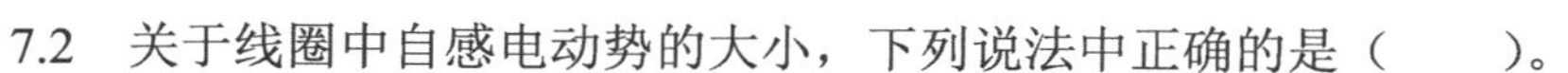

7.2　关于线圈中自感电动势的大小，下列说法中正确的是（　　）。

A. 电感一定时，电流变化越大，电动势越大

B. 电感一定时，电流变化越快，电动势越大

C. 通过线圈的电流为零的瞬间，电动势为零

D. 通过线圈的电流为最大值的瞬间，电动势最大

7.3　日光灯是利用镇流器中的（　　）来点燃灯管的，同时也利用它来限制灯管的电流。

A. 自感电动势　　B. 互感电动势　　C. 磁感应强度　　D. 电磁力

7.4　法拉第电磁感应定律中的负号表示感应电动势的方向永远和原磁通方向相反？

7.5　自感电动势的大小只与电流变化快慢有关？

7.6　穿过线圈的磁通量变化率越小，则感应电动势越大吗？

7.7　当导体的运动方向和磁力线平行时，感应电动势等于零？

7.8　感生电动势极性相同的端点一定是同名端吗？

7.9　确定如图 7.15 所示耦合线圈的同名端。

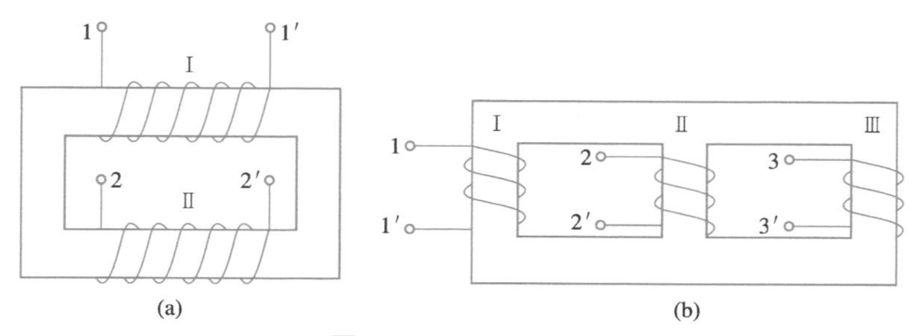

图 7.15　习题 7.9 图

7.10　判别图 7.16 中各绕组的同名端。

7.11　如图 7.17 所示电路，U_S 为直流电压源，a、b、c、d 是耦合电感的四个端子，电压表的正极接 c 端，当开关 S 闭合瞬间，电压表正偏转，试确定耦合电感的同名端。

※7.12　如图 7.18 所示电路，在正弦稳态情况下，已知 $i_{S(t)} = 2\sqrt{2}\cos 3t\text{A}$，求开路电压 $u_{(t)}$。

※7.13　把两个线圈串联起来接到 50Hz，220V 的正弦电源上，顺接时得电流 $I = 2.7\text{A}$，吸收的功率为 218.7W；反接时的电流为 7A。求互感 M 是多少？

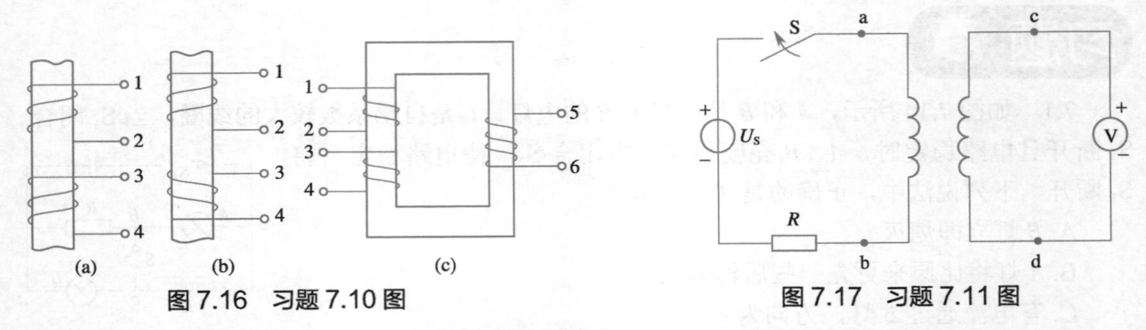

图 7.16　习题 7.10 图

图 7.17　习题 7.11 图

※7.14　如图 7.19 所示，两个互感线圈按顺向串接，已知两线圈的参数如下：$R_1=3\Omega$，$\omega L_1=7.5\Omega$，$R_2=3\Omega$，$\omega L_2=7.5\Omega$，$\omega M=6\Omega$，电源电压 $U=50\text{V}$，求电流 $\dot{I}$。

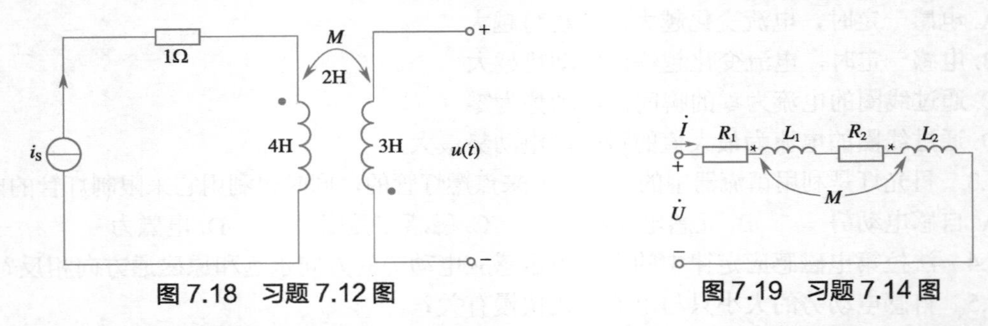

图 7.18　习题 7.12 图

图 7.19　习题 7.14 图

※7.15　两个互感线圈顺接串联、反接串联、同名端并联、异名端并联时等值电感分别为 44mH，4mH，2.09mH，0.19mH，求此耦合电感的电感值 L_1、L_2 及耦合系数 M。

第8单元

非正弦周期电流电路

单元导读

前面学习和分析了正弦稳态交流电路，在生产实践和科学实验中，还存在着许多非正弦周期性的电源和信号，它们虽然是周期性的，但不是按照正弦规律变化。例如：电力系统中发电机发出的电压，其波形并非理想的正弦波；电路中有几个不同频率的正弦激励时，响应一般是非正弦的；当电路中有非线性元件时，在正弦激励下也会产生非正弦电压和电流；收音机、电视机等电子设备中传递和处理的信号波形是显著的非正弦波。

遇到电路所加激励源是不同频率的正弦交流电源或非正弦周期电源时，如何分析电路、如何求取响应，正是本单元讨论的内容。

专业词汇

非正弦——non sinusoidal

谐波分析法——the harmonic analysis method

有效值——effective value

平均功率——average power

周期信号——period signal

傅里叶级数——fourier series

平均值——average value

知识结构

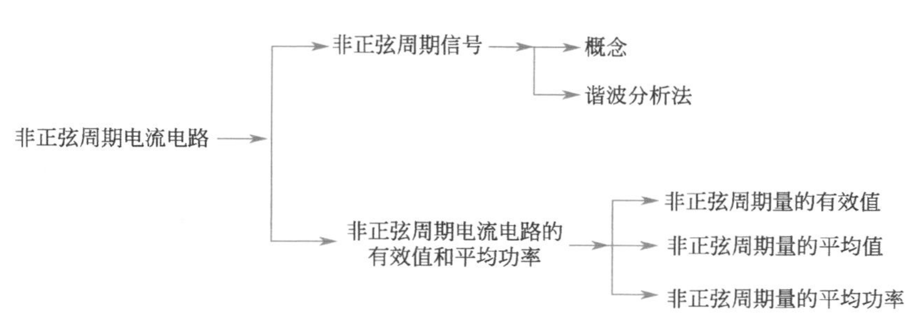

模块28 非正弦周期信号

课前思考

① 什么是非正弦周期信号？电路中非正弦周期电压、电流是如何产生的？

② 非正弦周期信号用傅里叶级数分解为一系列谐波信号时，基波频率如何确定？

在各种实际电路中，除了正弦量，经常还遇到非正弦周期电流或电压，统称为非正弦周期信号。在一个线性电路中，若电源是非正弦周期量的电压源或电流源，则称该电路为非正弦周期电流电路。

1. 非正弦周期量

非正弦周期信号是指其幅值随时间周期变化但不遵循正弦规律的信号。

常见的非正弦周期量如图8.1所示。其中图8.1（a）为脉冲电流波形，图8.1（b）为方波电压波形，图8.1（c）为锯齿波电压波形，图8.1（d）为半波整流电流波形。

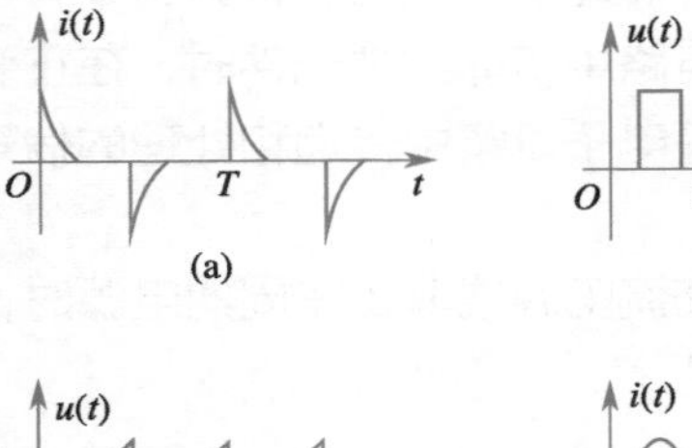

图8.1 非正弦周期量

动画－非正弦周期电流

知识拓展

非正弦周期信号产生的原因

① 交流电路中，交流发电机发出的波形不是纯正的正弦波，通常会有一些畸变。即电源电压为非正弦波。

② 几个不同频率的正弦波共同作用于线性电路，叠加后是一个非正弦波。

③ 电路中存在非线性元件，当正弦电压或电流作用于它们时，就会产生非线性的电压、电流。

2. 非正弦周期信号的分解

非正弦信号可分为周期和非周期两种。本单元讨论线性电路中非正弦周期电压或电流信号激励下稳态时的分析和计算方法，也称为谐波分析法。以电压信号为例示例如下：

（1）周期电压信号分解为傅里叶级数

假定电压信号是满足狄里赫利条件的周期函数，周期为 T，可分解为傅里叶级数：

$$f(t) = A_0 + \sum_{k=1}^{\infty} A_{km}\cos(k\omega t + \Psi_k) \quad 或 \quad f(t) = A_0 + \sum_{k=1}^{\infty} A_{km}\sin(k\omega t + \theta_k) \qquad (8\text{-}1)$$

它包含一个恒定分量与无穷多个各次正弦谐波分量之和，谐波频率为该非正弦周期信号频率的整数倍，$k=1$ 项称为基波分量，基波角频率为 ω；$k \geqslant 2$ 各项统称为高次谐波分量，k 次谐波角频率为 $k\omega$。

（2）常用非正弦周期信号的傅里叶级数展开式

一些非正弦周期波分解成傅里叶级数时，并不包含式（8-1）中的所有项，这是由波形本身的对称性决定的。常用非正弦周期信号的傅里叶级数展开式如表 8-1 所示。

表 8-1　常用非正弦周期信号的傅里叶级数展开式

名称	波形	傅里叶级数（基波角频率 $\omega = \frac{2\pi}{T}$）
矩形波	$f(t)$，I_m，O，$\frac{T}{2}$，$-\frac{T}{2}$，t	$f(t) = \frac{4I_m}{\pi}\left(\sin\omega t + \frac{1}{3}\sin 3\omega t + \frac{1}{5}\sin 5\omega t + \cdots + \frac{1}{k}\sin k\omega t + \cdots\right)$ $(k=1, 3, 5, \cdots)$
锯齿波	$f(t)$，I_m，$-T$，O，T，t	$f(t) = \frac{I_m}{2} - \frac{I_m}{\pi}\left(\sin\omega t + \frac{1}{2}\sin 2\omega t + \frac{1}{3}\sin 3\omega t + \cdots + \frac{1}{k}\sin k\omega t + \cdots\right)$ $(k=1, 2, 3, 4, \cdots)$
半波整流波	$f(t)$，O，$-\frac{T}{4}$，$\frac{T}{4}$，t	$f(t) = \frac{2I_m}{\pi}\left(\frac{1}{2} + \frac{\pi}{4}\cos\omega t + \frac{1}{3}\cos 2\omega t - \frac{1}{15}\cos 4\omega t + \cdots + \frac{(-1)^{\frac{k-2}{2}}}{k^2-1}\cos k\omega t + \cdots\right)$ $(k=2, 4, 6, \cdots)$
全波整流波	$f(t)$，I_m，$-\frac{T}{4}$，O，$\frac{T}{4}$，t	$f(t) = \frac{4I_m}{\pi}\left(\frac{1}{2} + \frac{1}{3}\cos 2\omega t - \frac{1}{15}\cos 4\omega t + \cdots + \frac{(-1)^{\frac{k-2}{2}}}{k^2-1}\cos k\omega t + \cdots\right)$ $(k=2, 4, 6, \cdots)$

傅里叶级数是一个收敛的无穷级数，理论上应取无穷多项才能准确表示原非正弦周期函数，在实际工程计算时往往只能取有限的几项，具体应根据工程所需精度而定。如表 8-1 中的矩形波傅里叶展开式中，取到 5 次谐波，合成波形如图 8.2（a），与方波相差很大；取到 7 次谐波，合成波形如图 8.2（b），与方波比较接近。

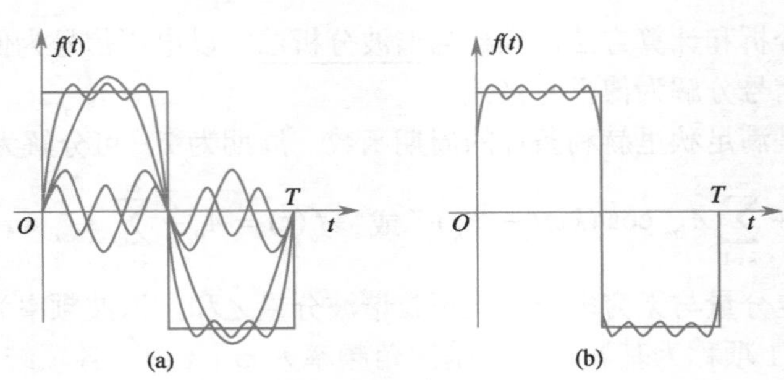

图 8.2　谐波合成示意图

（3）谐波分析法

非正弦周期电路的分析常常利用数学的傅里叶级数，将非正弦周期电压、电流分解成一系列不同频率的正弦量，然后利用叠加原理对每单一频率的正弦量，用相量法计算它们各自单独作用时的稳态响应，最后将这些响应分量叠加起来，就可以得到非正弦周期电压、电流或信号激励下电路中实际的稳态响应。

此方法也称为“谐波分析法”。线性非正弦周期电路的分析实质就是一个直流电路和一系列不同频率的正弦电路的分析，然后利用叠加原理求得各响应之和。

温馨提示

① 应用谐波分析法时，将非正弦周期电压、电流分解成直流分量和各次谐波分量，项数视计算精度需要选择；

② 直流分量单独作用时，电容相当于开路，电感相当于短路；

③ 谐波分量作用时，应根据其频率，先计算出其感抗或容抗，各次谐波频率不同，感抗、容抗也不同。

练一练

1. 凡是满足狄里赫利条件的周期函数都可以分解为（　　）。

2. 一非正弦周期电流的基波频率为 50Hz，则其 7 次谐波的频率为（　　）。

3. 傅里叶级数是一个收敛级数，谐波的项数取得越多，合成的波形就越接近原来的波形，对吗？

※模块 29　非正弦周期电流电路的有效值和平均功率

课前思考

① 非正弦周期量的有效值、平均值和平均功率如何计算?

② 测量电流的有效值、平均值应各使用什么类型的仪表?

在实际工程中，经常用到有效值和平均值的概念，对非正弦周期电流电路也不例外。现以电流为例，说明周期量的有效值与各次谐波有效值之间的关系。

1. 非正弦周期量的有效值

根据有效值的定义，任何周期电流 i 的有效值 I 为

$$I=\sqrt{\frac{1}{T}\int_0^T i^2\,\mathrm{d}t} \tag{8-2}$$

微课－非正弦周期电流电路

若周期性非正弦电流 i 可以分解为傅里叶级数

$$i=I_0+\sum_{k=1}^{\infty}I_{km}\sin(k\omega t+\Psi_k)$$

将其代入有效值的定义式中，则电流的有效值为

$$I=\sqrt{\frac{1}{T}\int_0^T\left[I_0+\sum_1^{\infty}I_{km}\sin(k\omega t+\Psi_k)\right]^2\mathrm{d}t} \tag{8-3}$$

利用三角函数的正交性，上式展开式可得计算值为 $I_k=I_{km}/\sqrt{2}$，它是 k 次谐波的有效值，所以

$$I=\sqrt{I_0^2+I_1^2+I_2^2+\cdots} \tag{8-4}$$

温馨提示

① 周期性非正弦电流的有效值等于直流分量及各次谐波分量的有效值的平方和的平方根，此结论广泛用于其他非正弦周期量；

② 工程上有时候也用到最大值，它指非正弦周期信号在一个周期内最大瞬时值的绝对值，如电容器的耐压、二极管的反向击穿电压，都要考虑电压的最大值。

【例 8.1】计算有效值。

① 半波整流电流，$i(t)=I_\mathrm{m}\sin\omega t=\sqrt{2}I\sin\omega t, 0\leqslant\omega t\leqslant\pi$

② $u=40+180\sin\omega t+60\sin(3\omega t+45^\circ)\ \mathrm{V}$

解：① $I=\sqrt{\frac{1}{T}\int_0^T i^2 \mathrm{d}t}=\sqrt{\frac{1}{2\pi}\int_0^{\pi}(I_m \sin\omega t)^2 \mathrm{d}(\omega t)}=\sqrt{\frac{I_m^2}{2\pi}\int_0^{\pi}\frac{1-\cos 2\omega t}{2}\mathrm{d}(\omega t)}$

$=\frac{I_m}{2}$

② $U=\sqrt{U_0^2+U_1^2+U_3^2}=\sqrt{40^2+(\frac{180}{\sqrt{2}})^2+(\frac{60}{\sqrt{2}})^2}=140\text{ V}$

2. 非正弦周期量的平均值

除有效值外，在实践中还用到平均值，非正弦周期量的平均值即是它的直流分量，以电流为例，其定义式为

$$I_{av}=\frac{1}{T}\int_0^T i\,\mathrm{d}t \tag{8-5}$$

对于在一个周期内有正有负的交流量，常用交流量的整流平均值来定义它的平均值，即交流量的绝对值在一个周期内的平均值。即

$$I_{rect}=\frac{1}{T}\int_0^T |i|\mathrm{d}t=\frac{1}{2\pi}\int_0^{2\pi}|I_m \sin\omega t|\mathrm{d}(\omega t)=\frac{1}{\pi}\int_0^{\pi}I_m \sin\omega t\mathrm{d}(\omega t)=\frac{2I_m}{\pi}$$

温馨提示

① 用不同类型的仪表测量同一非正弦周期电流时，会得到不同的结果；

② 用磁电系仪表（直流仪表）测量，得到的是电流的恒定分量（平均值）；

③ 用电磁系或电动系仪表测量，得到的是电流的有效值；

④ 用全波整流磁电系仪表测量，得到的是电流的绝对值的平均值（整流平均值）；

⑤ 有效值、平均值的计算与计时起点无关。

【例 8.2】计算图 8.3 中缺角正弦半波波形 u_d 的平均值、有效值。

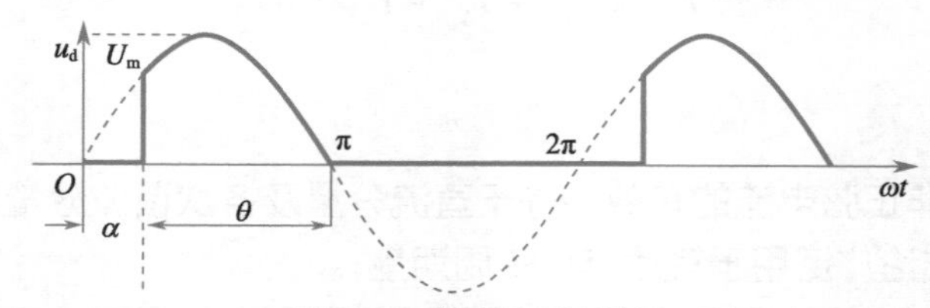

图 8.3　缺角正弦半波

解：$u_d(t)$ 为缺角的正弦半波，在一个周期 2π 内的表达式为

$$u_d=U_m\sin\omega t=\sqrt{2}U\sin\omega t,\alpha\leqslant\omega t\leqslant\pi$$

平均值　$U_{av}=\frac{1}{2\pi}\int_{\alpha}^{\pi}\sqrt{2}U\sin\omega t\mathrm{d}(\omega t)=0.45U\frac{1+\cos\alpha}{2}$

有效值为　$U=\sqrt{\frac{1}{2\pi}\int_{\alpha}^{\pi}(\sqrt{2}U\sin\omega t)^2\mathrm{d}(\omega t)}=U\sqrt{\frac{\pi-\alpha}{2\pi}+\frac{\sin 2\alpha}{4\pi}}$

3. 非正弦周期量的平均功率

如图 8.4 所示，一端口 N 的端口电压 $u(t)$ 和电流 $i(t)$ 在关联参考方向下，一端口电路吸收的瞬时功率和平均功率为

$$p(t)=u(t)\times i(t)$$

$$P=\frac{1}{T}\int_0^T p(t)\mathrm{d}t \tag{8-6}$$

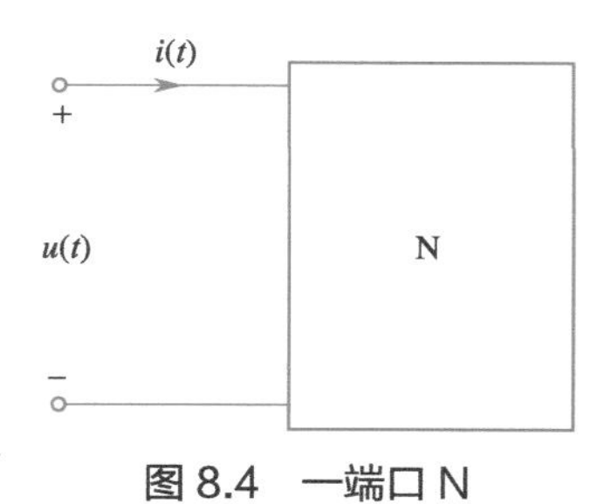

图 8.4　一端口 N

一端口电路的端口电压 $u(t)$ 和电流 $i(t)$ 均为非正弦周期量，以傅里叶级数形式表示，在图示关联参考方向下，一端口电路吸收的平均功率为

$$P=\frac{1}{T}\int_0^T p(t)\mathrm{d}t=\frac{1}{T}\int_0^T\left[U_0+\sum_{k=1}^{\infty}U_{km}\sin(k\omega t+\Psi_{ku})\right]\times\left[I_0+\sum_{k=1}^{\infty}I_{km}\sin(k\omega t+\Psi_{ki})\right]$$

计算可得，各次不同频率的谐波电压和电流的乘积项的积分为零，此时一端口电路平均功率为

$$P=U_0I_0+U_1I_1\cos\varphi_1+U_2I_2\cos\varphi_2+U_3I_3\cos\varphi_3+\cdots \tag{8-7}$$

式中，$U_k=U_{km}/\sqrt{2}$，$I_k=I_{km}/\sqrt{2}$，$\varphi_k=\Psi_{ku}-\Psi_{ki}$，$\frac{1}{T}\int_0^T U_0I_0\mathrm{d}t=U_0I_0=P_0$。

温馨提示

① 不同频率的电压与电流只构成瞬时功率，不能构成平均功率；

② 同频率的电压与电流才能构成平均功率；

③ 电路的平均功率等于直流分量和各次谐波分量各自产生的平均功率之和，即平均功率守恒。

【例 8.3】已知一端口电路的端口电压 $u(t)$ 和电流 $i(t)$ 均为非正弦周期量，其表达式为

$$u(t)=10+100\cos\omega t+40\cos(2\omega t+30^\circ)\text{V}$$

$$i(t)=2+4\cos(\omega t+60^\circ)+2\cos(3\omega t+45^\circ)\text{A}$$

求一端口电路吸收的平均功率 $P=$？功率因数 $\lambda=$？

解：根据不同频率的电压和电流只产生瞬时功率，不产生平均功率，可得该一端口电路平均功率为

$$P=10\times2+\frac{100\times4}{2}\times\cos(0^\circ-60^\circ)=120\ \text{W}$$

电压和电流的有效值为

$$U=\sqrt{10^2+\left(\frac{100}{\sqrt{2}}\right)^2+\left(\frac{40}{\sqrt{2}}\right)^2}=76.8\ \text{V}$$

$$I=\sqrt{2^2+\left(\frac{4}{\sqrt{2}}\right)^2+\left(\frac{2}{\sqrt{2}}\right)^2}=3.7\ \text{A}$$

则功率因素为

$$\lambda = \frac{P}{S} = \frac{120}{76.8 \times 3.7} = 0.42$$

注意：电压的 3 次谐波为零，电流的 2 次谐波为零，所以该一端口电路的 2 次谐波、3 次谐波的平均功率为零。

知识拓展 

频谱分析仪

实际工程中还大量存在着任意非周期信号，当电路结构或激励信号比较复杂时，应选择非正弦周期信号的傅里叶级数展开，然后导出非周期信号的傅里叶变换，建立频谱密度的概念，进而进行频谱分析。这种用频谱分析的观点来分析系统的方法称为傅里叶变换分析法或频域分析法，广泛应用于电力工程、通信和控制领域中。当然，傅里叶级数还有其他的应用，特别是在通信和信号处理方面，如：频谱分析、滤波器、检波与整流、调制与解调、多路复用技术等。

从信号测量技术看，时域方面，示波器为一种极为重要且有效的测量仪器，它能直接显示信号波幅、频率、周期、波形与相位之响应变化，但它仅局限于低频的信号，测量高频信号比较困难。频谱分析仪能弥补此项缺失，它同时将一含有许多频率成分的信号用频域方式来呈现。频谱分析仪的主要功能是测量信号的频率响应，横轴代表频率，纵轴代表信号功率或电压的数值，可用线性或对数刻度显示测量的结果。

频谱分析仪的应用领域相当广泛，例如卫星接收系统、无线电通信系统、移动电话系统基地台辐射场强的测量、电磁干扰等高频信号的侦测与分析，同时也是研究信号成分、信号失真度、信号衰减量、电子组件增益等特性的主要仪器。频谱分析仪外观架构犹如时域用途的示波器。

练一练

1. 电压 $u(t) = 40 + 180\cos\omega t + 60\cos(3\omega t + 45^\circ)$ V 施加于 5Ω 的电阻上，则电压、电流的有效值各为多少？

2. $i(t) = 5 + 5\sqrt{2}\sin(3t + 62^\circ) + 5\sqrt{2}\sin(9t + 62^\circ)$ A, $\omega = 3$rad/s，因此该电流的直流分量是多少？基波电流有效值是多少？ 3 次谐波有效值是多少？该电流的有效值为多少？

3. 二端网络的端口电压、电流分别为：$u(t) = 10 + 20\cos\omega t + 10\cos 2\omega t$ V，$i(t) = 2 + 10\cos\omega t + 5\cos 4\omega t$ A，电压、电流为关联参考方向，则二端网络吸收的平均功率为（　　）。

A. 145W　　B.270W　　C. 220W　　D. 120W

4. 非正弦周期电流电路的平均功率等于（　　）之和。

A. 直流分量　　B. 各次谐波的平均功率　　C. A 和 B　　D. 恒定分量

5. 用全波整流磁电系仪表测量时，所得结果将是电流的绝对值的（　　）。

A. 有效值　　B. 最大值　　C. 平均值　　D. 恒定分量

6. 非正弦周期量的平均值即是它的直流分量，对吗？

8.1　函数的傅里叶级数中是否一定含有直流分量？为什么？请举例说明。

8.2　测量电流的有效值、整流平均值、平均值（直流分量）各应使用什么类型的仪表？

8.3　半波整流电压的最大值为 100 V，分别用磁电系、电磁系、带全波整流电路磁电系电压表进行测量时，读数各为多少？

8.4　某一非正弦电压、电流分别为

$$u(t)=50+84.6\sin(\omega t+30^\circ)+56.6\sin(2\omega t+10^\circ)\ \mathrm{V}$$

$$i(t)=1+0.707\sin(\omega t-20^\circ)+0.424\sin(2\omega t+50^\circ)\ \mathrm{A}$$

求平均功率。

8.5　已知一非正弦周期电流的表达式为 $i(t)=(50+100\sin t+30\sin 2t+10\sin 3t)\mathrm{mA}$，试求该电流的有效值。

※8.6　已知某电路的电压、电流分别为

$$u(t)=10+20\sin(100\pi t-30^\circ)+8\sin(300\pi t-30^\circ)\ \mathrm{V}$$

$$i(t)=3+6\sin(100\pi t+30^\circ)+2\sin 500\pi t\ \mathrm{A}$$

求该电路的电压、电流有效值和平均功率。

※8.7　已知某二端网络的端电压为 $u(t)=(100+100\sin t+50\sin 2t+30\sin 3t)\mathrm{V}$，流入端钮的电流为 $i(t)=10\sin(t-60^\circ)+2\sin(3t-45^\circ)\mathrm{A}$，求二端网络吸收的功率 P、视在功率 S 和功率因数。

※8.8　流过 $R=10\,\Omega$ 元件的电流为 $i(t)=5+14.14\sin\omega t+7.07\sin 2\omega t$（A），求：

①电阻两端的电压 u 及 U；②电阻上的功率。（应用谐波分析法）

第9单元

动态电路分析

单元导读

前面几个单元讨论了电路的稳定工作状态，实际电工技术中，因为某种原因如电路中电源忽然接入或断开，电路参数的突然变化等，电路中电压、电流常常经过一个变化过程才能达到稳定状态。电路这种从一种稳定工作状态变化到另一种稳定状态的过程称为过渡过程，研究这一暂态过程称为动态电路分析，它是认识和应用现代电路的基础。

通过动态电路分析，找出该过程的规律，这样既能利用它解决某些电工技术问题并改善某些电路的性能，也能对动态电路过程中可能出现的过电压、过电流等有害现象及时提出防护措施。

专业词汇

动态电路——Dynamic circuit

过渡过程——The transition process

激励——Excitation

一阶电路——The first-order circuit

等效电路图—— The equivalent circuit diagram

零输入响应——The zero-input response

充电——Charge

微分方程法——Differential equation method

稳态电路——The steady state circuit

换路定律——Change law of road

响应——Response

初始值——Initial value

零状态响应——The zero state response

时间常数—— Time constant

放电——Discharge

三要素法——Three factor method

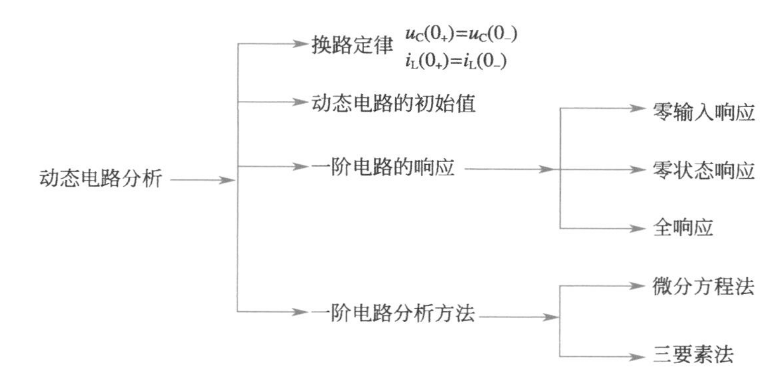

模块 30 动态电路换路定律

① 何谓电路的过渡过程？产生过渡过程的原因是什么？

② 是否任何电路发生换路时都会产生过渡过程？

③ 何谓换路定律？根据换路定律求换路瞬时初始值时，电感和电容有时可视为开路或短路，有时又可视为电压源或电流源，试说明这样处理的条件。

电风扇在接通电源前是静止的，这是一种状态。接通电源后开始运转，其转速逐渐上升，直至额定转速，电风扇在额定转速下运行，这又是一种状态。电风扇从一种状态进入到另一种状态需要一个过程，这个过程是逐渐的、连续的，且在一个瞬间完成，这一过程就是过渡过程。

微课 – 动态电路换路定律

1. 稳态与暂态

前面讨论的 RLC 电路，当电源电压或电流恒定或作周期性变化时，电路中电压和电流也都是恒定的或按周期性变化，电路的这种工作状态称为稳态。

如图 9.1 所示电路，开关原已闭合，电路处于稳态。此时，电容相当于开路，电感相当于短路，电路中的电流为 1A，称为稳态电流。对电路的稳定状态进行分析，叫做稳态分析。

下面将研究电路的过渡过程，也叫暂态过程，它是指电路从一种稳态到达另一种稳态所经历的中间过程。例如电风扇从静止到稳定转速或从稳定转速到静止都需要这个过程。

如图 9.2 所示电路，三个相同的灯泡分别与电阻、电容和电感相串联。当开关 S 闭合前，三个灯泡都不亮，这是一种稳定状态。当开关 S 闭合后，A 灯立刻变亮；B 灯先闪亮一下，然后逐渐变暗，直至熄灭；而 C 灯则是逐渐变亮，这是第二种稳定状态。从一种稳态到达另一种稳态，电阻支路的 A 灯不需要过渡过程，而电容和电感支路的 B 灯和 C 灯，则需要过渡过程。

由前面讨论可知，电感和电容元件的伏安关系不是线性的，因而被称为动态元件，含有动态元件的电路称为动态电路。这种对动态电路的过渡过程进行分析，称为动态电路分析。

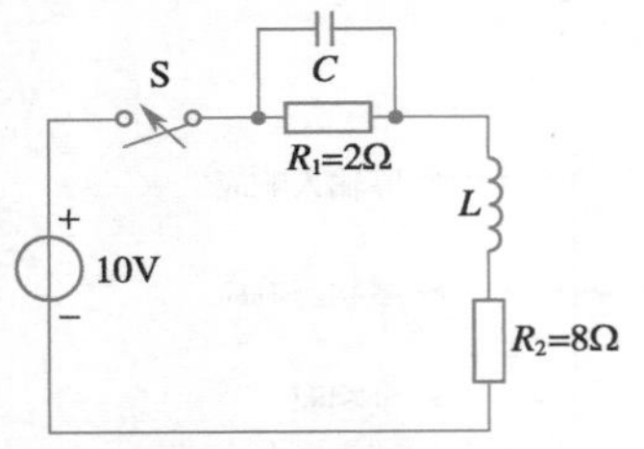

图 9.1　电路的稳态分析

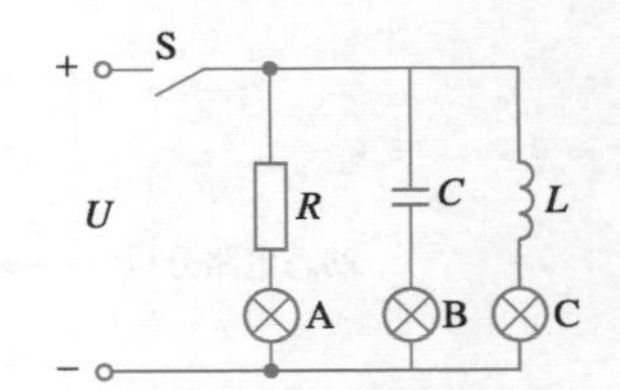

图 9.2　电路的过渡过程

温馨提示

电路产生过渡过程的原因有两个：

① 外因：电路换路（电路的通断、改接、电路参数的突然变化等都叫做换路）；

② 内因：电路中含有储能元件电容或电感（它们能量的积蓄和释放都需要一定的时间，称为能量不能跃变，而耗能元件电阻则不然）。

2. 换路定律

与电阻元件不同，电感和电容元件是动态元件，其电压电流时域关系为$\begin{cases} u_L(t)=L\dfrac{\mathrm{d}i_L}{\mathrm{d}t} \\ i_C(t)=C\dfrac{\mathrm{d}u_C}{\mathrm{d}t} \end{cases}$，对电容来说，电压变化越快，电流越大。一般情况下，电流为有限值，则其电压变化率也为有限值，即电容电压是随时间连续变化的；同理，电感电流也是连续变化的。这一点也可从动态元件的储能特性来分析。在 t 时刻电容的储能为$W_C=\dfrac{1}{2}Cu_C^2$，电感的储能为$W_L=\dfrac{1}{2}Li_L^2$，其中 C、L 皆为常数。若它们的能量不能跃变，那么反映其能量的物理量 u_C 和 i_L 必然不能跃变。

换路定律本质是：储能元件的能量不能跃变，体现为电容电压不能跃变，电感电流不能跃变。若设$t=0$时换路，用“0_-”表示换路前一瞬间，用“0_+”表示换路后一瞬间，换路定律可以表示为

$$\left.\begin{aligned} u_C(0_+)&=u_C(0_-) \\ i_L(0_+)&=i_L(0_-) \end{aligned}\right\} \tag{9-1}$$

这一定律是分析动态电路的重要依据，$i_L(0_+)$和$u_C(0_+)$称为电感电流和电容电压的初始值。

练一练

1. 何谓电路的过渡过程？产生过渡过程的原因是什么？
2. 是否任何电路发生换路时都会产生过渡过程？
3. 纯电阻电路换路时会产生过渡过程吗？

模块 31　动态电路的初始值

① 什么是动态电路的初始值?

② 动态电路初始值确定的步骤是什么?

根据换路定律可以确定换路后一瞬间电容电压、电感电流以及电路中其他各元件的电压和电流，统称为电路的初始值。

初始值也称初始条件，是研究过渡过程的重要依据。其中 $u_C(0_+)$ 和 $i_L(0_+)$ 称为独立初始值，通过换路定律求出，除此以外的其他初始值则通过 $t = 0_+$ 的等效电路确定，也称为相关初始值。

微课 – 动态电路初始值

电路换路后确定初始值的步骤如下：

① 按换路前（$t = 0_-$）的电路计算 $u_C(0_-)$ 和 $i_L(0_-)$；

② 根据换路定律，确定 $u_C(0_+)$ 和 $i_L(0_+)$；

③ 根据 $u_C(0_+)$ 和 $i_L(0_+)$ 的值，确定电容和电感的状态，并画出 $t = 0_+$时的等效电路图。

④ 按换路后等效电路，应用电路的基本定律和基本分析方法，计算各元件的电压和电流的初始值。

动态元件电容和电感的初始状态有两种情况：

① 零初始状态，即 $u_C(0_+) = 0$，$i_L(0_+) = 0$。

在等效电路中，视电容为短路，电感为开路；

② 非零初始状态，即 $u_C(0_+) = U_0$，$i_L(0_+) = I_0$。

在等效电路中，电容用 $U_S = U_0$ 的电压源替代，电感用 $I_S = I_0$ 的电流源替代。

【例 9.1】图 9.3（a）所示电路，原处于稳态，$t = 0$ 时换路。若 $R_1 = 2\Omega$，$R_2 = 3\Omega$，$R_3 = 6\Omega$，$U_S = 18\text{V}$，求 i_1、i_2、i_3、i、u_C 及 U_L 的初始值。

解：换路前，$u_C(0_-) = 0$，$i_L(0_-) = 0$，由换路定律得

$$u_C(0_+) = u_C(0_-) = 0$$

$$i_L(0_+) = i_L(0_-) = 0$$

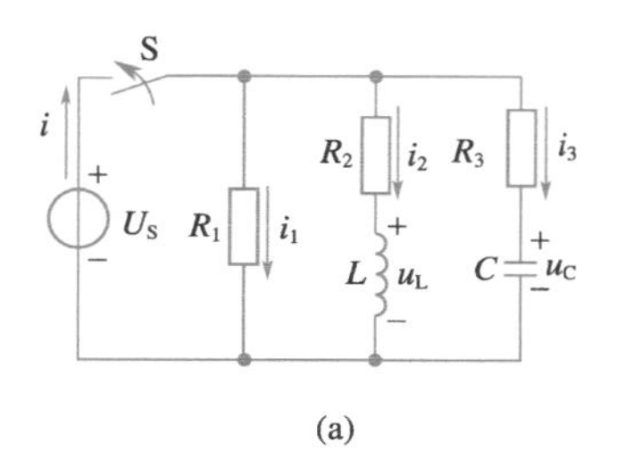

(a)

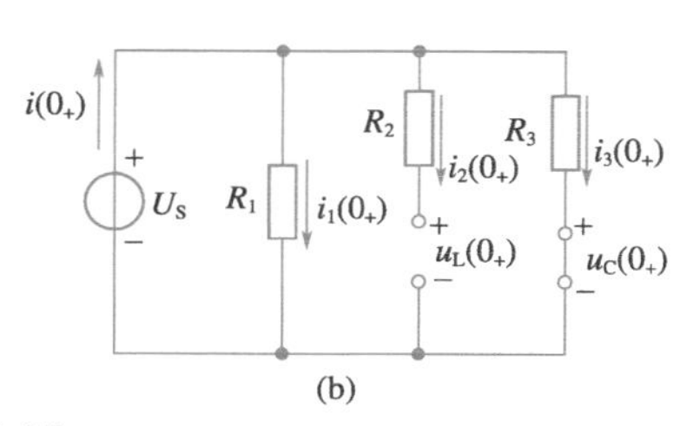

(b)

图 9.3　例 9.1 图

将电容短路，电感开路，得 $t=0_+$ 时的等效电路如图 9.3（b）所示，则有

$$i_1(0_+)=\frac{U_S}{R_1}=\frac{18}{2}=9\text{ A}$$

$$i_2(0_+)=i_L(0_+)=0$$

$$i_3(0_+)=\frac{U_S}{R_3}=\frac{18}{6}=3\text{ A}$$

$$i(0_+)=i_1(0_+)+i_2(0_+)+i_3(0_+)=12\text{ A}$$

$$u_L(0_+)=U_S=18\text{ V}$$

【例 9.2】如图 9.4（a）所示电路，$R_1=3\Omega$，$R_2=9\Omega$，$U_S=24\text{V}$，换路前电路已处于稳态，$t=0$ 时换路，求 u_C、u_{R1}、u_{R2}、i_C 及 i_{R1} 的初始值。

解：由于换路前电路已处于稳态，电容相当于开路，则

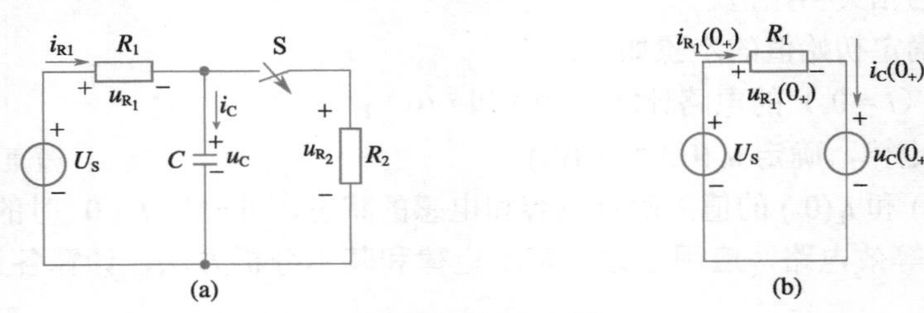

图 9.4　例 9.2 图

$$u_C(0_-)=u_{R_2}(0_-)=\frac{R_2}{R_1+R_2}U_S=\frac{9}{3+9}\times 24=18\text{ V}$$

由换路定律可得：$u_C(0_+)=u_C(0_-)=18\text{ V}$

将电容用 $U_S=U_C(0_+)=18\text{ V}$ 的电压源代替，可得 $t=0_+$ 时的等效电路如图 9.4(b) 所示，由图可求得

$$u_{R_1}(0_+)=U_S-u_C(0_+)=24-18=6\text{V}$$

$$u_{R_2}(0_+)=0$$

$$i_C(0_+)=i_{R_1}(0_+)=\frac{u_{R_1}(0_+)}{R_1}=\frac{6}{3}=2\text{ A}$$

【例 9.3】如图 9.5（a）所示的电路，已知 $R_1=1.6\text{k}\Omega$，$R_2=6\text{k}\Omega$，$R_3=4\text{k}\Omega$，$U_S=10\text{V}$，换路前电路已处于稳态，求 i_L、u_L 及 u_{R_2} 的初始值。

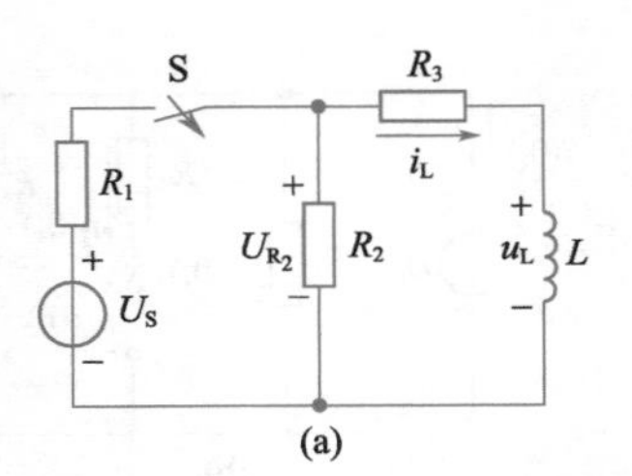

图 9.5　例 9.3 图

解：换路前电路已处于稳态，电感相当于短路，则

$$i_L(0_-)=\frac{U_S}{R_1+\dfrac{R_2R_3}{R_2+R_3}}\times\frac{R_2}{R_2+R_3}=\frac{10}{1.6+\dfrac{6\times4}{6+4}}\times\frac{6}{6+4}=1.5\ \text{mA}$$

由换路定律可得：$i_L(0_+)=i_L(0_-)=1.5\ \text{mA}$

将电感用 $i_L(0_+)=1.5\text{mA}$ 的电流源代替，可得 $t=0_+$ 时的等效电路如图 9.5（b）所示，由图可求得

$$u_L(0_+)=-i_L(0_+)\times(R_2+R_3)=-1.5\times(6+4)=-15\ \text{V}$$

$$u_{R_2}(0_+)=-i_L(0_+)R_2=-1.5\times6=-9\ \text{V}$$

温馨提示

动态电路在换路瞬间，电容电压和电感电流不能突变，但电容电流和电感电压不但能够突变，而且有可能突然变成危险的大电流和高电压，实际中必须加以防范。如在电力系统中，由于存在大量的感性负载（主要是交流异步电动机），带负载断电时候，往往在开关触点上产生很强的电弧，为此一定要在开关上安装灭弧装置。

练一练

1. 何谓换路定律？根据换路定律求换路瞬时初始值时，电感和电容有时可视为开路或短路，有时又可视为电压源或电流源，试说明这样处理的条件。

2. 图 9.6 所示电路中，$t=0$ 时开关打开，则 $u(0_+)$ 为（　　）。

A. 0V

B. 3.75V

C. −6V

D. 6V

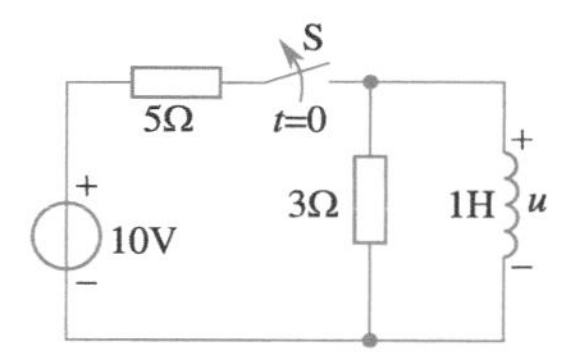

图 9.6　题 2 图

模块 32 一阶电路的响应

课前思考

① 什么是一阶电路?
② RC 电路的零输入响应、零状态响应是什么?
③ RL 电路的零输入响应、零状态响应 是什么?

只含有一个储能元件的电路，称为一阶电路，如电容器的充放电电路、日光灯电路。若电路中含有电容和电感两个储能元件，则称为二阶电路，如RLC串联电路。本教材仅讨论由RC或RL构成的一阶电路的过渡过程。

动态电路发生换路后，能够引起电路响应的原因有两个：一是电源的激励，二是电路中动态元件初始值不为零，即有初始储能。所谓零输入响应，是指动态电路在没有外加激励的条件下，仅有电路初始状态产生的响应。仅由电源激励引起的响应称为零状态响应。

1. RC 电路的零输入响应（即放电过程）

RC 电路的零输入响应，是指输入信号为零的响应，即放电过程。

微课 –RC 电路的零输入响应

图 9.7 所示为 RC 串联电路。换路前，开关 S 置于“1”位，电源对电容充电。当电路达到稳态时，$u_C(0_-) = U_0 = U_S$。在 $t = 0$ 时，将开关 S 合到“2”，使电路脱离电源，电容则通过电阻放电，直到 $u_C = 0$，过渡过程结束。

（1）电压和电流的变化规律

在图 9.7 所示右边放电回路中，由 KVL 得 $u_R + u_C = 0$，将 $u_R = Ri$，$i = C\dfrac{du_C}{dt}$代入上式方程，按图示参考方向，解此方程，代入初始条件可得

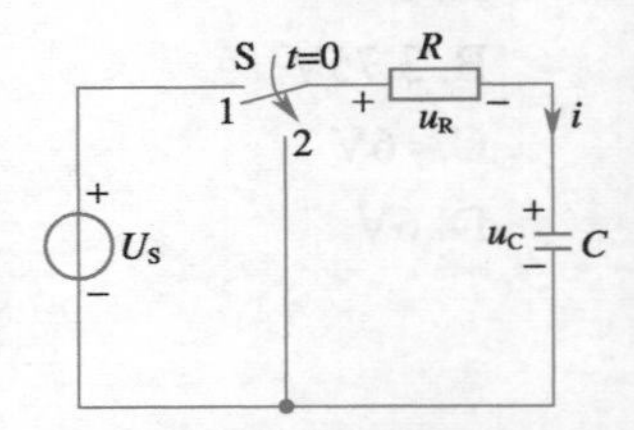

图 9.7 RC 放电电路

$$\left.\begin{aligned} u_C &= U_0 e^{-\frac{1}{RC}t} = U_S e^{-\frac{1}{RC}t} \\ i &= C\frac{du_C}{dt} = -\frac{U_S}{R} e^{-\frac{1}{RC}t} \\ u_R &= Ri = -U_S e^{-\frac{1}{RC}t} \end{aligned}\right\} \tag{9-2}$$

上式表明，电容放电时，电压 u_C 随时间按指数规律衰减，直至为零，其变化曲线如图 9.8 所示。上式 i 及 u_R 式中负号表示放电电流和电阻电压的实际方向与图中的参考方向相反，其变化曲线如图 9.9 所示。

（2）时间常数

式（9-2）中，令 $\tau_C = RC$ 则有

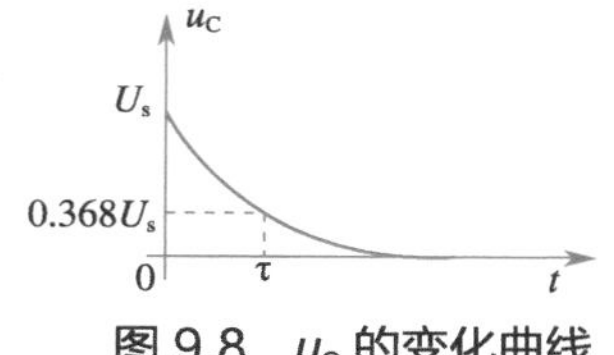

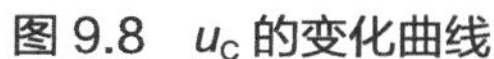
图 9.8 u_C 的变化曲线

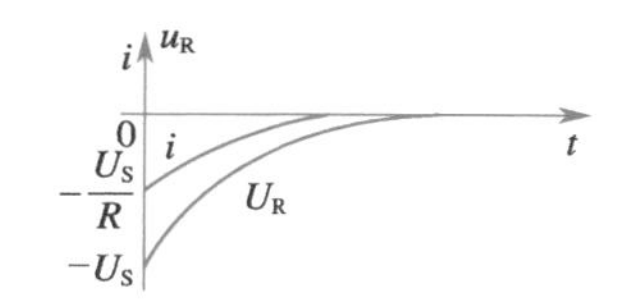

图 9.9 i、u_R 的变化曲线

$$u_C = U_S e^{-\frac{t}{\tau_C}} = \frac{U_S}{e^{\frac{t}{\tau_C}}} \tag{9-3}$$

显而易见，τ_C 具有时间的量纲，且 τ_C 愈大，u_C 变化愈慢；反之，u_C 变化愈快。因此，τ_C 表征了过渡过程持续的时间，称为RC电路的时间常数。当 R 和 C 的单位分别为 Ω 和 F 时，τ_C 的单位为 s。

时间常数 τ_C 分别与电容 C 以及电阻 R 成正比，这是因为在一定的初始电压下，C 愈大，储存的电荷愈多，放电所需的时间就愈长。而 R 愈大，放电电流愈小，放电所需要的时间也愈长。因此，改变 R 或 C，即改变电路的时间常数，也就改变了电容放电的速度。

知识拓展

τ_C 的物理含义——RC 电路零输入响应

当 $t = \tau_C$ 时，电容电压为 $u_C = U_S e^{-\frac{t}{\tau_C}} = U_S e^{-1} = 0.368U_S = 0.368u_C(0_+)$，因此 τ_C 的值实际上是电容电压衰减到初始值的 0.368 倍时所需要的时间。还可以看出，理论上需经过 $t=\infty$ 的时间后放电过程才能结束，电路达到新的稳态。表 9-1 还给出了其余各时刻 u_C 的值。

表 9-1 不同时间常数对应的 u_C 的值

t	0	τ_C	$2\tau_C$	$3\tau_C$	$4\tau_C$	$5\tau_C$	$6\tau_C$
u_C	U	$0.368U$	$0.135U$	$0.050U$	$0.018U$	$0.007U$	$0.002U$

由表 9-1 可知，经过 $5\tau_C$ 后，u_C 已下降到初始值的 0.7%，因此，工程上一般认为经过（4～5）τ_C 的时间，过渡过程已基本结束。

【例 9.4】图 9.10 所示电路原处于稳态，$t=0$ 时换路。已知 $U_S=10\text{V}$，$R=1\Omega$，$R_1=R_2=2\Omega$，$C=5\mu\text{F}$。试求电容电压 u_C 和电流 i_C。

解：换路前电路已处于稳态，电容相当于开路，则

$$u_C(0_-) = U_S = 10\text{V}$$

由换路定律可得

$$u_C(0_+) = u_C(0_-) = 10\text{V}$$

换路后电容经电阻 R_1、R_2 放电，则电路的时间常数

$$\tau_C = RC = (R_1+R_2)C = (2+2)\times 5\times 10^{-6} = 2\times 10^{-5}\text{s}$$

由式（9-2）和式（9-3）得

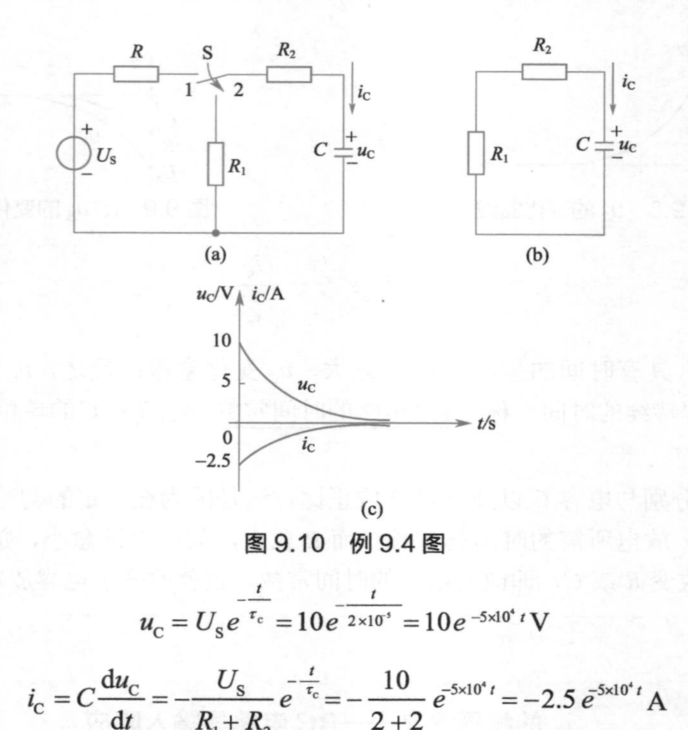

图 9.10　例 9.4 图

$$u_C = U_S e^{-\frac{t}{\tau_C}} = 10e^{-\frac{t}{2\times10^{-5}}} = 10e^{-5\times10^4 t}\,\text{V}$$

$$i_C = C\frac{\mathrm{d}u_C}{\mathrm{d}t} = -\frac{U_S}{R_1+R_2}e^{-\frac{t}{\tau_C}} = -\frac{10}{2+2}e^{-5\times10^4 t} = -2.5\,e^{-5\times10^4 t}\,\text{A}$$

2. RL 电路的零输入响应（即放电过程）

图 9.11 为 RL 串联电路。换路前，开关 S 置于“1”位，电感相当于短路，其电流 $i(0_-)=I_0=\dfrac{U_S}{R}$。在 $t=0$ 时将开关合到“2”，使电路脱离电源，RL 被短路。此时，电感 L 的能量便通过 R 逐步释放，直到 $i_L=0$，过渡过程结束。在放电回路中，由 KVL 得 $u_R+u_L=0$，将 $u_R=R\cdot i$ 和 $u_L=L\dfrac{\mathrm{d}i}{\mathrm{d}t}$代入上式。参照 RC 电路的零输入响应分析，令 $\tau_L=\dfrac{L}{R}$得

微课 -RL 电路的零输入响应

$$\left.\begin{aligned} i &= I_0 e^{-\frac{R}{L}t} = \frac{U_S}{R}e^{-\frac{t}{\tau_L}} \\ u_L &= L\frac{\mathrm{d}i}{\mathrm{d}t} = -U_S e^{-\frac{t}{\tau_L}} \\ u_R &= Ri = U_S e^{-\frac{t}{\tau_L}} \end{aligned}\right\} \tag{9-4}$$

τ_L 也具有时间的量纲，其物理意义与 $\tau_C=RC$ 相同，是电感电流衰减到初始值的 0.368 倍时所需要的时间，称为 RL 电路的时间常数。由于 τ_L 正比于 L，反比于 R，故改变电路的 R 或 L 值，都可以改变过渡过程的速度。与 RC 电路相似，工程上认为经过（4～5）τ_L 的时间，过渡过程已基本结束。图 9.12 分别为 i、u_L、u_R 随时间变化的曲线。u_L 为负值表示此时电感电压的实际极性与参考极性相反。

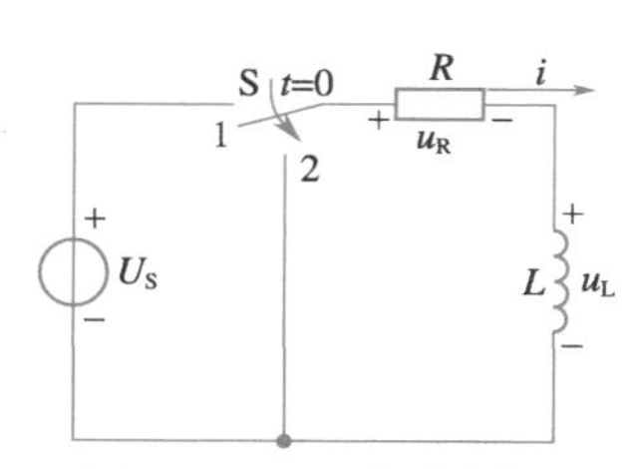

图 9.11　RL 电路的短接

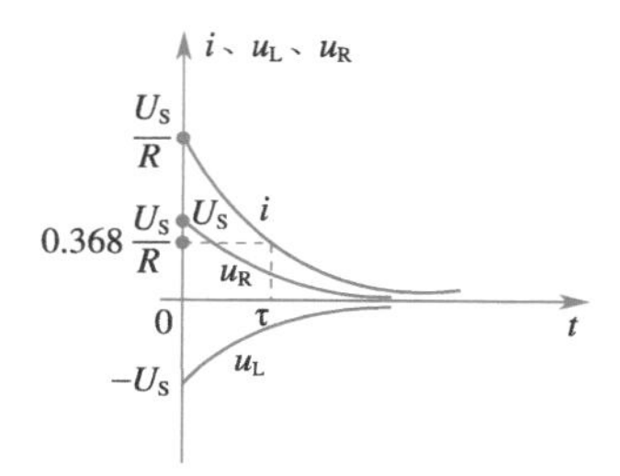

图 9.12　i、u_L、u_R 的变化曲线

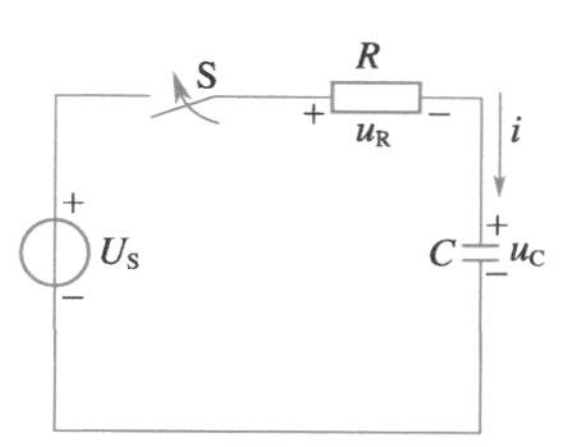

图 9.13　RC 串联电路

3. RC 电路的零状态响应（即充电过程）

RC 电路的零状态响应，是指初始条件为零的响应，即充电过程。

图 9.13 所示的 RC 串联电路中，若初始条件为零，则换路后，电源对电容充电。在充电回路中，由 KVL 得

$$u_R + u_C = U_S$$

将 $u_R = Ri$，$i = C\dfrac{du_C}{dt}$代入上式并解此方程，代入初始条件可得

微课－一阶电路的零状态响应

$$\left.\begin{aligned} u_C &= U_S - U_S e^{-\frac{t}{\tau_C}} = U_S(1-e^{-\frac{t}{\tau_C}}) \\ i &= C\frac{du_C}{dt} = \frac{U_S}{R}e^{-\frac{t}{\tau_C}} \\ u_R &= Ri = U_S e^{-\frac{t}{\tau_C}} \end{aligned}\right\} \tag{9-5}$$

u_C 随时间的变化曲线如图 9.14 所示，图 9.15 为 i、u_R 随时间变化的曲线。

动画－电容器的充电与放电

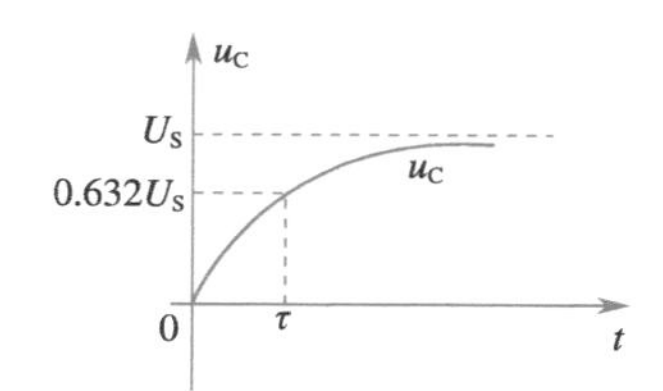

图 9.14　充电时 u_C 的变化曲线

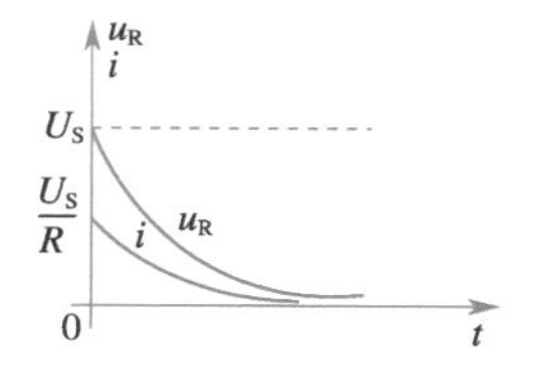

图 9.15　i、u_R 的变化曲线

知识拓展

τ_C 的物理含义——RC 电路零状态响应

零状态响应时，u_C 从零初始值开始，随时间按指数规律逐渐增长，直至稳态值 U_S，充电过程结束。式中 $\tau_C = RC$ 为充电回路的时间常数，当 $t = \tau_C$ 时，电容电压为 $u_C = 0.632U_S$，即 τ_C 为电容电压上升到 $0.632U_S$ 时所经历的时间。

在充电过程中，u_C 增长的快慢和 τ_C 有关。回路电流 i 和 u_R 衰减的快慢也和 τ_C 有关。

【例 9.5】图 9.16 所示电路原处于稳态，已知 $U_S = 6\text{V}$，$R_1 = R_2 = R_3 = 10\text{k}\Omega$，$C = 20\mu\text{F}$，

在 $t=0$ 时换路。试求电容电压 u_C。

解：换路后电容 C 的等效充电电阻（相当于 C 两端的戴维南等效电阻）为

$$R=R_1+\frac{R_2R_3}{R_2+R_3}=10+\frac{10\times10}{10+10}=15\text{k}\Omega$$

由等效电路图 9.16（b）可得，电路的时间常数为

$$\tau_C=RC=15\times10^3\times20\times10^{-6}=0.3\text{s}$$

电容电压为 $$u_C=U_S(1-e^{-\frac{t}{\tau_C}})=6(1-e^{-\frac{t}{0.3}})=6(1-e^{-3.33t})\text{V}$$

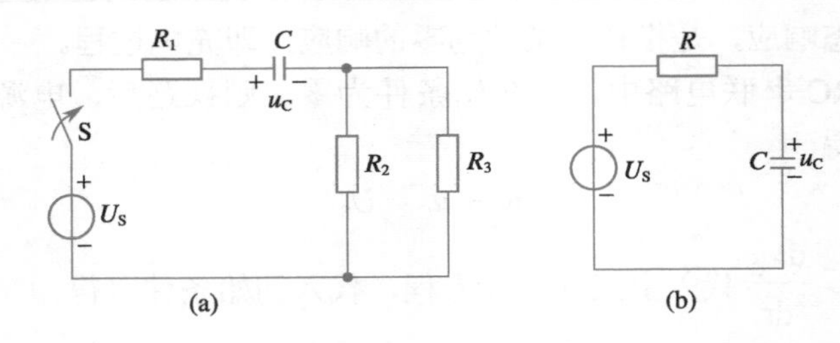

图 9.16　例 9.5 图

4. RL 电路的零状态响应（即充电过程）

图 9.17 所示的 RL 串联电路，电流 $i(0_-)=0$，换路后电路与直流电源接通，电感便获取电源能量，建立磁场并产生感应电压。由 KVL 得

$$u_R+u_L=U_S$$

将 $u_R=Ri$ 和 $u_L=L\frac{\mathrm{d}i}{\mathrm{d}t}$ 代入上式并解此方程，代入初始条件可得

概念对对碰 - 零输入响应与零状态响应

$$\left.\begin{aligned}i&=\frac{U_S}{R}(1-e^{-\frac{t}{\tau_L}})\\u_L&=L\frac{\mathrm{d}i}{\mathrm{d}t}=U_Se^{-\frac{t}{\tau_L}}\\u_R&=Ri=U_S(1-e^{-\frac{t}{\tau_L}})\end{aligned}\right\}\tag{9-6}$$

图 9.18 为 i、u_L、u_R 随时间变化的曲线。与 RC 电路类似，可以分析零状态响应时 τ_L 的物理含义。

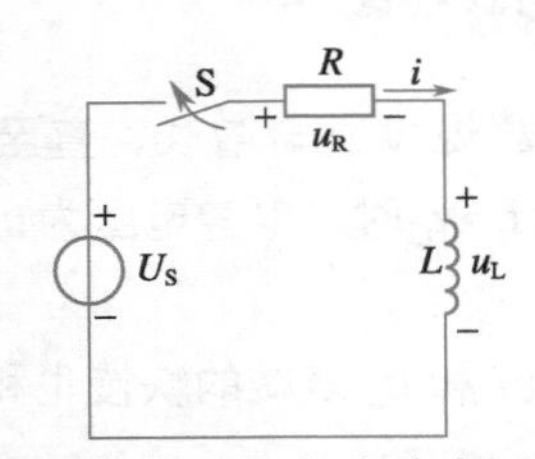

图 9.17　RL 与直流电源接通

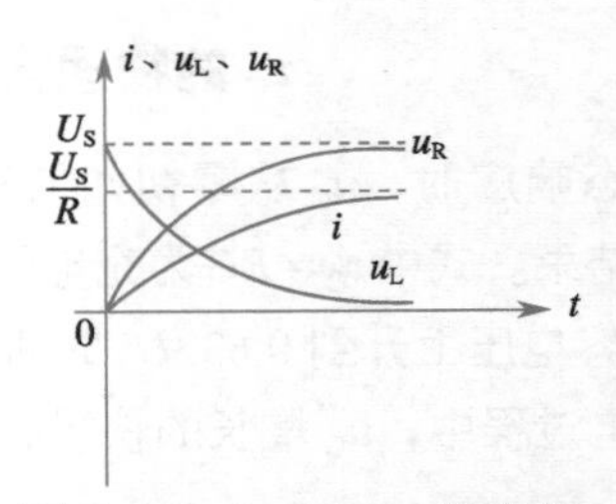

图 9.18　i、u_L、u_R 的曲线

【例 9.6】图 9.19（a）所示电路，已知 $U_S = 18V$，$R_1 = 6\Omega$，$R_2 = 4\Omega$，$R_3 = 1.2\Omega$，$L = 10H$，开关 S 闭合前电路无储能，求开关 S 闭合后的 i、u_L。

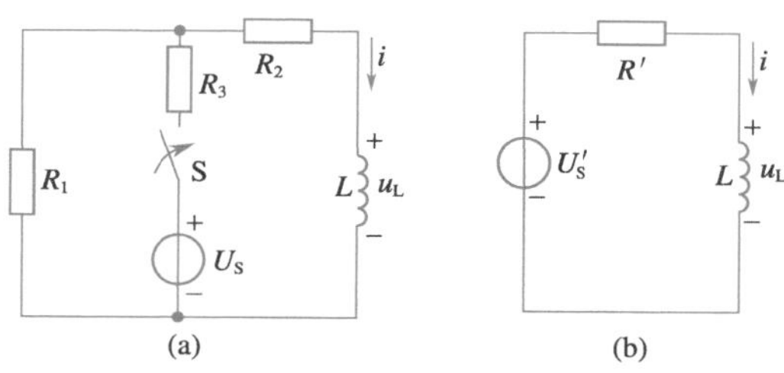

图 9.19　例 9.6 图

解：求 L 两端的戴维南等效电路如图 9.19（b）

其中

$$U'_S = \frac{R_1}{R_1+R_3}U_S = \frac{6}{6+1.2}\times 18 = 15V$$

$$R' = \frac{R_1R_3}{R_1+R_3} + R_2 = \frac{6\times 1.2}{6+1.2} + 4 = 5\Omega$$

电路的时间常数为

$$\tau_L = \frac{L}{R'} = \frac{10}{5} = 2s$$

由零状态响应方程得

$$i = \frac{U'_S}{R'}(1-e^{-\frac{t}{\tau_L}}) = \frac{15}{5}(1-e^{-\frac{t}{2}}) = 3(1-e^{-0.5t})\,A$$

$$u_L = U'_S e^{-\frac{t}{\tau_L}} = 15e^{-0.5t}\,V$$

练一练

1. 电路如图 9.20 所示，$u_C(0_-) = 0$，$t = 0$ 时开关闭合，则 $t \geqslant 0$ 时，$u_C(t)$ 为（　　）。

A. $1 - e^{-0.5t}V$　　B. $1 + e^{-0.5t}V$　　C. $1 - e^{-2t}V$　　D. $1 + e^{-2t}V$

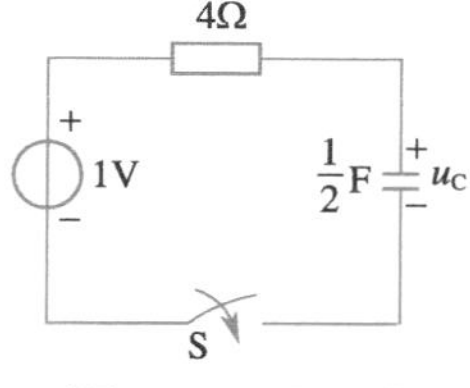

图 9.20　题 1 图

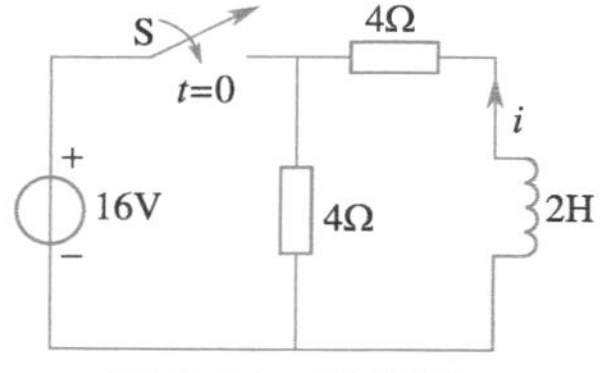

图 9.21　题 2 图

2. 图示 9.21 电路，原已达到稳定状态，$t=0$ 时，闭合开关 S，则 $t>0$ 时，电流 i 为（　　）。

A. $4e^{-2t}A$　　B. $4e^{-t/2}A$　　C. $4(1-e^{-2t})A$　　D. $4(1-e^{-t/2})A$

3. 一阶电路中，是否时间常数越大，过渡过程越快？

4. 若某一阶电路响应 $i(t) = 1 - \frac{1}{3}e^{-20t}$，试写出其零状态响应和零输入响应。

模块33 一阶电路分析方法

课前思考

① 什么是一阶电路的微分方程法?
② 一阶电路的三要素是指什么？写出其计算公式；
③ 试写出动态电路三要素法分析的步骤。

由于储能元件的伏安关系为微分或积分关系，因此暂态过程常需要微分方程来描述。只包含一个储能元件或者串并联化简后只包含一个储能元件的线性动态电路，常用一阶微分方程来描述。直流激励下，一阶电路的常用分析方法有：微分方程法和三要素法。

1. 微分方程法

前面模块无论是零状态响应还是零输入响应，都是通过基尔霍夫定律和电路的伏安关系，列写换路后的电路状态方程并求解，分析得出RC、RL电路的零输入响应和零状态响应，此方法称为微分方程法。

当一阶电路的初始条件不为零，且又有电源作用，此时电路的响应称为一阶电路的全响应，下面以微分方程法来分析RC电路全响应。

在图9.13所示电路中，设开关S闭合前电容器已充电至U_0，则有$u_C(0_+)=u_C(0_-)=U_0$解此电路微分方程得初始条件不为零同时又有电源作用下电容电压u_C随时间的变化规律，即电路全响应为

$$\left.\begin{aligned} u_C &= U_S+(U_0-U_S)e^{-\frac{t}{\tau_C}} \text{ —— (1)} \\ u_C &= U_0e^{-\frac{t}{\tau_C}}+U_S(1-e^{-\frac{t}{\tau_C}}) \text{ —— (2)} \end{aligned}\right\} \quad (9\text{-}7)$$

u_C由两部分组成，其中公式（1）第一项为电路的稳态分量，第二项为电路的暂态分量。即

全响应＝稳态分量＋暂态分量

公式（2）第一项便是零输入响应，第二项则是零状态响应。即

全响应＝零输入响应＋零状态响应

这是一个重要的概念，即初始条件不为零且又有电源作用，电路的过渡过程可以视为零输入和零状态两个响应的叠加。

同理可得RL电路的全响应见公式，可视为稳态分量与暂态分量的叠加，也视为零输入响应和零状态响应的叠加。

$$\left.\begin{aligned} i_L &= \frac{U_S}{R}+(I_0-\frac{U_S}{R})e^{-\frac{t}{\tau_L}} \text{ —— (1)} \\ i_L &= I_0e^{-\frac{t}{\tau_L}}+\frac{U_S}{R}(1-e^{-\frac{t}{\tau_L}}) \text{ —— (2)} \end{aligned}\right\} \quad (9\text{-}8)$$

2. 三要素法

微课－三要素法

一阶电路的过渡过程中，各处的电压、电流都从初始值开始，按指数规律逐渐增加或逐渐衰减并到达稳态，其增大或衰减的速度由电路的时间常数决定。因此，只要确定初始值、稳态值和时间常数，就能写出其动态过程的解，此即为一阶电路的三要素法。运用这个方法，并不需要列出电路的微分方程，只需要求出有关的三个物理量就可以分析电路的响应。

若一阶电路的过渡过程中的电压、电流用 $f(t)$ 来表示，其初始值、稳态值和时间常数分别用 $f(0_+)$、$f(\infty)$ 和 τ 表示，则一阶电路过渡过程的解的形式为

$$f(t)=f(\infty)+[f(0_+)-f(\infty)]\,e^{-\frac{t}{\tau}} \tag{9-9}$$

解题时，应分别求出三个要素，然后写出电路的总响应。以上讨论的是在直流电源作用下的一阶电路的全响应。如果激励是正弦交流，其分析方法与前面基本相同。

温馨提示

三要素解题步骤如下：

① 求初始值 $f(0_+)$；

② 求稳态值 $f(\infty)$，可由换路后 $t=\infty$ 时刻的等效电路来求出。对于直流电路，电容相当于开路，电感相当于短路，各支路及各元件电流、电压的稳态值，均由电路的基本定律确定；

③ 求时间常数 τ。

对于 RC 电路，$\tau=RC$；对于 RL 电路，$\tau=\dfrac{L}{R}$，这里的 R 是指一阶电路换路后，电源不作用的情况下，C 或 L 两端的等效电阻，可用戴维南定理计算。

通过上述分析，可得分析计算 L、C 元件初始值和稳态值时的等效电路，见表 9-2 所示。

表 9-2　L、C 元件确定初始值和稳态值时的等效电路

元件	初始状态	$t=0_+$ 时	$t=\infty$ 时
电容	$u_C(0_-)=0$		开路
	$u_C(0_-)=U_0$	$u_C(0_+)=U_0$	
电感	$i_L(0_-)=0$		短路
	$i_L(0_-)=I_0$	$i_L(0_+)=I_0$	

下面通过例题来详细说明三要素法的应用。

【例 9.7】图 9.22 所示的电路中，当 $t=0$ 时换路。若换路前电容没有储能。试用三要素法求 $u_C(t)$ 和 $i(t)$。

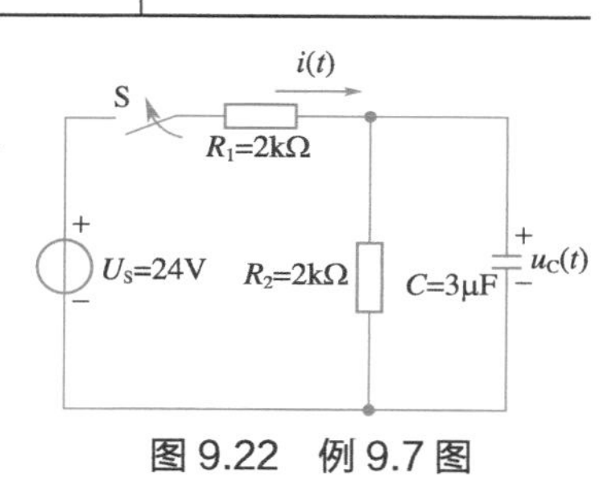

图 9.22　例 9.7 图

解：（1）求初始值 $u_C(0_+)$ 和 $i(0_+)$

由换路定律得

$$u_C(0_+)=u_C(0_-)=0$$

画 $t=0_+$ 时的等效电路如图 9.23（a）所示，则

$$i(0_+)=\frac{U_S}{R_1}=\frac{24}{2}=12\ \text{mA}\text{（此时 }R_2\text{ 的端电压为 0）}$$

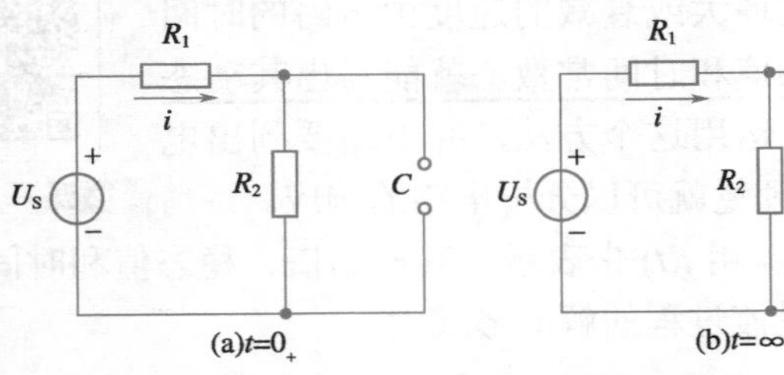

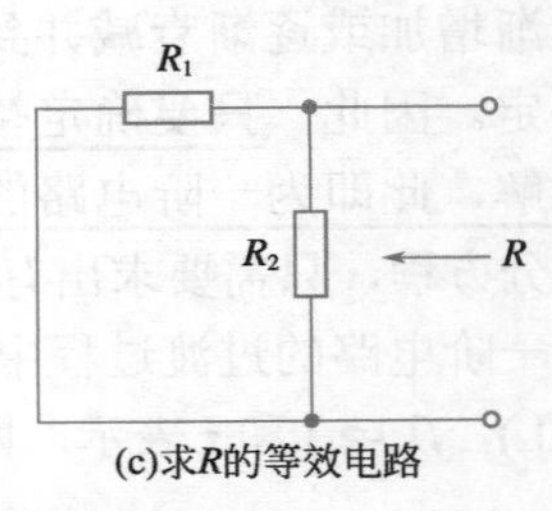

图 9.23　$t=0^+$ 及 $t=\infty$ 时等效电路图及无源等效电路

（2）求稳态值 $u_C(\infty)$ 和 $i(\infty)$

画出 $t=\infty$ 时的等效电路如图 9.23（b）所示，则有

$$u_C(\infty)=\frac{R_2}{R_1+R_2}\cdot U_S=\frac{2}{2+2}\times 24=12\ \text{V}$$

$$i(\infty)=\frac{U_S}{R_1+R_2}=\frac{24}{2+2}=6\ \text{mA}$$

（3）求时间常数 τ。画出求 R 的等效电路如图 9.23（c）所示，则

$$R=\frac{R_1R_2}{R_1+R_2}=\frac{2\times 2}{2+2}=1\,\text{k}\Omega$$

$$\tau=RC=1\times10^3\times3\times10^{-6}=3\text{ms}$$

（4）求电容电压 $u_C(t)$ 和电流 $i(t)$

$$u_C(t)=u_C(\infty)+[u_C(0_+)-u_C(\infty)]\,e^{-\frac{t}{\tau}}=12-12e^{-\frac{1}{3}\times10^3t}\ \text{V}$$

$$i(t)=i(\infty)+[i(0_+)-i(\infty)]\,e^{-\frac{t}{\tau}}=6+6e^{-\frac{1}{3}\times10^3t}\ \text{mA}$$

【例 9.8】图 9.24 所示的电路中，$R_1=R_2=R_3=2\Omega$，$C=1.5\text{F}$，$U_S=6\text{V}$。电路处于稳态，$t=0$ 时开关 S 由“1”合向“2”。试用三要素法求 $u_{R_2}(t)$。

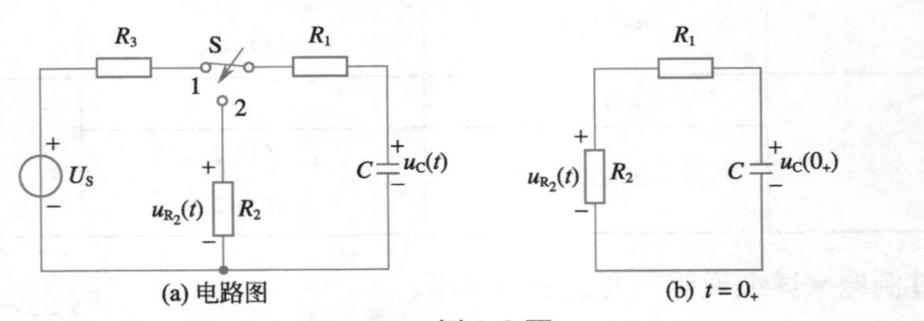

图 9.24　例 9.8 图

解：由图 9.24（a）可得　　　$u_C(0_+)=u_C(0_-)=6\text{V}$

由图 9.24（b）可得　$u_{R_2}(0_+)=\dfrac{R_2}{R_1+R_2}u_C(0_+)=\dfrac{2}{2+2}\times6=3\text{V}$

$$u_{R_2(\infty)}=0$$

$$\tau=(R_1+R_2)C=(2+2)\times 1.5=6\,\mathrm{s}$$

$$u_{R_2}(t)=u_{R_2}(0_+)e^{-\frac{t}{\tau}}=3e^{-\frac{t}{6}}\mathrm{V}$$

【例 9.9】图 9.25 所示电路，开关 S 在 $t=0$ 时由位置“1”合向“2”，换路前，电路已稳定。试求换路后的 $i_L(t)$ 和 $i(t)$。

解：（1）求初始值 $i_L(0_+)$ 和 $i(0_+)$。

由换路前稳定电路和换路定则可求得 $i_L(0_+)=i_L(0_-)=-\dfrac{3}{1+\dfrac{1\times 2}{1+2}}\times\dfrac{2}{1+2}=-1.2\,\mathrm{A}$

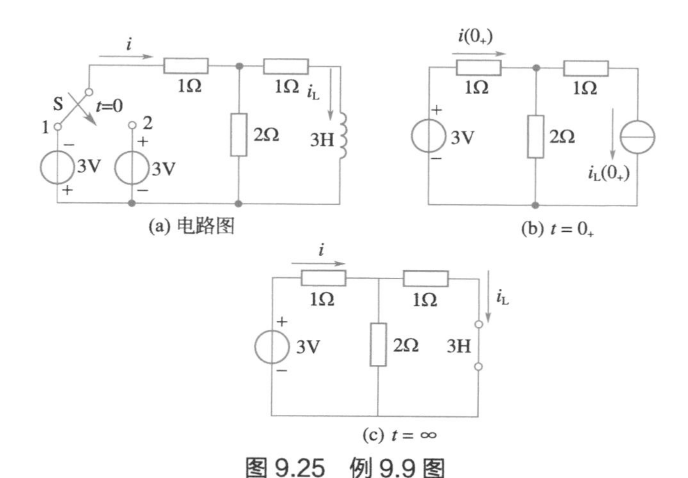

图 9.25　例 9.9 图

画 $t=0_+$ 时的等效电路如图 9.25（b）所示，由 KVL 得

$$1\times i(0_+)+2\times[i(0_+)-i_L(0_+)]=3$$

$$i(0_+)=0.2\mathrm{A}$$

（2）求稳态值 $i_L(\infty)$ 和 $i(\infty)$。

画出 $t=\infty$ 时的等效电路如图 9.25（c）所示，则有

$$i(\infty)=\frac{3}{1+\dfrac{2\times 1}{2+1}}=1.8\,\mathrm{A}$$

$$i_L(\infty)=1.8\times\frac{2}{2+1}=1.2\mathrm{A}$$

（3）求时间常数 τ。

$$\tau=\frac{L}{R}=\frac{3}{1+\dfrac{2\times 1}{2+1}}=1.8\,\mathrm{s}$$

（4）求 $i_L(t)$ 和 $i(t)$。

$$i_L(t)=i_L(\infty)+[i_L(0_+)-i_L(\infty)]e^{-\frac{t}{\tau}}=1.2+(-1.2-1.2)e^{-\frac{t}{1.8}}=1.2-2.4e^{-0.56t}\text{A}$$

$$i(t)=i(\infty)+[\,i(0_+)-i(\infty)]\,e^{-\frac{t}{\tau}}=1.8+(0.2-1.8)\,e^{-\frac{t}{1.8}}=1.8-1.6\,e^{-0.56t}\text{A}$$

练一练

1. 一阶电路的三要素是指什么？写出其计算公式。
2. 某电路的电流为 $i_L(t)=10+2e^{-10t}$A，试问它的三要素各为多少？
3. 图 9.26 所示电路，$t=0$ 时开关打开，求 $i_L(0^+)$、$i_2(0^+)$、$i_L(\infty)$、$i_2(\infty)$ 和 τ。
4. 求图 9.27 所示电路的时间常数。

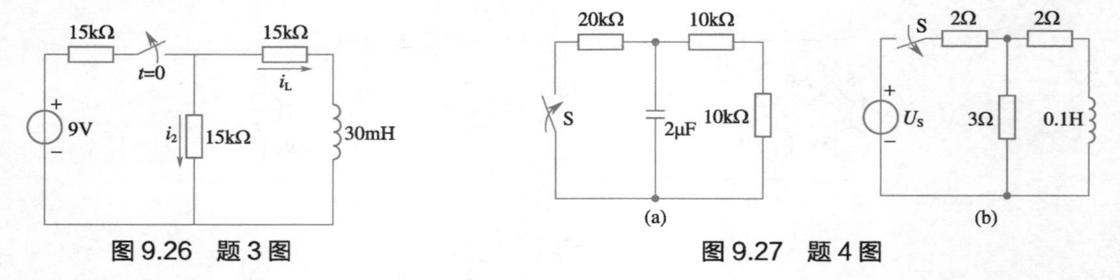

图 9.26　题 3 图　　图 9.27　题 4 图

知识拓展

测量完电压何时断开电压表？

——电路中操作过电压的预防

综上可见，电路在过渡过程中可能产生比稳态状态时大得多的过电压和过电流，过电压严重地威胁着电气设备的绝缘，过电流所产生的电磁力将会使电气设备造成机械损坏，案例如下：

图 9.28 测量电路中若电流表内阻为 $R_A=0.05\Omega$，电压表的内阻为 $R_V=10\text{k}\Omega$，电感 $L=5$H。开关断开前电路稳态，电感等效为导线，此时电流表 4A，电压表 10V。开关 S 在 $t=0$ 时打开，则电压表 $u_V(0_+)=-40$kV。可见，在换路瞬间电压表的电压从 10V 突变到 40kV，造成电压表烧坏。因此，这种情况应先拆除电压表，然后再断开电路。此外，电感两端产生的高压还会击穿断开的空气，产生火花放电，烧坏开关触头；或者破坏线圈本身的绝缘。所以在实际应用中需采取保护措施，例如采用有防护罩的开关，或增加保护环节。

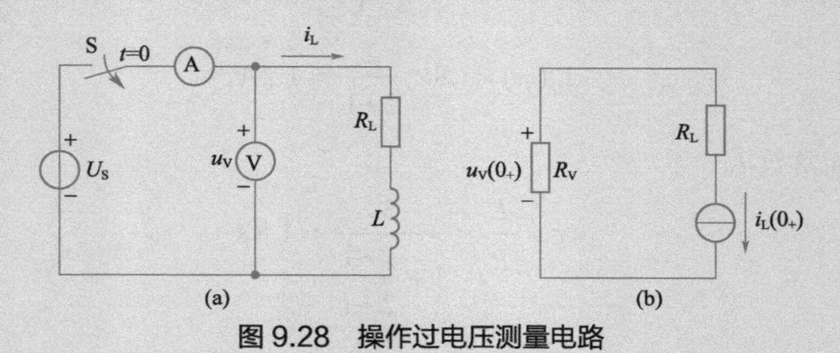

图 9.28　操作过电压测量电路

以上现象为操作所引起的暂态电压升高，称操作过电压。如果系统的电感电容参数配合不当，还会出现持续时间很长的谐振现象及其电压升高，此为谐振过电压；此外，雷电还有过电压现象。

工程中有很多电路始终处在过渡过程中工作，掌握过渡过程可以为设计、制造、选择、整定各种自动控制电路中的电器、保护装置以及其他电气设备提供理论依据。

习题

9.1　图 9.29 所示电路，换路前已处于稳态。$t=0$ 时换路，求初始值 $i(0_+)$、$u(0_+)$、$u_C(0_+)$ 和 $i_C(0_+)$。

9.2　图 9.30 电路中，$U_S=100V$，$R_1=30\Omega$，$R_2=20\Omega$，求 $u_C(0_+)$、$i_C(0_+)$、$u_C(\infty)$ 和 $i_C(\infty)$。

9.3　图 9.31 电路中，$U_S=10V$，$R_1=2\Omega$，$R_2=8\Omega$，求 $i_L(0_+)$、$i(0_+)$、$u_L(0_+)$ 和 $i_L(\infty)$、$i(\infty)$、$u_L(\infty)$。

9.4　图 9.32 电路中，$U_S=10V$，$R_1=2k\Omega$，$R_2=3k\Omega$，$C=1\mu F$，电路原处于稳态，在 $t=0$ 时换路，求 u_C、i_C 和 u_{R1}。

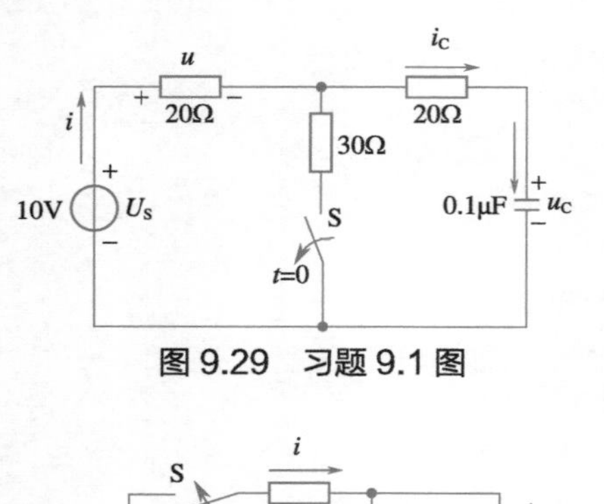

图 9.29　习题 9.1 图

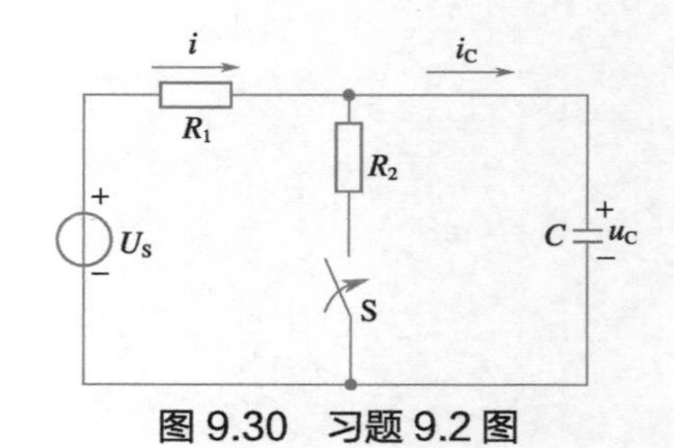

图 9.30　习题 9.2 图

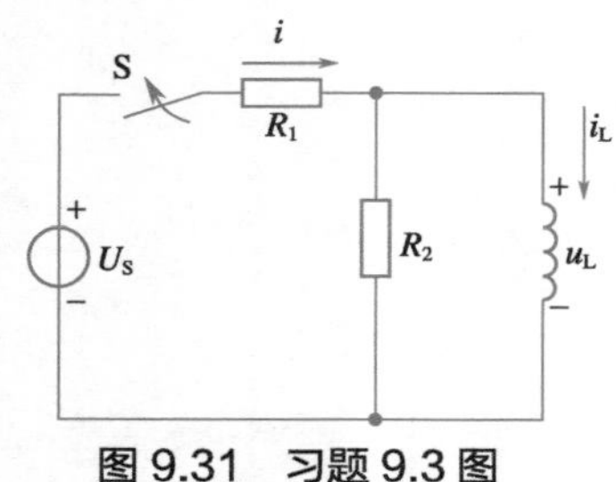

图 9.31　习题 9.3 图

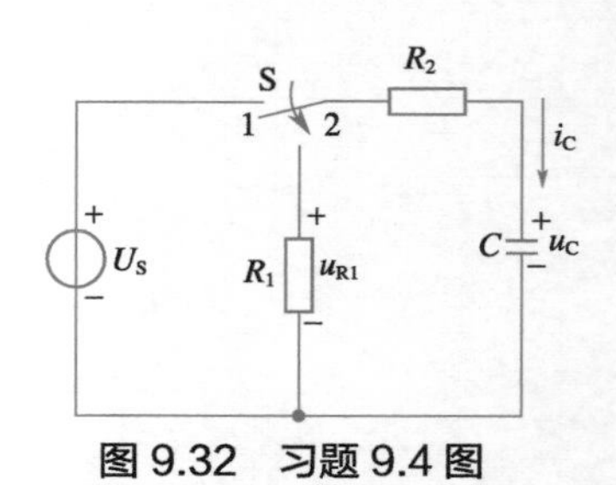

图 9.32　习题 9.4 图

9.5　如图 9.33 所示的电路，电容已被充电到 20V，$R_1=R_2=400\Omega$，$R_3=800\Omega$，$R_4=600\Omega$，$C=50\mu F$，求换路后经过多少时间，放电电流下降到 5mA、1mA。

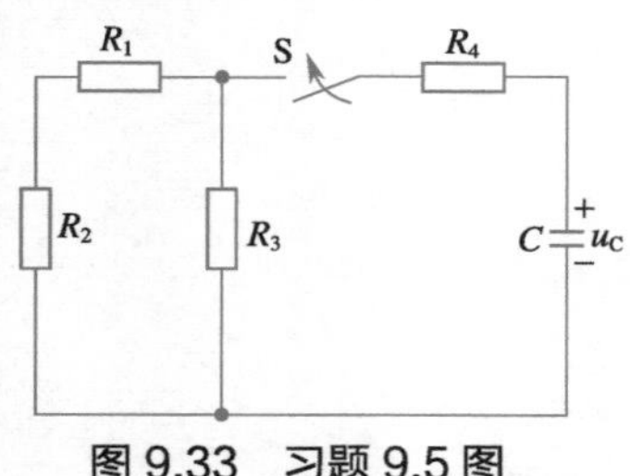

图 9.33　习题 9.5 图

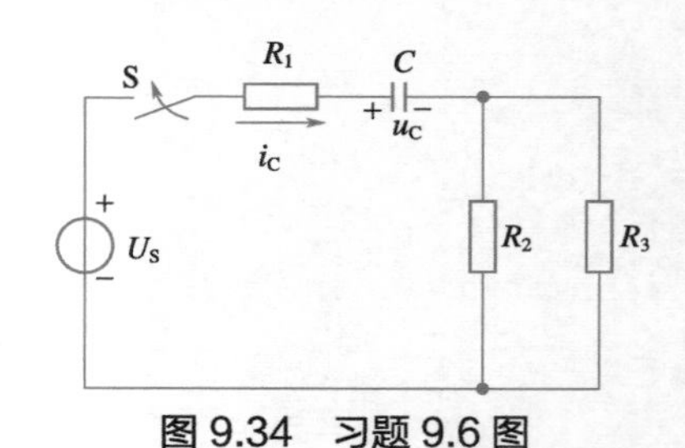

图 9.34　习题 9.6 图

9.6　图 9.34 电路中，$U_S=12V$，$R_1=R_2=R_3=10k\Omega$，$C=2\mu F$，换路前电容未充电，求 u_C、i_C。

9.7　图 9.35 电路中，$U_S=6V$，$R_1=R_2=6k\Omega$，$L=2mH$，电路原处于稳态，$t=0$ 时换路，求 i_L。

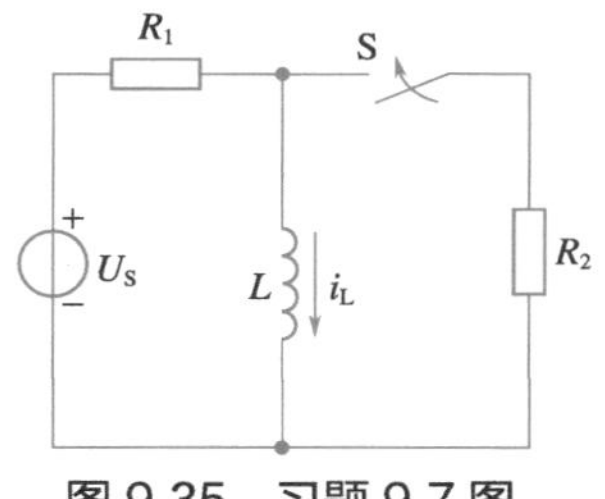

图 9.35　习题 9.7 图

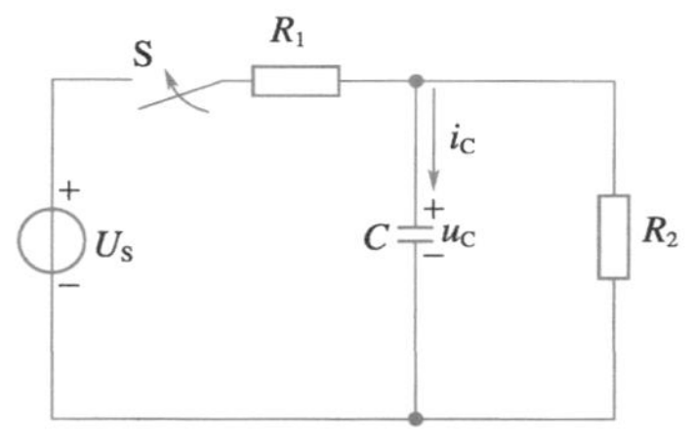

图 9.36　习题 9.8 图

9.8　图 9.36 所示的电路中，$U_S = 10V$，$R_1 = 10\Omega$，$R_2 = 30\Omega$，$C = 4\mu F$，换路前电容未充电，求 u_C、i_C。

9.9　在图 9.37 所示的电路中，已知 $U_{S1} = 12V$，$U_{S2} = 9V$，$R_1 = 6\Omega$，$R_2 = 3\Omega$，$L = 1H$，试用三要素法求 i_1、i_2 及 i_L。

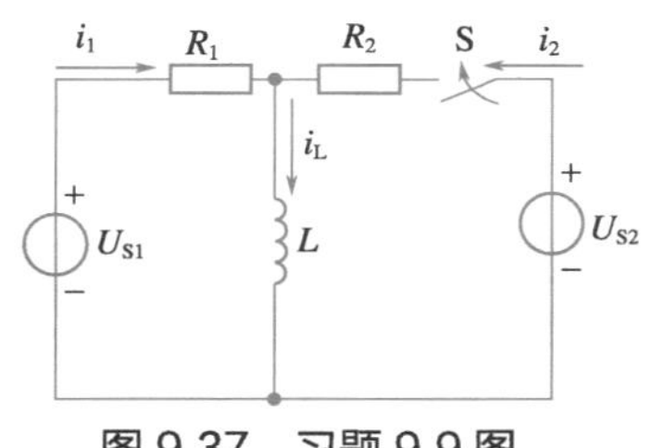

图 9.37　习题 9.9 图

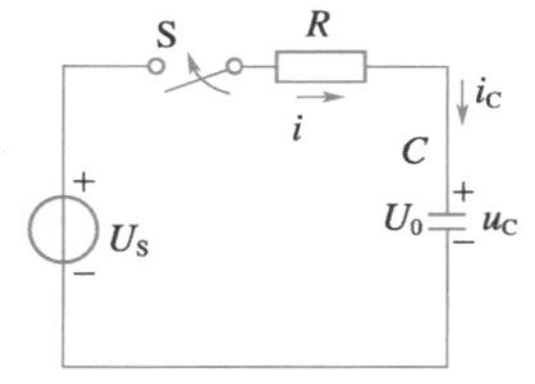

图 9.38　习题 9.10 图

9.10　在图 9.38 所示的电路中，开关 S 闭合前电容已充有电压 $u_C(0_-) = U_0 = 4V$，已知 $U_S = 12V$，$R = 1\Omega$，$C = 5\mu F$，试用三要素法求开关 S 闭合后 u_C、i_C，并绘出曲线。

第10单元

电气安全与电工基本操作

单元导读

电力作为一种最基本的能源，是国民经济和广大人民日常生活不可缺少的东西，由于电本身看不见，具有潜在的危险性。只有掌握了用电的基本规律，熟练使用电工工具和仪表，按操作规程办事，电才能很好地为人民服务。否则，有可能造成严重后果，导致人身触电、电气设备损坏，甚至引起重大火灾等。

所以，必须高度重视用电安全问题，同时也要学会使用常用的电工工具及仪表，掌握基本的电工操作规程和操作技能。

专业词汇

中性接地——neutral grounding
安全用电——safe use of electricity
触电——electric shock
跨步电压——step voltage
电工刀——electrical knife
活络扳手——adjustable spanner
验电器——electroscope
钢丝钳——wire-cutter
尖嘴钳——needle nose pliers
剥线钳——wire stripper
压接钳——crimping pliers
工作接地——operational earthing
保护接地——protective earthing
人工呼吸—— artificial respiration
胸外按压——chest compressions
斜口钳——oblique pliers
万用表——multimeter
兆欧表——megameter
钳形电流表——clamp ammeters.
电源插座——electrical socket.
漏电保护器——leakage protector
电能表——electric energy meter

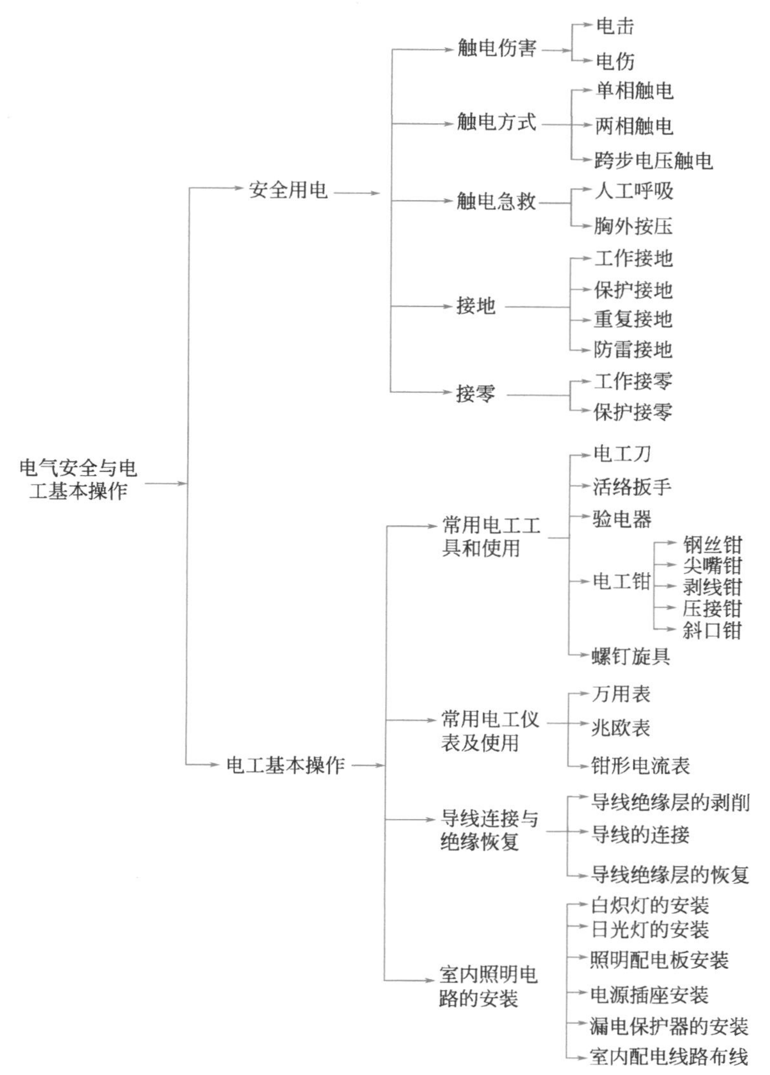

模块 34　触电的方式与急救方法

① 触电的方式有几种?

② 电击主要造成内伤还是外伤?

③ 急救需注意哪些方面?

“电”作为工业化生产的动力转换能量，它可以方便生活，提高工作效率，所以人们离不开电。但怎样安全用电，不是所有人都知道，即使专业人员也有触电的情况。所以，对于为什么会触电，需要了解以下内容。

1. 触电原理

触电是人体触及带电体或带电体与人体之间电弧放电时，电流经过人体流入大地或是进入其他导体构成回路的现象。人被电死是因为人体内有电流通过，从而干扰人体神经传导的生物电，使得大脑对机体失去控制，或者感受到异常刺激后，对肌肉和各器官发出错误的命令。

微课 - 触电的方式与急救方法

人触电后都将要威胁触电者的生命安全，其危险程度主要和下列因素有关：

① 通过人体的电流：电流越大，人的生理反应越强烈，伤害越大；

② 电流作用时间的长短；

③ 频率的高低：30 ～ 300Hz 的交流电危害最大。

此外，还跟通过人体的电压；电流通过人体的途径；个人体质情况和人体电阻大小有关。

2. 触电事故种类

按照触电事故的构成方式，触电事故可分为电击和电伤。

（1）电击

电击是电流对人体内部组织的伤害，是最危险的一种伤害，绝大多数（大约 85% 以上）的触电死亡事故都是由电击造成的。电击的主要特征有：

① 伤害人体内部。

② 在人体的外表没有显著的痕迹。

③ 致命电流较小。

（2）电伤

电伤是电流的热效应、化学效应、光效应或机械效应对人体造成的伤害。尽管大约 85% 以上的触电死亡事故是电击造成的，但其中大约 70% 的含有电伤成分。电伤会在人体表面留下明显伤痕，主要包括以下几种：

① 电烧伤：电流灼伤（与带电体接触造成）和电弧烧伤（弧光放电造成）。

② 皮肤金属化：金属微粒渗入皮肤。

③ 电烙印：人体触电部分留下永久性斑痕。

④ 机械性损伤：触电时电流作用于人体导致的机体组织断裂、骨折等伤害。

⑤ 电光眼：产生弧光放电时，由红外线、可见光、紫外线对眼睛造成伤害。

触电事故往往还会伴随着其他的伤害。如高空作业时引起的坠落摔伤；水中作业时引起的溺水死亡等。

3. 触电方式

一般触电事故都是人直接或间接与导电体接触而造成的，下面介绍几种常见的触电方式。

（1）单相触电

当人体直接碰触带电设备其中的一相时，电流通过人体流入大地，这种触电现象称之为单相触电，如图 10.1 所示。对于高压带电体，人体虽未直接接触，但由于超过了安全距离，高电压对人体放电，造成单相接地而引起的触电，也属于单相触电。

动画 - 单相触电

（2）两相触电

两相触电是指人体两处同时触及两相带电体（三根相线中的两根）所引起的触电事故。发生两相触电时，电流从一相导体通过人体流入另一相导体，构成一个闭合回路。如图 10.2 所示。

动画－两相触电

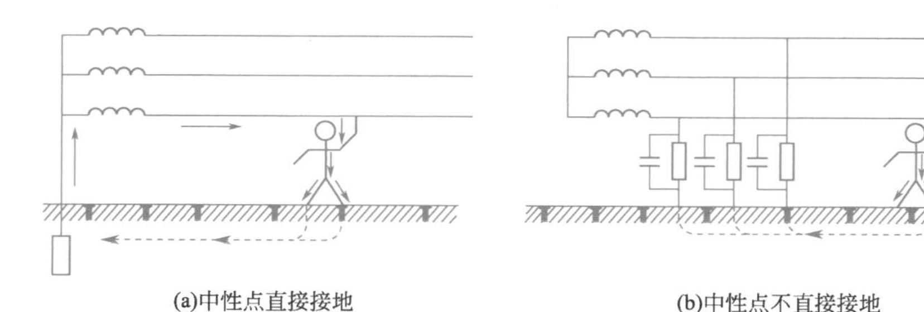

图 10.1　单相触电示意图

发生两相触电时，作用于人体上的电压等于线电压，这种触电是最危险的。

（3）电击跨步电压触电

当电气设备或线路发生接地故障时，接地电流通过接地体将向大地四周流散，这时在地面上形成分布电位，要 20m 以外，大地的电位才等于零。人假如在接地点周围（20m 以内）行走，其两脚之间就有电位差，这就是跨步电压。由跨步电压引起的人体触电，称为跨步电压触电，如图 10.3 所示。

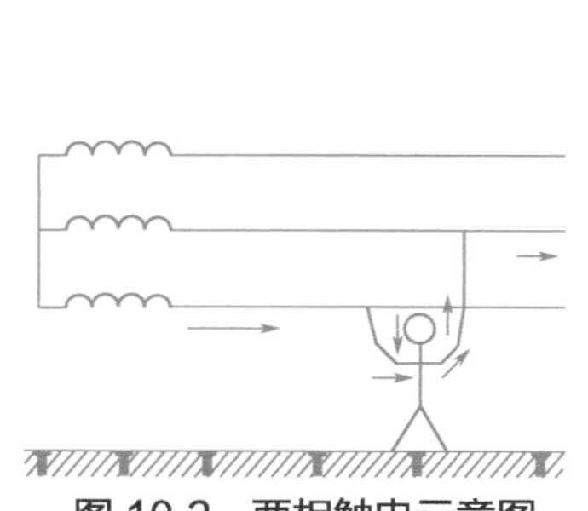

图 10.2　两相触电示意图

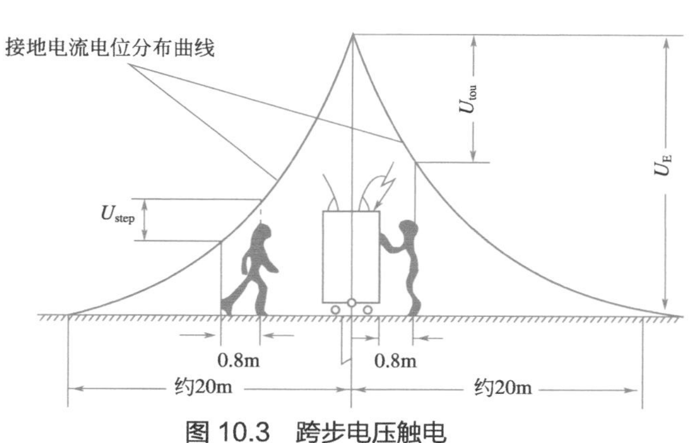

图 10.3　跨步电压触电

4. 触电急救

触电急救是生产经营单位所有从业人员必须掌握的一项基本技能，是电工从业的必备条件之一。触电急救必须做到：使触电者迅速脱离电源；分秒必争就地抢救；用正确的方法进行施救。

脱离电源是触电急救的首要任务，脱离低压电源的方法主要有：

① 就近拉闸断电；

② 切断电源线；

③ 挑开导线；

④ 拽触电者的衣服使其脱离电源；

⑤ 在触电者身体的下方垫上绝缘物质。

脱离高压电源的方法主要有：

① 立即电话通知供电部门拉闸停电；

② 可以拉开断路器停电；用绝缘棒拉开跌落式熔断器切断电源（非专业电工不可进行）；

③ 在非常情况下可以采用短路法使高压线路短路（非专业电工不可进行）。

当触电者脱离电源后，如果神志清醒，使其安静休息；如果严重灼伤，应送医院诊治；如果触电者神志昏迷，但还有心跳呼吸，应该将触电者仰卧，解开衣服，以利呼吸；周围的空气要流通，要严密观察，并迅速请医生前来诊治或送医院检查治疗。如果触电者呼吸停止，或心脏暂时停止跳动，但尚未真正死亡，要迅速对其人工呼吸和胸外按压。具体操作方法和步骤如下。

（1）人工呼吸法

适用于有心跳但无呼吸的触电者。

救护口诀：病人仰卧平地上，鼻孔朝天颈后仰，首先清理口鼻腔，然后松扣解衣裳，捏鼻吹气要适量，排气应让口鼻畅，吹二秒来停三秒，五秒一次最恰当。

（2）胸外按压法

适用于有呼吸但无心跳的触电者。

救护口诀：病人仰卧硬地上，松开衣扣解衣裳，当胸放掌不鲁莽，中指应该对胸膛，掌根用力向下按，压下一寸至半寸，压力轻重要适当，过分用力会压伤，慢慢压下突然放，一秒一次最恰当。

当触电者既无呼吸又无心跳时，可以采用人工呼吸法和胸外按压法进行急救，两者交替进行。触电急救要做到医生来前不等待，送医途中不中断。

练一练

1. 什么是触电？一旦发现有人触电，周围人员首先应怎么办？

2. 电灼伤是由于（　　）而造成的。

A. 电流的热效应或电弧和高温　　B. 电流的化学效应和机械效应

C. 被电流熔化金属微粒渗入皮肤表层　　D. 其他情况引起

3. 下列电流经过人体的路径中，最危险的是（　　）。

A. 两脚之间　　B. 左手到大脑　　C. 左手到前胸　　D. 从头到双脚

4. 若触电者有呼吸，无脉搏，下列急救措施中正确的是（　　）。

A. 架着触电者跑步促进心脏起搏　　B. 心肺复苏

C. 人工呼吸　　D. 胸外按压

5. 人体的某一部位碰到相线或绝缘性能不好的电气设备外壳时，电流由相线经人体流入大地的触电现象称单相触电，对吗？

6. 拉拽触电者脱离电源的过程，救护者应双手操作，使其快速脱离电源，对吗？

7. 对触电后无呼吸和心跳的触电者，经 1 小时以上心肺复苏急救后仍无效果的，可认定其死亡吗？

※模块 35　接地与接零

① 接地和接零的目的是什么?

② 同一系统中保护接地和保护接零能同时使用吗?

接地和接零的基本目的有两条，一是按电路的工作要求需要接地；二是为了保障人身和设备安全的需要。接地按照其作用分为工作接地、保护接地、重复接地和防雷接地；接零按照作用分为工作接零和保护接零。

1. 接地

接地包含工作接地、保护接地、重复接地和防雷接地四种。

（1）工作接地

为了保证电气设备的可靠运行，将电力系统中的变压器低压侧中性点接地称为工作接地，如图 10.4 所示。工作接地的作用有两点，一是减轻单相接地的危险性；二是稳定系统的电位，限制电压不超过某一范围，减轻高压窜入低压的危险。

动画 - 保护接地与保护接零

（2）保护接地

保护接地就是电气设备在正常运行的情况下，将不带电的金属外壳或构架用足够粗的金属线与接地体可靠地连接起来，以达到在相线碰壳时保护人身安全，这种接地方式就叫保护接地，如图 10.5 所示。对于保护接地电阻值的要求是：$R_0 < 4\Omega$。该接地方式是适用于三相电源中性点不接地的供电系统和单相安全电压的悬浮供电系统的一种安全保护方式。

微课 - 接地与接零

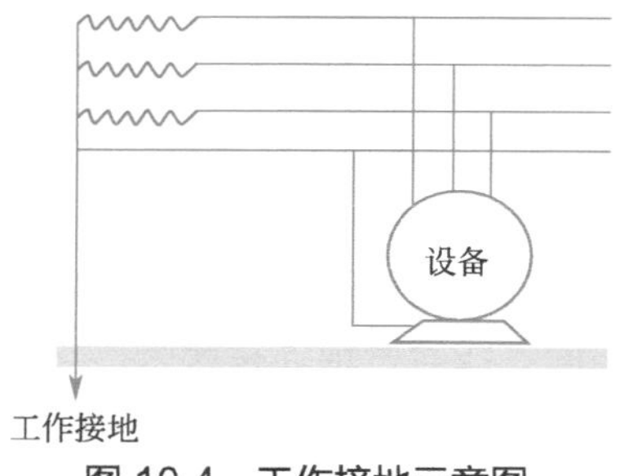

图 10.4　工作接地示意图

图 10.5　保护接地示意图

（3）重复接地

除运行变压器低压侧中性点接地外，零线（中线）上的一处或多处再另行接地称为重复接地，如图 10.6 所示，其中重复接地电阻满足 $R_c \leqslant 10\Omega$。

重复接地的作用：

① 能够降低漏电设备对地电压；

② 减轻零线断线的危险性；

③ 缩短故障时间；

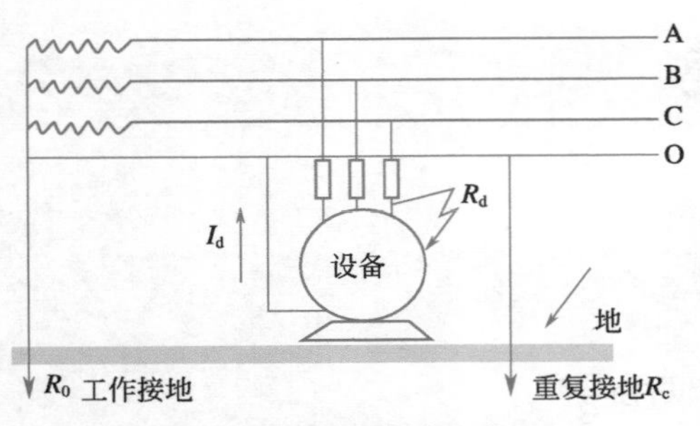

图 10.6　重复接地示意图

④ 改善防雷性能。

（4）防雷接地

为泄掉雷电流而设置接地装置称为防雷接地。防雷接地分为两个概念，一是防雷，防止因雷击而造成损害；二是静电接地，防止静电产生危害。

工厂防雷分为整体结构防雷，就是主厂房防雷，主要基础打接地极、接地带，形成一个接地网，接地电阻小于 10Ω。再与主厂房的钢筋或钢构的主体连接。水泥混凝土屋顶接避雷带或避雷针，墙外地面还得留有接地测试点，钢构应用镀锌扁铁直接引到屋顶。

防静电接地，如油管等，每隔（弯头）35m 就得有一处可靠接地（可系统也可独立），电阻小于 30Ω。

知识拓展

※ 电气的“地”

当外壳接地的电气设备发生碰壳短路或带电的相线断线触及地面时，电流就从电气设备的接地体或相线触地点向大地作球形流散，使其附近的地表面和土壤中各点之间出现不同的电压，距触地点越近的地方电压降越高。距触地点越远的地方电压降越低。这是因为靠近触地点的土层对接地电流具有较小的截面，呈较大的电阻，产生较大的电压降；距触地点越远的土层，导电截面越大，对电流阻力越小，电压降也越小。距触地点 20m 以外，几乎没有电压降，即电位已降至为零。

通常所说的电气上的“地”，就是指距触地点 20m 以外的地。

2. 接零

接零包含工作接零和保护接零两种。

（1）工作接零

工作接零是用电设备必需的，它是单相负荷必需的回路，如图 10.7 所示。

（2）保护接零

保护接零是为电气设备的安全运行在特定的场合特别为人的安全而设计的，就是电气设备在正常运行的情况下，将不带电的金属外壳或构架与电网的零线紧密地连接起来，这种接线方式就叫保护接零，如图 10.8 所示。万一某相线碰壳时，短路电流要比保护接地时大得多，使相线的熔丝熔断，以达到保护人身的安全。

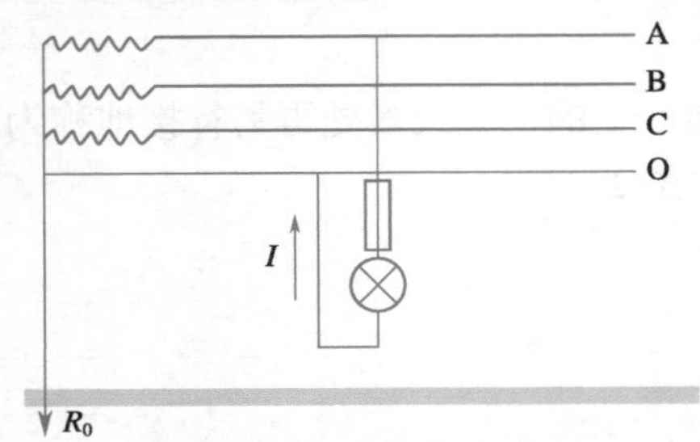

图 10.7　工作接零示意图

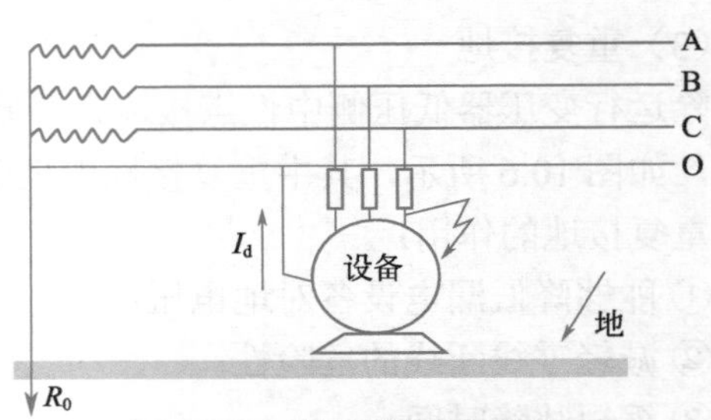

图 10.8　保护接零示意图

3. 保护接地与保护接零的相同点与不同点

它们都是维护人身安全的两种技术措施，虽也有相似的地方，但二者在本质上是不同的。

（1）不同点

① 保护原理不同　保护接地是限制设备漏电后的对地电压，使之不超过安全范围。在高压系统中，保护接地除限制对地电压外，在某些情况下，还有促使电网保护装置动作的作用；

保护接零是借助接零线路使设备漏电形成单相短路，促使线路上的保护装置动作，以及切断故障设备的电源。此外，在保护接零电网中，保护零线和重复接地还可限制设备漏电时的对地电压。

② 适用的范围不同　保护接地既适用于一般不接地的高低压电网，也适用于采取了其他安全措施（如装设漏电保护器）的低压电网；

保护接零只适用于中性点直接接地的低压电网。

③ 线路结构不同　保护接地，电网中可以无工作零线，只设保护接地线；

保护接零，则必须设工作零线，利用工作零线作接零保护。

保护接零线不应接开关、熔断器，当在工作零线上装设熔断器等开断电器时，还必须另装保护接地线或接零线。

（2）相同点

① 在低压系统中都是为了防止漏电造成触电事故的技术措施。

② 要求采取接地措施与要求采取接零措施的项目大致相同。

③ 接地和接零都要求有一定的接地装置，而且各接地装置的接地体和接地线的施工、连接都基本相同。

知识拓展

在同一配电系统中保护接地和保护接零不能混用

图 10.9 中，设备 A 采用的是保护接零，设备 B 采用的是保护接地，且同为一配电系统之中。当设备 B 发生碰壳时，电流通过 R_d 和 R_0 形成回路，电流不会太大，线路可能不会断开，但故障将长时间存在。这时，除了接触该设备的人员有触电的危险外，由于零线对地电压升高，致使所有与接零设备接触的人员都有触电的危险。因此，在同一配电系统中保护接地和保护接零不能混用。

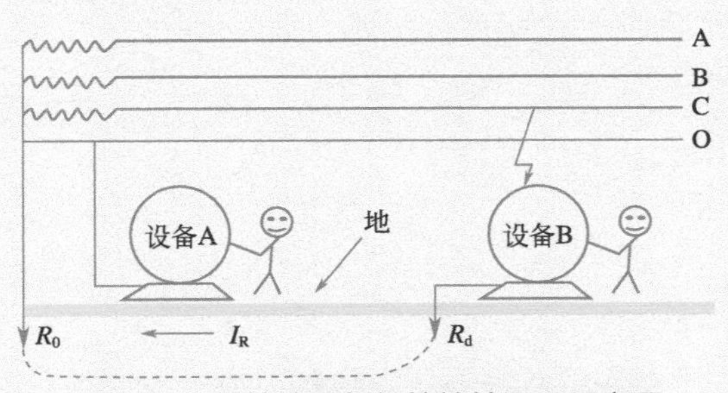

图 10.9　保护接零与保护接地混用示意图

练一练

1. 重复接地是如何减轻零线断线的危险性的？

2. 用电设备金属外壳接地是（　　）。

A. 工作接地　　B. 保护接地　　C. 无作用　　D. 兼有 A 和 B 功能

3.（　　）上决不允许装设熔断器及开关。

A. 零线　　B. 地线　　C. 相线　　D. 其他

4. 电动机、变压器、携带式或移动式用电器具的金属底座和外壳均需接地保护，对吗？

模块 36　常用电工工具及使用

① 常用的电工工具有哪些?
② 电工常用的钢丝钳、尖嘴钳、剥线钳等工具在使用时应如何选择?

常用的电工工具包括通用工具、线路安装工具、登高工具和设备装修工具等。正确使用这些工具，既能够提高工作效率和施工质量，又能减轻劳动强度，保证了操作安全和延长工具使用寿命。

电工常用器具指一般专业电工都要应用的常用工具和装备。它们有螺丝刀、钢丝钳、尖嘴钳、斜口钳、剥线钳、压线钳、扳手、电烙铁、镊子、测电笔及电工刀等。本书重点介绍验电器、电工钳、电工刀、螺丝旋具及活络扳手等。

1. 电工刀

电工刀也是电工常用的工具之一，是一种切削工具，其外形如图 10.10 所示。主要用于剥削导线绝缘层、剥削木榫等。多用电工刀有的还带有手锯和尖锥，用于电工材料的切割。

电工刀有一用、两用、多用刀，规格不等。1 号刀柄长度 115mm，2 号刀柄长度 105mm，3 号刀柄长度 95mm。电工刀的用途是割削 6mm^2 以上电线绝缘层、棉纱等。

图 10.10　电工刀外形图

2. 活扳手

活络扳手又叫活扳手，它是用来紧固和装拆旋转六角或方角螺钉、螺母的一种专用工具。

它由头部和柄部组成，头部由活络扳唇、呆扳唇、扳口、蜗轮和轴销等构成。旋动蜗轮可调节扳口的大小，以便在它规格范围内适应不同大小螺母的使用，其结构如图 10.11 所示。

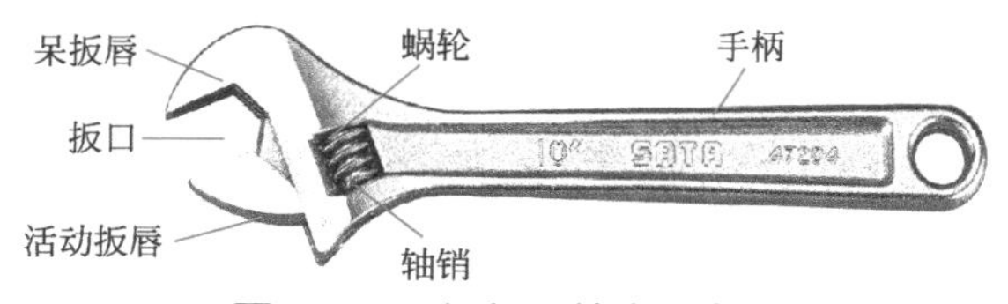

图 10.11　活扳手结构示意图

使用活扳手时，应按螺母大小选择适当规格的活扳手。扳大螺母时，常用较大力矩，所以手应握在手柄尾部，以加大力矩，利于扳动；扳小螺母时，需要的力矩不大，但容易打滑，手可握在靠近头部的位置，可用拇指调节和稳定蜗杆。活动扳手使用示意图如图 10.12 所示。

活络扳手规格用长度 × 最大开口宽度（mm）表示，常规规格一般有 4、6、8、10、12、15、18、24，常采用 CR-V 钢、碳钢、铬钒钢等材质。较常用的活络扳手有 150×19（6″）、200×24（8″）、250×30（10″）和 300×36（12″）等四种规格。前面的数表示扳手总长度，后面的数表示开口最大尺寸，单位为 mm。

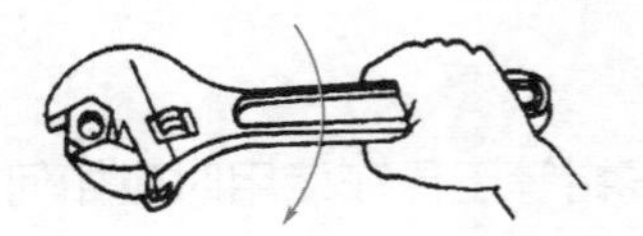

(a) 扳动较大螺母时的握法

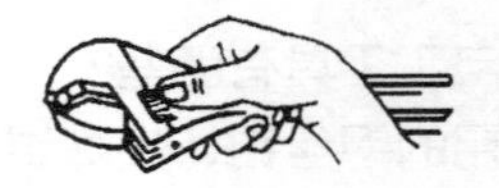

(b) 扳动较小螺母时的握法

图 10.12　活动扳手的使用

3. 验电器

验电器是检验导线和电气设备是否带电的一种电工常用工具，可分为低压验电器和高压验电器两类。

（1）低压验电器

维修电工使用的低压验电器又称测电笔（简称电笔），有钢笔式和螺丝刀式两种，它们由氖管、电阻、弹簧和笔身等组成，如图 10.13 所示。

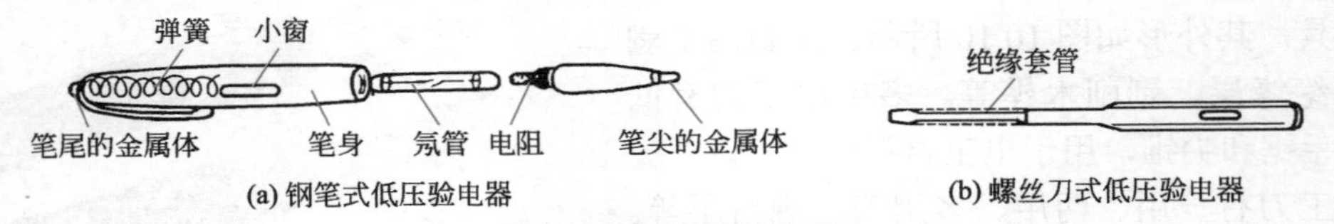

(a) 钢笔式低压验电器　　(b) 螺丝刀式低压验电器

图 10.13　低压验电器

当用电笔测试带电体时，带电体经电笔、人体到大地形成通电回路，只要带电体与大地之间电位差超过 60V 时，电笔中氖管就会发出红色的辉光。电笔在使用时需要按照图 10.14 所示正确姿势握妥。将笔尖触及被测物体，手指触及笔尾的金属体，并使氖管小窗背光朝自己，以便于观察。如氖灯发亮说明设备带电。灯愈亮则电压愈高，愈暗电压愈低。

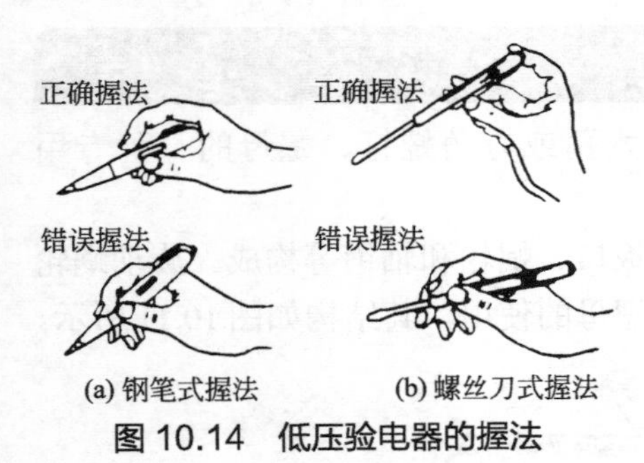

(a) 钢笔式握法　　(b) 螺丝刀式握法

图 10.14　低压验电器的握法

另外，低压验电器还有如下几个用途。

① 在 220V/380V 三相四线制系统中，可检查系统故障或三相负荷不平衡。无论是相间短路、单相接地、相线断线、三相负荷不平衡，中性线上均出现电压，若试电笔灯亮，则证明系统故障或负荷严重不平衡。

② 检查相线接地。在三相三线制系统 (Y 接线)，用试电笔分别触及三相时，发现氖灯二相较亮，一相较暗，表明灯光暗的一相有接地现象。

③ 用以检查设备外壳漏电。当电气设备的外壳 (如电动机、变压器) 有漏电现象时，则试电笔氖灯发亮；如果外壳原是接地的，氖灯发亮则表明接地保护断线或其他故障（接地良好氖灯不亮）。

④ 用以检查电路接触不良。当发现氖灯闪烁时，表明回路接头接触不良或松动，或是两个不同电气系统相互干扰。

⑤ 用以区分直流、交流及直流电的正负极。试电笔通过交流时，氖灯的两个电极同时发亮；试电笔通过直流时，氖灯的两个电极只有一个发亮。这是因为交流正负极交变，而直流正负极不变形成的。用试电笔测试直流电的正负极，氖灯亮的那端为负极。人站在地上，用试电笔触及正极或负极，氖灯不亮证明直流不接地，否则直流接地。

低压验电笔使用时还需注意防止金属体笔尖触及皮肤，以避免触电；同时防止金属体笔尖接触引起短路事故；试电笔只能用于 380V/220V 系统及试电笔使用前须在有电设备上验证是否良好等。

（2）高压验电器

高压验电器又称高压测电器，用来检查高压供电线路是否有电。

图 10.15 所示为 10kV 高压验电器外形图，它由金属钩、氖管、氖管窗、固紧螺钉、护环和把柄等组成。

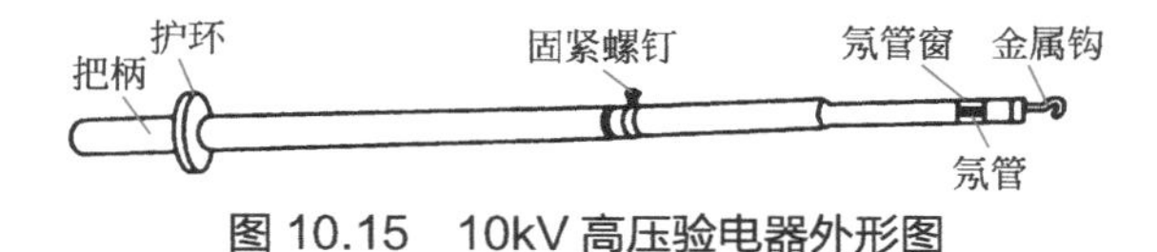

图 10.15　10kV 高压验电器外形图

因高压验电器检查对象为高压电路，故操作时应严格按照操作要求执行，尤其需要注意以下几点。

① 验电器在使用前，一定要进行测试，证明验电器确实良好方可使用。

② 使用高压验电器时手应放在把柄处，不得超过护环，如图 10.16 所示。

③ 检测时操作人员必须戴符合耐压要求的绝缘手套，身旁要有人监护，不可一个人单独操作。

④ 人体与带电体应保持足够的安全距离，检测 10kV 电压时安全距离为 0.7m 以上。

⑤ 检测时验电器应逐渐靠近被测线路，氖管正确的发亮，说明线路有电，氖管不亮，才可与被测线路直接接触。

⑥ 在室外使用高压验电器应注意气候条件，在雪、雨、雾及湿度比较大的情况下不能使用，以防发生危险。

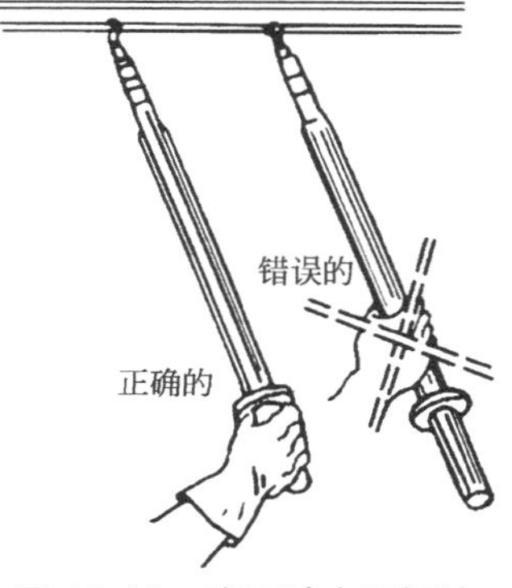

图 10.16　高压验电器握法

4. 电工钳

（1）钢丝钳

电工钢丝钳又称老虎钳。由钳头和钳柄两部分组成，钳头由钳口、齿口、刀口和铡口四部分组成，如图 10.17 所示。

钢丝钳的用途很多，钳口用来弯绞或钳夹导线线头；齿口用来紧固或起松螺母，刀口用来剪切导线或剖削软导线绝缘层，铡口用来切电线线芯、钢丝或铅丝等较硬金属。操作手法如图 10.18 所示。

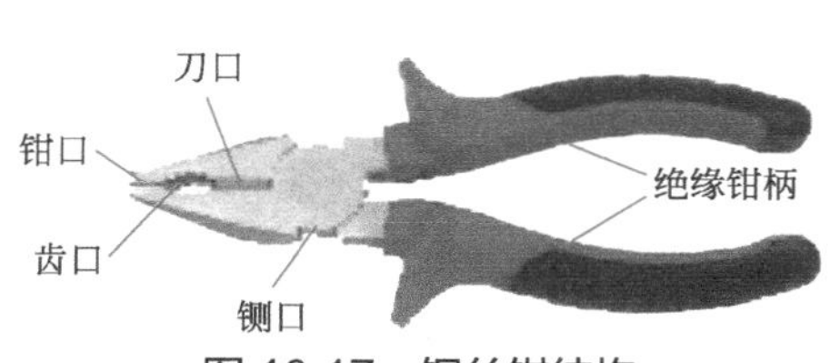

图 10.17　钢丝钳结构

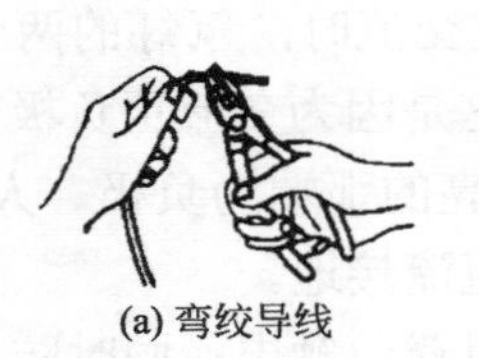
(a) 弯绞导线

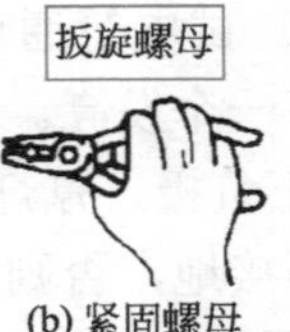

(b) 紧固螺母

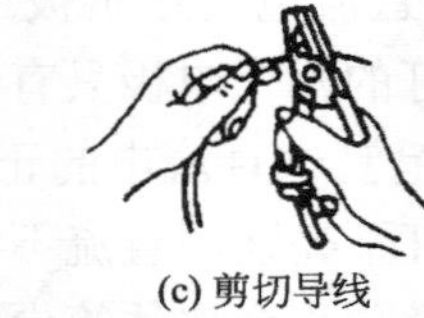
(c) 剪切导线

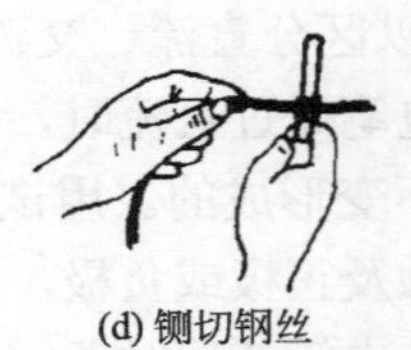
(d) 铡切钢丝

图 10.18　电工钢丝钳操作手法

使用电工钢丝钳需要注意以下安全知识。

① 使用电工钢丝钳以前，必须检查绝缘柄的绝缘是否完好。绝缘如果损坏，进行带电作业时会发生触电事故。

② 用电工钢丝钳剪切带电导线时，不得用刀口同时剪切相线和零线，或同时剪切两根相线，以免发生短路故障。

③ 钳头不可代替手锤作为敲打工具使用。

④ 钳头应防锈，轴销处应经常加机油润滑，以保证使用灵活。

（2）尖嘴钳

尖嘴钳如图 10.19 所示，它头部尖细，适应于狭小的工作空间或带电操作低压电气设备；尖嘴钳也可用来剪断细小的金属丝。它绝缘柄耐压值为 500V，其规格以全长表示，有 140mm 和 180mm 两种。其主要功能除了剪断导线或金属丝以外，在装接控制线路板时，还可将单股导线弯成一定圆弧的接线鼻子，并可夹持、安装较小螺钉、垫圈等。

（3）剥线钳

剥线钳是用于剥削小直径（一般 6mm^2 以下）导线绝缘层的专用工具，两种剥线钳外形图及结构如图 10.20 所示。它由钳头和手柄两部分组成，钳头由压线口和刀口构成，刀口具有 0.5 ～ 3mm 多个直径尺寸，手柄带有绝缘把，耐压 500V。使用时将要剥削的绝缘长度用标尺定好，可把导线放入相应的刃口中（比导线直径稍大），用手将钳柄一握，导线绝缘层即割破自动弹出。

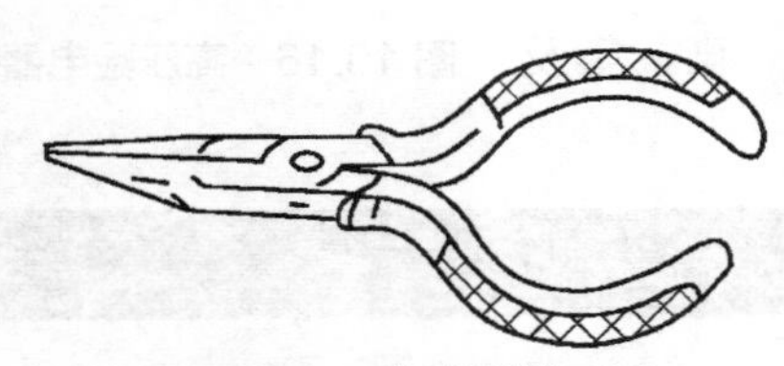
图 10.19　尖嘴钳外形图

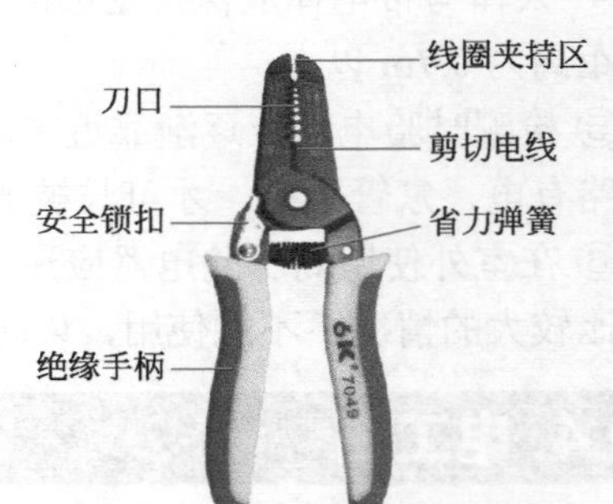

图 10.20　剥线钳结构示意图

使用时需要注意电线必须放在大于其芯线直径的切口上剥削，否则会切伤芯线；同时，带电操作之前，必须检查绝缘手柄的绝缘是否良好，以防发生触电事故。

（4）压接钳

用于压接导线的压接钳，其外形与剥线钳相仿，适于芯线截面为 0.2 ～ 6mm^2 软导线的端子压接。它主要由压接钳头和操作手柄组成，压接钳口带有一排 0.5 ～ 3mm 的多个直径压接口，其外形如图 10.21 所示。

用于压接电缆的压接钳，其体积较大，手柄较长，适用于芯线截面为 10 ～ 240mm^2 电缆的端子压接。其压接钳口镶嵌在钳头上，可自由拆卸，规格从 10 ～ 240mm，电缆芯线截面相对应。

压接钳实现端子压接，具有操作方便、连接良好等特点，是连接导线或端子的必备工具。选择合适的齿口，冷压端子放入齿口内即可完成。使用压接钳连接导线或电缆时，注意压接端子规格应与压接钳口的规格保持一致；同时，电缆压接钳型号较多，常见的有机械式和液压式，应按产品说明书操作使用。

（5）斜口钳

断线钳又称斜口钳，专供剪断较粗的金属丝、线材及电线电缆等用。外形图如图 10.22 所示。

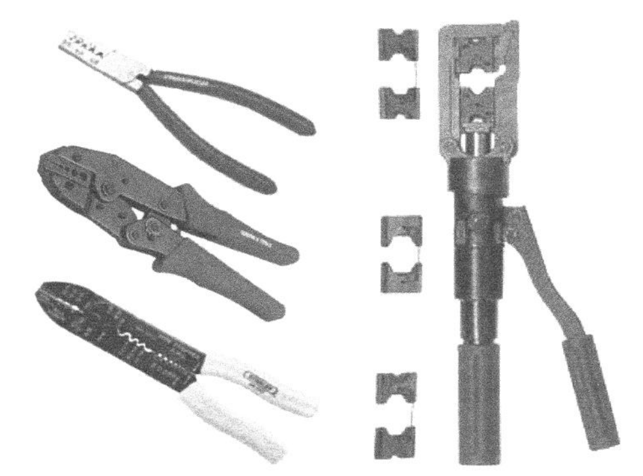

图 10.21　压接钳外形图

图 10.22　斜口钳外形图

5. 螺丝旋具

螺丝旋具俗称螺丝刀，又称“改锥”“起子”，是一种用来紧固或拆卸螺钉的工具。按头部形状不同可分为一字形和十字形。一字螺丝刀的型号表示为刀头宽度 × 杆长。例如 2×75mm，则表示刀头宽度为 2mm，杆长 75mm（非全长）。十字螺丝刀的型号表示为刀头大小 × 杆长。例如 2#×75mm，则表示刀头大小为 2 号，杆长为 75mm（非全长）。

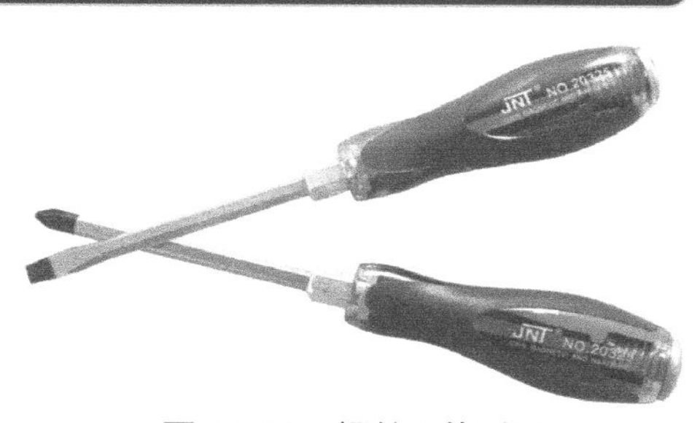

图 10.23　螺丝刀外形图

各类型螺丝刀形状如图 10.23 所示。

（1）螺丝刀基本使用方法

① 大螺丝刀一般用来紧固较大的螺钉。使用时，除大拇指、食指和中指要夹住握柄外，手掌还要顶住柄的末端，这样就可防止旋转时滑脱。

② 小螺丝刀一般用来紧固电气装置接线桩头上的小螺钉，使用时，可用大拇指和中指夹着握柄，用食指顶住柄的末端捻旋。

③ 使用较长螺丝刀可用右手压紧并转动手柄，左手握住螺丝刀的中间部分，以使螺丝刀不致滑脱，此时左手不得放在螺钉的周围，以免螺丝刀滑出时将手划破。

（2）螺丝刀使用注意事项

电工不可使用金属杆直通柄顶的螺丝刀，否则使用时很容易造成触电事故。使用螺丝刀紧固或拆卸带电的螺丝钉时，手不得触及螺丝刀的金属杆，以免发生触电事故。

练一练

1. 电工钳、电工刀、螺丝刀是常用电工基本工具，对吗？

2. 电工刀的手柄是无绝缘保护的，不能在带电导线或器材上剖切，以免触电，对吗？

3. 尖嘴钳 140mm 是指（　　）。

A. 总长度 140mm　　B. 绝缘手柄为 140mm　　C. 开口 140mm

4. 使用剥线钳时应选用比导线直径（　　）的刃口。

A. 稍大　　B. 相同　　C. 较大　　D. 稍小

模块 37　常用电工仪表及使用

① 常用的电工仪表有哪些?
② 电工常用的万用表及兆欧表在使用时应注意什么?
③ 钳形电流表如何使用及使用时应注意什么?

电工仪表是电气技术人员必备的工具，种类繁多，分类方法也很多，测量精度千差万别，其中以万用表、兆欧表、钳形电流表等使用较多。

1. 万用表

万用表是电工测量中最常用的多功能、多量限可携带式仪表，准确度不高，但使用方便。一般的万用表可测量电阻、直流电流、直流电压和交流电压，有的还可以测量交流电流、电容量、电感量及半导体的一些参数（如β）等。

万用表按显示方式分为指针万用表和数字万用表，它由表头、测量电路及转换开关等三个主要部分组成。其基本原理是利用一只灵敏的磁电式直流电流表（微安表）做表头，当微小电流通过表头，就会有电流指示。表头不能通过大电流，所以，必须在表头上并联与串联一些电阻进行分流或降压，从而测出电路中的电流、电压和电阻。

指针表测量值由表头指针指示读取，数字表由液晶显示屏直接以数字形式显示，读取方便，有些还带有语音提示功能。

动画－万用表的使用 2

动画－万用表的使用 1

（1）指针式与数字式万用表对比

指针式与数字式万用表各有优缺点。指针万用表是一种平均值式仪表，它具有直观、形象的读数指示，数字万用表是瞬时取样式仪表，它采用 0.3s 取一次样来显示测量结果，有时每次取样结果只是十分相近，并不完全相同，这对于读取结果就不如指针式方便。

指针式万用表一般内部没有放大器，所以内阻较小。数字式万用表由于内部采用了运放电路，内阻可以做得很大（即可以得到更高的灵敏度）。这使得对被测电路的影响可以更小，测量精度较高。

指针式万用表内部结构简单，所以成本较低，功能较少，维护简单，过流过压能力较强。数字式万用表内部采用了多种振荡，放大、分频保护等电路，所以功能较多。比如可以测量温度、频率（在一个较低的范围）、电容、电感，作信号发生器等等。

数字式万用表内部结构多用集成电路，过载能力较差，损坏后一般也不易修复。数字式万用表输出电压较低（通常不超过 1V），指针式万用表输出电压较高，电流也大，可以方便地测试晶闸管、发光二极管等。

对于初学者应当使用指针式万用表，对于非初学者应当使用两种仪表。

（2）指针式万用表使用步骤

① 机械调零。在表盘下有一个“一”字塑料螺钉，用一字螺钉旋具调整仪表指针到 0 位。

② 插孔选择要正确。测电流、电压、电阻时，红表笔插“+”孔，黑表笔插“-”孔。

③ 转换开关位置要选择正确(包括种类、量程)。

④ 测量电流。万用表应串联于被测电路中，并注意测直流电路时高电位接“+”红表笔，低电位接“-”黑表笔。

⑤ 测电压。万用表与被测电路并联，测直流电压时，高电位接红表笔，低电位接黑表笔。

⑥ 测量电阻。万用表与被测电路并联，每次换量程都要先进行欧姆调零，也叫电气调零，欧姆调零旋钮在四个插孔中间标有“0”符号。欧姆调零时，将两表笔短接，调节欧姆调零旋钮，使指针指在右边零位。

（3）万用表使用注意事项

① 测量电压或电流时,不能带电转动转换开关，否则有可能将转换开关触点烧坏。

② 测量电压、电流时，种类（电流还是电压）、量程（范围）要选择正确，否则要烧表。

③ 测量电阻时，被测设备不能带电，两手不能同时触及表笔金属部分。指针应在表盘的 1/3 ～ 2/3 处，此时读数准确率较高。

④ 万用表用毕后，将转换开关转到交流电压最高挡量程处或将转换开关都转到空挡位置。

2. 兆欧表

兆欧表又称绝缘电阻表、摇表，主要用来检查电气设备、家用电器或电气线路对地及相间的绝缘电阻，以保证这些设备、电器和线路工作在正常状态，避免发生触电伤亡及设备损坏等事故。兆欧表的刻度是以兆欧（MΩ）为单位的。

兆欧表由中大规模集成电路组成，是电力、邮电、通信、机电安装和维修以及利用电力作为工业动力或能源的工业企业部门常用而必不可少的仪表。

（1）兆欧表的选用

规定兆欧表的电压等级应高于被测物的绝缘电压等级。所以测量额定电压在 500V 以下的设备或线路的绝缘电阻时，可选用 500V 或 1000V 兆欧表；测量额定电压在 500V 以上的设备或线路的绝缘电阻时，应选用 1000 ～ 2500V 兆欧表；测量绝缘子时，应选用 2500 ～ 5000V 兆欧表。一般情况下，测量低压电气设备绝缘电阻时可选用 0 ～ 200MΩ 量程的兆欧表。

（2）兆欧表使用方法

① 测量前必须将被测设备电源切断，并对地短路放电。决不能让设备带电进行测量，以保证人身和设备的安全。对可能感应出高压电的设备，必须消除这种可能性后，才能进行测量。

② 被测物表面要清洁，减少接触电阻，确保测量结果的正确性。

③ 测量前应将兆欧表进行一次开路和短路试验，检查兆欧表是否良好。

即在兆欧表未接上被测物之前，摇动手柄使发电机达到额定转速（120r/min），观察指针是否指在标尺的“∞”位置。将接线柱“线（L）和地（E）”短接，缓慢摇动手柄，观察指针是否指在标尺的“0”位。如指针不能指到该指的位置，表明兆欧表有故障，应检修后再用。

④ 兆欧表使用时应放在平稳、牢固的地方，且远离大的外电流导体和外磁场。

⑤ 必须正确接线。

兆欧表上一般有三个接线柱，其中 L 接在被测物和大地绝缘的导体部分，E 接被测物的外壳或大地。G 接在被测物的屏蔽上或不需要测量的部分。

测量绝缘电阻时，一般只用“L”和“E”端，但在测量电缆对地的绝缘电阻或被测设备的漏电流较严重时，就要使用“G”端，并将“G”端接屏蔽层或外壳。线路接好后，可按顺时针方向转动摇把，摇动的速度应由慢而快，当转速达到每分钟 120r 左右时（ZC-25 型），保持匀速转动，1 分钟后读数，并且要边摇边读数，不能停下来读数。

⑥ 摇测时将兆欧表置于水平位置，摇把转动时其端钮间不许短路。摇动手柄应由慢渐快，若发现指针指零说明被测绝缘物可能发生了短路，这时就不能继续摇动手柄，以防表内线圈发热损坏。

⑦ 读数完毕，将被测设备放电。放电方法是将测量时使用的地线从兆欧表上取下来与被测设备短接一下即可（不是兆欧表放电）。

（3）使用注意事项

① 禁止在雷电时或高压设备附近测绝缘电阻，只能在设备不带电，也没有感应电的情况下测量。

② 摇测过程中，被测设备上不能有人工作。

③ 兆欧表的线不能绞在一起，要分开。

④ 兆欧表未停止转动之前或被测设备未放电之前，严禁用手触及。拆线时，也不要触及引线的金属部分。

⑤ 测量结束时，对于大电容设备要放电。

⑥ 兆欧表接线柱引出的测量软线绝缘应良好，两根导线之间和导线与地之间应保持适当距离，以免影响测量精度。

⑦ 为了防止被测设备表面泄漏电阻，使用兆欧表时，应将被测设备的中间层（如电缆壳芯之间的内层绝缘物）接于保护环。

⑧ 要定期校验其准确度。

⑨ 放置地点尽量固定，不宜太冷或太热。

3. 钳形电流表

钳形电流表是一种能在不切断电路即可进行测量的携带式仪表，由电流互感器和电流表组合而成，外形如图 10.24 所示。电流互感器的铁芯在捏紧扳手时可以张开，被测电流所通过的导线穿过铁芯张开的缺口，当放开扳手后铁芯闭合，主要用于低压系统的电流测量。钳形表一般准确度不高，通常为 2.5 ～ 5 级，为了使用方便，钳形表可以通过转换开关的拨挡，改换不同的量程。

图 10.24 钳形电流表外形图

（1）使用方法及特点

用钳形电流表检测电流时，一定要夹入一根被测导线（电线），夹入两根（平行线）则不能检测电流。另外，使用钳形电流表中心（铁芯）检测时，检测误差小。在检查家电产品的耗电量时，使用线路分离器比较方便，有的线路分离器可将检测电流放大 10 倍，因此 1A 以下的电流可放大后再检测。用直流钳形电流表检测直流电流（DC A）时，如果电流的流向相反，则显示出负数。因此，可使用该功能检测汽车的蓄电池是充电状态还是放电状态。

（2）使用注意事项

① 进行电流测量时，被测载流体的位置应放在钳口中央，以免产生误差。

② 测量前应估计被测电流的大小，选择合适的量程，在不知道电流大小时，应选择最大量程，再根据指针适当减小量程，但不能在测量时转换量程。

③ 为了使读数准确，应保持钳口干净无损，如有污垢时，应用汽油擦洗干净再进行测量。

动画－钳形电流表的使用

④ 在测量 5A 以下的电流时，为了测量准确，应该绕圈测量。

⑤ 钳形表不能测量裸导线电流，以防触电和短路。

⑥ 测量完后一定要将量程分挡旋钮放到最大量程位置上。

4. 单臂电桥

直流单臂电桥又称惠斯登电桥，其组成有表盘 4 个组合电阻（称为电桥的比较臂）、可调范围为 0.001 ～ 1000 的倍率（包含 0.001、0.01、0.1、1、10、100、1000 合计 7 挡）、工作电源、检流计和开关。当支路无电流通过时，电桥达到平衡。平衡时，电阻阻值满足一个简单的关系，利用这一关系就可测量电阻。即假定 R_x 为待测电阻，$\frac{R_1}{R_2}$为比较臂，R_3 为倍率，则

$$R_x=R_3\times\frac{R_1}{R_2}$$

单臂电桥适用于测中值电阻。直流单臂电桥的准确度分为 0.01、0.02、0.05、0.1、0.2、0.5、1.0、2.0 共 8 个等级。只要倍率和比较臂电阻足够精确，R_x 的测量准确度也就比较高。实际中，检流计采用高灵敏度检流计，以确保电桥的平衡条件，从而保证电桥的测量精度。若要测量更大阻值的电阻，一般采用高电阻电桥或兆欧表；而要测量阻值较小的电阻，一般采用双臂电桥，电桥准确度高、稳定性好。

单臂电桥常规使用步骤如下。

① 先打开检流计锁扣，再调节检流计，使指针位于零点。

② 将被测电阻接到标有“R_x”的两个接线柱之间，根据被测电阻 R_x 的近似值（可先用万用表测得），选择合适的倍率，以便比较臂的 4 个电阻都用上，使测量结果为四位有效数字，提高读数精度。例如，$R_x\approx 8\Omega$，则可选择倍率 0.001，若电桥平衡时比较臂读数为 8211Ω，则被测电阻 $R_x=8.211\Omega$。

如果选择倍率为 1，则比较臂的前 3 个电阻都无法用上，只能测得 $R_x=1\times 8=8\Omega$，读数误差大，失去电桥进行精确测量的意义。

③ 测量时，应先按电源支路开关“B”按钮，再按检流计“G”按钮。若检流计指针向“+”偏转，表示应加大比较臂电阻；若指针向“−”偏转，则应减小比较臂电阻。反复调节比较臂电阻，使指针趋于零位，电桥即达到平衡。调节开始时，电桥离平衡状态较远，流过检流计的电流可能很大，使指针剧烈偏转，故先不要将检流计按钮按死，要调节一次比较臂电阻，然后按一下“G”，当电桥基本平衡时，才可锁住“G”按钮。

④ 测量结束后，应先松开“G”按钮，再松开“B”按钮。

练一练

1. 用指针式万用表测量电阻时，指针越接近刻度盘中央，误差越大，对吗？

2. 用指针式万用表测量电阻时，测量前必须调零，而且每测一次电阻都要重新调零，对吗？

3. 用万用表测量电流时，万用表要串联在被测电路中，对吗？

4. 用万用表测量电压时，万用表要并联在被测电路中，对吗？

5. 兆欧表有三个接线端钮，标有 L 的是（　　）

A. 接地　　B. 线路　　C. 屏蔽　　D. 低电位

6. 兆欧表有三个接线端钮，标有 G 的是（　　）

A. 接地　　B. 线路　　C. 屏蔽　　D. 高电位

7. 兆欧表是一种专门用来测量电气设备________的便携式仪表。

8. 用兆欧表测量设备绝缘时，手柄的转速应接近________r/min。

9. 钳形电流表可以测量裸导线的电流，对吗？

10. 用钳形电流表检测电流时，可以夹入两根平行的被测导线，对吗？

模块 38 导线连接与绝缘恢复

课前思考

① 导线连接的要求及方法是什么?
② 塑料硬线绝缘层如何剖削?
③ 常用的导线连接方法有哪些?

配线过程中，常常因为导线太短和线路分支，需要把一根导线与另一根导线连接起来，再把终出线与用电设备的端子连接，这些连接点通常称为接头。

导线连接要求是低电阻、足够的机械强度、连接处不能出现尖角以及绝缘电阻与原导线一样且耐腐蚀。绝缘导线的连接方法很多，有绞接、焊接、压接和螺栓连接等，各种连接方法适用于不同导线及不同的工作地点。绝缘导线的连接无论采用哪种方法，都不外乎剥切绝缘层、连接导线线芯、焊接或压接接头及恢复绝缘层这几个步骤。

1. 导线绝缘层的剥削

导线线头绝缘层的剖削是导线加工的第一步，是为以后导线的连接作准备。电工必须学会用电工刀、钢丝钳或剥线钳来剖削绝缘层。

线芯截面在 $4mm^2$ 以下电线绝缘层的处理可采用剥线钳，也可用钢丝钳，无论是塑料单芯电线，还是多芯电线，且绝缘层剖削方便快捷。橡胶电线同样可用剥线钳剖削绝缘层。

用剥线钳剖削时，先定好所需的剖削长度，把导线放入相应的刃口中，用手将钳柄一握，导线的绝缘层即被割破自动弹出。需注意，选用剥线钳的刃口要适当，刃口的直径应稍大于线芯的直径。下面选择常用的几种剖削方法逐一介绍。

（1）塑料硬线绝缘层的剖削

$4mm^2$ 及以下塑料硬线一般用钢丝钳剥削，$4mm^2$ 以上则用电工刀。钢丝钳剖削塑料硬线绝缘层方法如下。

① 用左手捏住导线，在需剖削线头处，用钢丝钳刀口轻轻切破绝缘层，注意不可切伤线芯。

② 用左手拉紧导线，右手握住钢丝钳头部用力向外勒去塑料层，在勒去塑料层时，不可在钢丝钳刀口处加剪切力，否则会切伤线芯。剖削出的线芯应保持完整无损，如有损伤，应剪断后，重新剖削。

同样，电工刀剖削线芯面积大于 $4mm^2$ 的塑料硬线绝缘层方法如下。

① 在需剖削线头处，用电工刀以 45° 倾斜切入塑料绝缘层，注意刀口不能伤着线芯。

② 刀面与导线保持 25° 左右，用刀向线端推削，只削去上面一层塑料绝缘，不可切入。

③ 将余下的线头绝缘层向后扳翻，把该绝缘层剥离线芯，再用电工刀切齐。

（2）塑料软线绝缘层的剖削

塑料软线绝缘层经常使用剥线钳或钢丝钳完成。

（3）塑料护套线绝缘层的剖削

塑料护套线绝缘层经常使用电工刀完成，如图 10.25 所示。

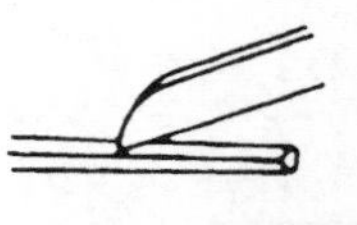
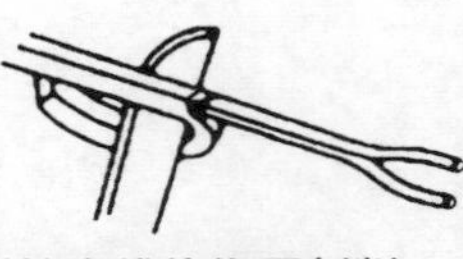

图 10.25 塑料护套线绝缘层剖削

2. 导线的连接

导线连接是电工作业的一项基本工序，也是一项十分重要的工序，导线连接的质量直接关系到整个线路能否安全可靠地长期运行。因需连接的导线种类和连接形式不同，其连接方法也各式各样。

常用的导线连接方法有绞合连接、紧压连接、焊接等。连接前应小心地剥除导线连接部位的绝缘层，注意不可损伤其芯线。

（1）绞合连接

绞合连接是指将需连接导线的芯线直接紧密绞合在一起。铜导线常用绞合连接。

① 单股铜导线的直接连接　小截面单股铜导线连接方法如图 10.26 所示三个步骤，先将两导线的芯线线头作 X 形交叉，再将它们相互缠绕 2 ～ 3 圈后扳直两线头，然后将每个线头在另一芯线上紧贴密绕 5 ～ 6 圈后剪去多余线头即可。连接示意图及关键数据也可用图 10.27 描述。

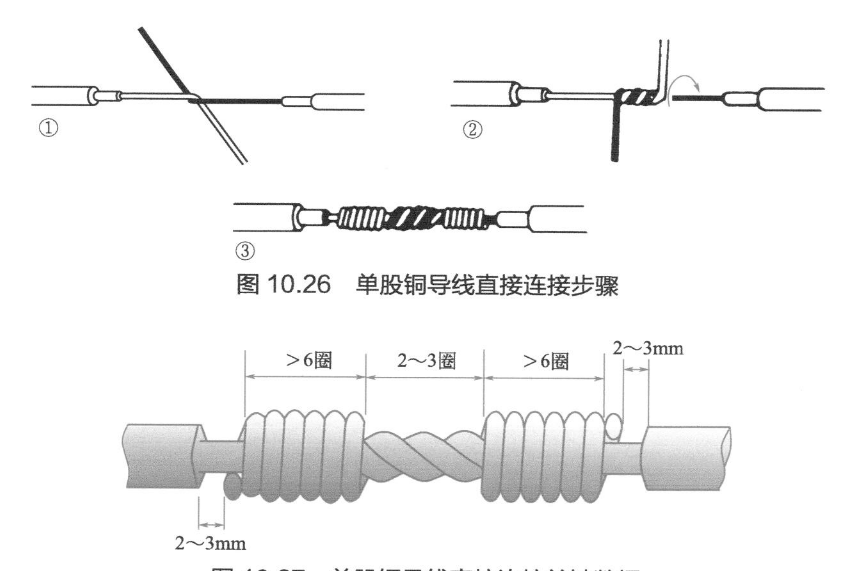

图 10.26　单股铜导线直接连接步骤

图 10.27　单股铜导线直接连接关键数据

大截面单股铜导线连接方法如图 10.28 所示，先在两导线的芯线重叠处填入一根相同直径的芯线，再用一根截面约 1.5mm^2 的裸铜线在其上紧密缠绕，缠绕长度为导线直径的 10 倍左右，然后将被连接导线的芯线线头分别折回，再将两端的缠绕裸铜线继续缠绕 5 ～ 6 圈后剪去多余线头即可。

实际中偶有不同截面单股铜导线需要连接的场合，先将细导线的芯线在粗导线的芯线上紧密缠绕 5 ～ 6 圈，然后将粗导线芯线的线头折回紧压在缠绕层上，再用细导线芯线在其上继续缠绕 3 ～ 4 圈后剪去多余线头即可。

② 单股铜导线的 T 形连接　将支路芯线的线头与干线芯线十字相交，在支路芯线根部留出 3mm，然后顺时针方向缠绕 6 ～ 8 圈后，用钢丝钳钳去余下的芯线，并钳平芯线末端。连接示意图几个关键数据如图 10.29 所示。

小截面的芯线可以不打结。连接示意图及关键数据如图 10.30 所示。

③ 七股芯线的直接连接　多股铜导线的直接连接步骤如图 10.31 所示，绝缘层的剖削长

度为导线直径的21倍左右，再将剥去绝缘层的芯线头散开并拉直，将其靠近绝缘层约1/3芯线绞合拧紧，而将其余2/3芯线成伞状散开，并将每根芯线拉直，另一根需连接的导线芯线也如此处理。接着把两个伞骨状线端隔根对叉，须相对插到底，后捏平芯线，使每股芯线的间隔均匀；同时用钢丝钳钳紧叉口，消除空隙。

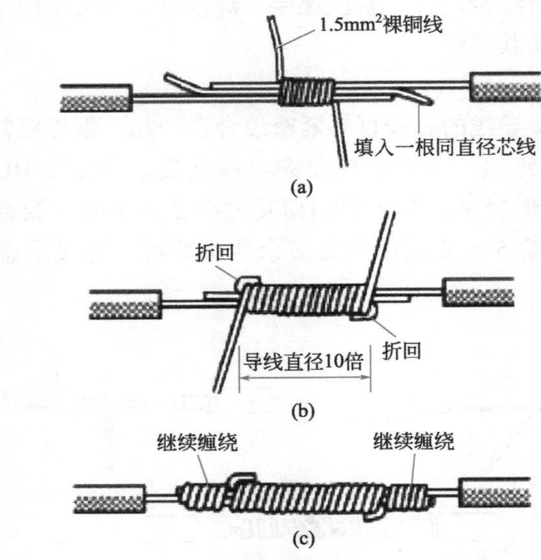

图 10.28　大截面单股铜导线连接方法

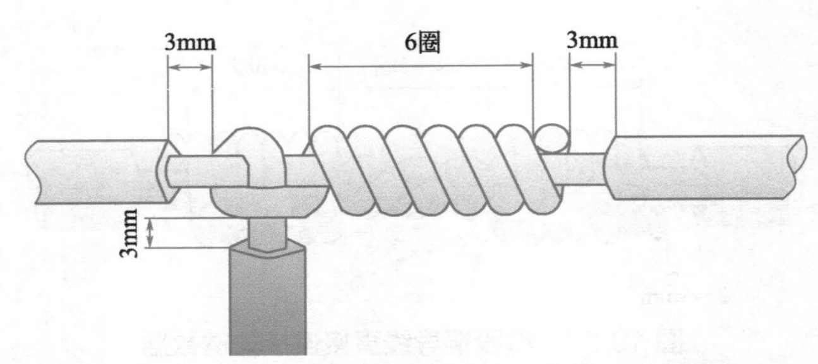

图 10.29　单股铜导线 T 形连接示意图及关键数据

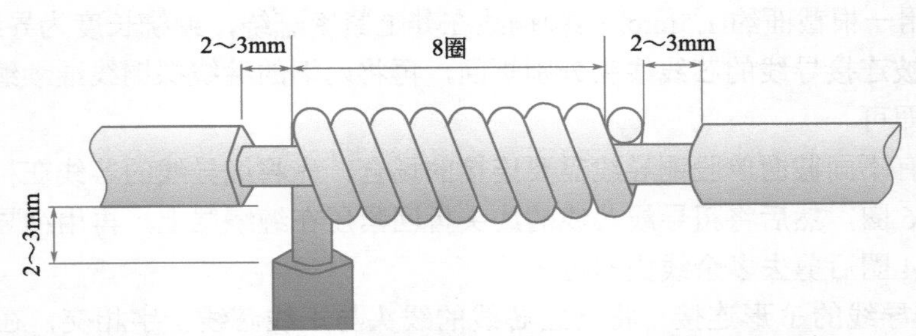

图 10.30　单股铜导线（小截面）T 形连接示意图

然后将每一边的芯线线头分作3组，先将某一边的第1组线头翘起并紧密缠绕在芯线上，再将第2组线头翘起并紧密缠绕在芯线上，最后将第3组线头翘起并紧密缠绕在芯线上。以同样方法缠绕另一边的线头。

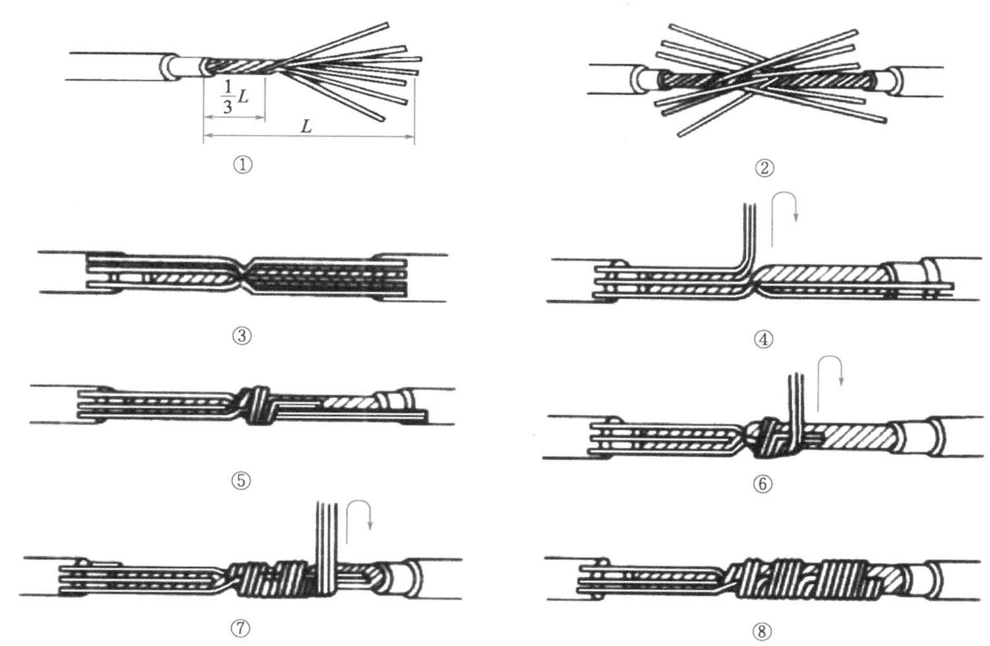

图 10.31　七股芯线的直接连接示意图

④ 七股芯线的 T 字分支连接　多股铜导线的 T 分支连接有两种方法，一种方法如图 10.32 所示，将支路芯线 90° 折弯后与干路芯线并行，见图 10.32（a），然后将线头折回并紧密缠绕在芯线上即可，见图 10.32（b）。

另一种方法示意图如图 10.33 所示。将支路芯线靠近绝缘层约 1/8，其余 7/8 芯线分为两组，见图 10.33（a）所示。四根一组的插入干线的中间，一组插入干路芯线当中，另一组放在干路芯线前面，并朝右边按图 10.33（b）所示方向缠绕 4 ～ 5 圈。再将插入干路芯线当中的那一组朝左边按图 10.33（c）所示方向缠绕 4 ～ 5 圈，连接好的导线如图 10.33（d）所示。

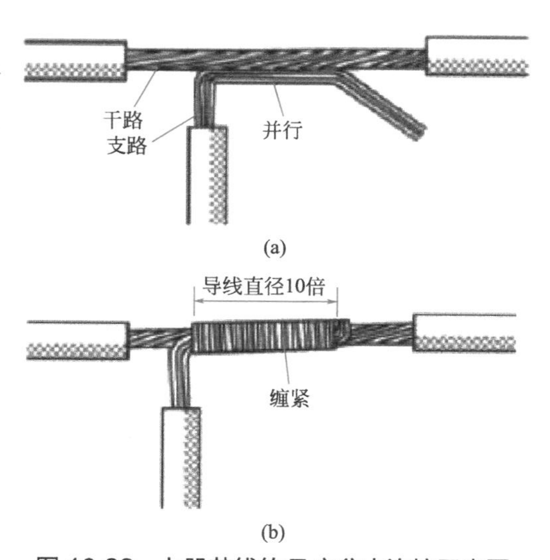

图 10.32　七股芯线的 T 字分支连接示意图

（2）紧压连接

铝导线虽然也可采用绞合连接，但铝芯线的表面极易氧化，日久将造成线路故障，因此铝导线通常采用紧压连接。

紧压连接是指用铜或铝套管套在被连接的芯线上，再用压接钳或压接模具压紧套管使芯线保持连接。铜导线（一般是较粗的铜导线）和铝导线都可以采用紧压连接，铜导线的连接应采用铜套管，铝导线的连接应采用铝套管。紧压连接前应先清除导线芯线表面和压接套管内壁上的氧化层和粘污物，以确保接触良好。

① 铜导线或铝导线的紧压连接　压接套管截面有圆形和椭圆形两种，圆截面套管内可以穿入一根导线，椭圆截面套管内可以并排穿入两根导线。圆截面套管使用时，将需要连接的两根导线的芯线分别从左右两端插入套管相等长度，以保持两根芯线的线头连接点位于套

管内的中间。然后用压接钳或压接模具压紧套管，一般情况下只要在每端压一个坑即可满足接触电阻的要求。在对机械强度有要求的场合，可在每端压两个坑，对于较粗的导线或机械强度要求较高的场合，可适当增加压坑的数目。

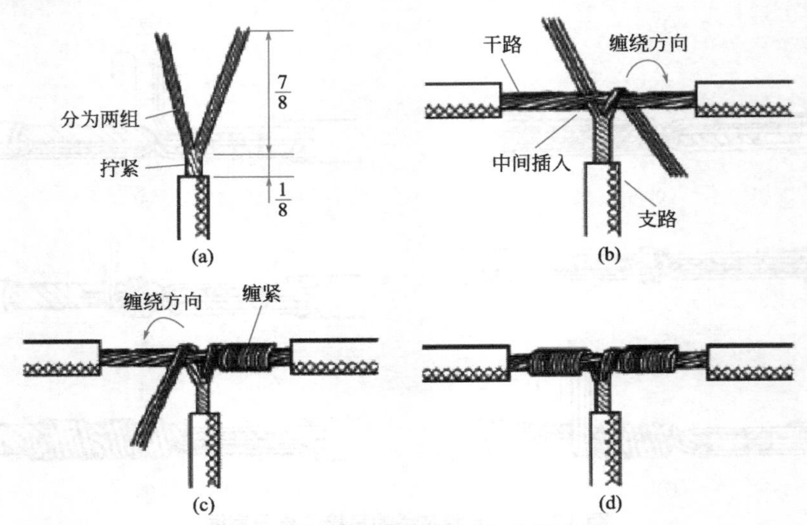

图 10.33　七股芯线的 T 字分支连接

椭圆截面套管使用时，将需要连接的两根导线的芯线分别从左右两端相对插入并穿出套管少许，然后压紧套管即可。

② 铜导线与铝导线间的紧压连接　当需要将铜导线与铝导线进行连接时，必须采取防止电化腐蚀的措施。因为铜和铝的标准电极电位不一样，如果将铜导线与铝导线直接绞接或压接，在其接触面将发生电化腐蚀，引起接触电阻增大而过热，造成线路故障。

常用的防止电化腐蚀的连接方法有两种。

一种方法是采用铜铝连接套管。铜铝连接套管一端是铜质，另一端是铝质。使用时将铜导线的芯线插入套管的铜端，将铝导线的芯线插入套管的铝端，然后压紧套管即可。

另一种方法是将铜导线镀锡后采用铝套管连接。由于锡与铝的标准电极电位相差较小，在铜与铝之间夹垫一层锡也可以防止电化腐蚀。具体做法是先在铜导线的芯线上镀上一层锡，再将镀锡铜芯线插入铝套管的一端，铝导线的芯线插入该套管的另一端，最后压紧套管即可。

（3）焊接

焊接是指将金属（焊锡等焊料或导线本身）熔化融合而使导线连接。电工技术中导线连接的焊接种类有锡焊、电阻焊、电弧焊、气焊、钎焊等。

① 铜导线接头的锡焊　较细的铜导线接头可用大功率（如 150W）电烙铁进行焊接。焊接前应先清除铜芯线接头部位的氧化层和黏污物。为增加连接可靠性和机械强度，可将待连接的两根芯线先行绞合，再涂上无酸助焊剂，用电烙铁蘸焊锡进行焊接。焊接中应使焊锡充分熔融渗入导线接头缝隙中，焊接完成的接点应牢固光滑。

较粗（一般指截面 $16mm^2$ 以上）的铜导线接头可用浇焊法连接。浇焊前同样应先清除铜芯线接头部位的氧化层和黏污物，涂上无酸助焊剂，并将线头绞合。将焊锡放在化锡锅内加热熔化，当熔化的焊锡表面呈磷黄色说明锡液已达符合要求的高温，即可进行浇焊。刚开始浇焊时因导线接头温度较低，锡液在接头部位不会很好渗入，应反复浇焊，直至完全焊牢为止。浇焊的接头表面也应光洁平滑。

② 铝导线接头的焊接 铝导线接头的焊接一般采用电阻焊或气焊。电阻焊是指用低电压大电流通过铝导线的连接处，利用其接触电阻产生的高温高热将导线的铝芯线熔接在一起。电阻焊应使用特殊的降压变压器（1kV・A、初级 220V、次级 6 ～ 12V），配以专用焊钳和碳棒电极。气焊是指利用气焊枪的高温火焰，将铝芯线的连接点加热，使待连接的铝芯线相互熔融连接。气焊前应将待连接的铝芯线绞合，或用铝丝或铁丝绑扎固定。

此外，还有线头与平压式接线桩的连接及导线通过接线鼻与接线螺钉连接。

平压式接线螺钉利用半圆头、圆柱头或六角头螺钉加垫圈将线头压紧，完成电连接。对载流量小的导线多采用半圆头接线螺钉，如常用的拉线开关、插座。

接线鼻，俗称线鼻子或接线端子，是铜或铝接线片。对于大载流量的导线，如截面在 $10mm^2$ 以上的单股线或截面在 $4mm^2$ 以上的多股线，由于线粗，不易弯成压接圈，同时弯成圈的接触面会小于导线本身的截面，造成接触电阻增大，在传输大电流时产生高热，因而多采用接线鼻进行平压式螺钉连接。

3. 导线绝缘层的恢复

导线连接完成后，必须对所有绝缘层已被去除的部位进行绝缘处理，以恢复导线绝缘性能，恢复后的绝缘强度应不低于导线原有绝缘强度。

导线连接处的绝缘处理通常采用绝缘胶带进行缠裹包扎。一般电工常用的绝缘带有黄蜡带、涤纶薄膜带、黑胶布带、塑料胶带、橡胶胶带等，绝缘胶带的宽度常用 20mm。

恢复绝缘层的材料应从导线左端开始包缠，同时绝缘带与导线应保持一定的倾斜角，每圈的包扎要压住带宽的$\frac{1}{2}$，直至包缠到接头右边两圈距离的完好绝缘层处。包缠绝缘带要用力拉紧，包卷要粘结密实，以免潮气侵入。对于 220V 线路，也可不用黄蜡带，只用黑胶布带或塑料胶带包缠两层。在潮湿场所应使用聚氯乙烯绝缘胶带或涤纶绝缘胶带。绝缘层恢复示意图如图 10.34 所示。

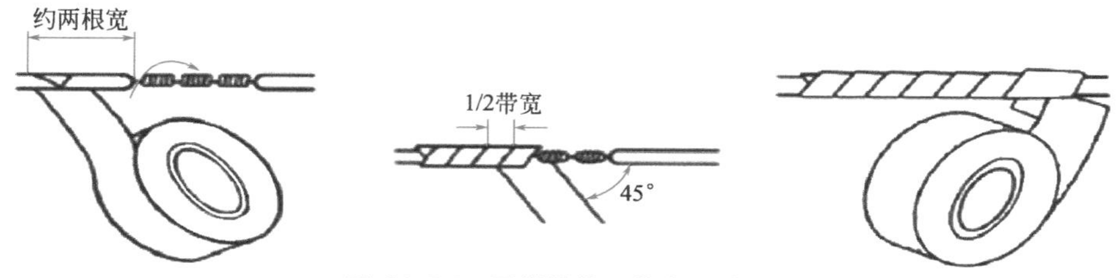

图 10.34 导线绝缘层恢复示意图

导线分支接头的绝缘处理基本方法同上，T 字分支接头的包缠走一个 T 字形的来回，使每根导线上都包缠两层绝缘胶带，每根导线都应包缠到完好绝缘层的两倍胶带宽度处。

对导线的十字分支接头进行绝缘处理时，包缠方向走一个十字形的来回，使每根导线上都包缠两层绝缘胶带，每根导线也都应包缠到完好绝缘层的两倍胶带宽度处。

练一练

1. $4mm^2$ 及以下塑料硬线的绝缘层一般用钢丝钳剥削，$4mm^2$ 以上则用电工刀，对吗？
2. 请使用小截面单股铜导线进行直接连接练习。
3. 请使用七股芯线进行多股铜导线 T 形连接练习。

模块 39　室内照明电路的安装

① 电气照明的基本要求是什么?

② 常用的照明灯种类有哪些?

③ 照明配电箱由哪些电气元件组成?

④ 室内布线的基本要求是什么?

电气照明广泛应用于生产和生活领域中，涉及照明质量、照明的安全与经济、照度标准等多个指标。不同场合对照明装置和线路安装的要求不同，工作照明、应急照明及家庭照明对供电要求截然不同，如电压等级、是否双电源或双回路供电等；光源选择也有很大差异。本教材所讲内容以家庭照明电路为主。

电气照明基本线路，一般应具有电源、导线、开关及负载（电灯或灯具）几个部分。具体来说包括电度表、断路器（漏电保护开关）、连接导线、闸刀开关、开关、插座、电器控制器及照明灯具等。

电气照明及配电线路的安装与维修，一般包括照明灯具安装、配电箱安装、配电线路敷设及开关、插座安装等内容，是电工技术中的一项基本技能。

1. 照明灯具安装

（1）照明灯具安装工艺要求

照明灯具安装的一般要求是各种灯具、开关、插座及所有附件都必须安装牢固可靠，符合规定的要求；壁灯及吸顶灯牢固地敷设在建筑物平面上；吊灯必须装有吊线盒，每只吊线盒一般只允许装一盏电灯（双管日光灯和特殊吊灯除外）；日光灯和较大的吊灯必须采用金属链条或其他方法支持；灯具与附件的连接必须正确可靠。

照明灯控制常有两种基本形式。一是用一只单连开关控制一盏灯，电路如图 10.35 所示。接线时，开关接在相线上，开关切断后灯头不会带电，保证使用和维修的安全。

另一种是用两只双连开关，在两个地方控制一盏灯，电路如图 10.36 所示。这种形式通常用于楼梯或走廊上，在楼上、楼下或走廊两端均可控制灯的接通和断开。

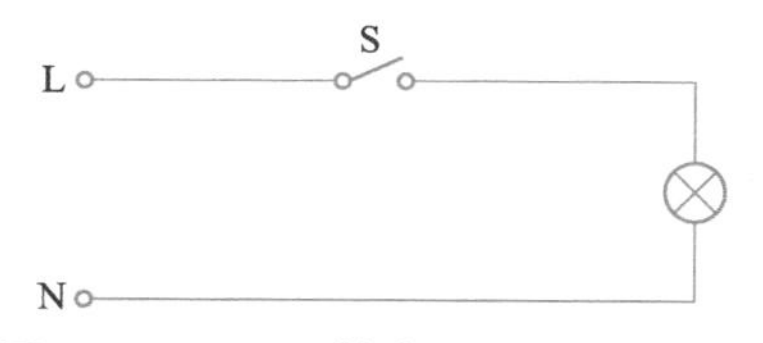

图 10.35　一只单连开关控制一盏灯

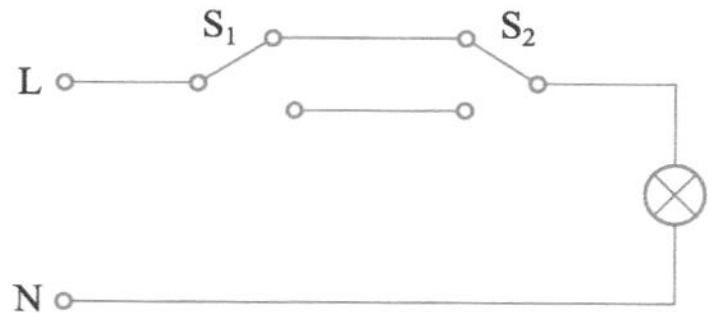

图 10.36　两只双连开关控制一盏灯

（2）白炽灯的安装

白炽灯也称钨丝灯泡，灯泡内充有惰性气体，当电流通过钨丝时，将灯丝加热到白炽状态而发光，白炽灯的功率一般在 15 ～ 300W。因其结构简单、使用可靠、价格低廉、便于安装和维修，故应用很广。

室内白炽灯的安装方式常有吸顶式、壁式和悬吊式三种，下面以悬吊式为例介绍安装步骤。

① 安装圆木。先在准备安装吊线盒的地方打孔，预埋木榫或尼龙胀管。在圆木底面用电工刀刻两条槽，在圆木中间钻三个小孔，然后将两根电源线端头分别嵌入圆木的两条槽内，并从两边小孔穿出，最后用木螺丝从中间小孔中将圆木紧固在木榫或尼龙胀管上。

② 安装吊线盒。先将圆木上的电线从吊线盒底座孔中穿出，用木螺丝将吊线盒紧固在圆木上。将穿出的电线剥头，分别接在吊线盒的接线柱上。按灯的安装高度取一段软电线，作为吊线盒和灯头的连接线，将上端接在吊线盒的接线柱上，下端准备接灯头。在离电线上端约 5cm 处打一个结，使结正好卡在接线孔里，以便承受灯具重量。

③安装灯头。旋下灯头盖，将软线下端穿入灯头盖孔中。在离线头约 3mm 处也打一个结，把两个线头分别接在灯头的接线柱上，然后旋上灯头盖。

若是螺口灯头，相线应接在与中心铜片相连的接线柱上，零线应接在螺纹的端子上，否则容易发生触电事故。

在一般环境下灯头离地高度不低于 2m，潮湿、危险场所不低于 2.5m，如因生活、工作和生产需要而必须把电灯放低时，其离地高度不能低于 1m，且应在电源引线上加绝缘管保护，并使用安全灯座。离地不足 1m 使用的电灯，必须采用 36V 以下的安全灯。

最后一步安装开关。控制白炽灯的开关应串接在相线上，即相线通过开关再进灯头。

一般拉线开关的安装高度离地面 2.5m，扳动开关（包括明装或暗装）离地高度为 1.4m。安装扳动开关时，方向要一致，一般向上为“合”、向下为“断”。安装拉线开关或明装扳动开关的步骤和方法与安装吊线盒大体相同，先安装圆木，再把开关安装在圆木上。

白炽灯线路比较简单，检修也比较容易，其常见故障与处理方法可参考表 10.1 所示。

表 10.1　白炽灯常见故障与处理方法

故障现象	造成原因	处理方法
灯泡不亮	① 灯泡灯丝已断或灯座引线断开 ② 灯头或开关处的接线接触不良 ③ 线路断路 ④ 电源熔丝烧断	① 更换灯泡或灯头 ② 查明原因，加以紧固 ③ 检查并接通线路 ④ 查明原因并重新更换
灯泡忽亮忽暗或忽亮忽熄	① 灯头或开关处接线松动 ② 熔丝接触不良 ③ 灯丝与灯泡内电极忽接忽离 ④ 电源电压不正常	① 查明原因，加以紧固 ② 加以紧固或更换 ③ 更换灯泡 ④ 采取措施，稳定电源电压
灯泡特亮	① 灯泡断丝后搭丝（短路）使电流增大 ② 灯泡额定电压与线路电压不符 ③ 电源电压过高	① 更换灯泡 ② 更换灯泡 ③ 检查原因，排除线路故障
灯光暗淡	① 灯泡陈旧，灯丝蒸发变细，电流减小 ② 灯泡额定电压与线路电压不符 ③ 电源电压过低 ④ 线路因潮湿或绝缘损坏有漏电现象	① 更换灯泡 ② 更换灯泡 ③ 采取措施，提高电源电压 ④ 检查线路，更换新线

（3）日光灯的安装

日光灯又称荧光灯，它由灯管、启辉器、镇流器、灯座和灯架等部件组成。在灯管中充有水银蒸气和氩气，灯管内壁涂有荧光粉，灯管两端装有灯丝，通电后灯丝能发射电子轰击水银蒸气使其电离，产生紫外线，激发荧光粉而发光。

日光灯发光效率高、使用寿命长、光色较好、经济省电，故也被广泛使用。日光灯按功率分常有 6W、8W、15W、20W、30W、40W 等多种；按外形分常有直管形、U 形、环形、盘形等多种；按发光颜色分有日光色、冷光色、暖光色和白光色等多种。

日光灯的安装方式有悬吊式和吸顶式。吸顶式安装时，灯架与天花板之间应留 15mm 的间隙，以利通风。具体安装步骤如下。

① 做好安装前的检查。安装前先检查灯管、镇流器、启辉器等有无损坏，镇流器和启辉器是否与灯管的功率相配合。特别注意，镇流器与日光灯管的功率必须一致，否则不能使用。

② 完成各部件安装。悬吊式安装时，应将镇流器用螺钉固定在灯架的中间位置；吸顶式安装时，不能将镇流器放在灯架上，以免散热困难，可将镇流器放在灯架外的其他位置。将启辉器座固定在灯架的一端或一侧边上，两个灯座分别固定在灯架的两端，中间的距离按所用灯管长度量好，使灯脚刚好插进灯座的插孔中。

吊线盒和开关的安装与白炽灯的安装方法相同。

③ 完成电路接线。各部件位置固定好后，按如图 10.37 所示接线。接线完毕要对照电路图仔细检查，以防接错或漏接。然后把启辉器和灯管分别装入插座内。接电源时，其相线应经开关连接在镇流器上，通电试验正常后，即可投入使用。

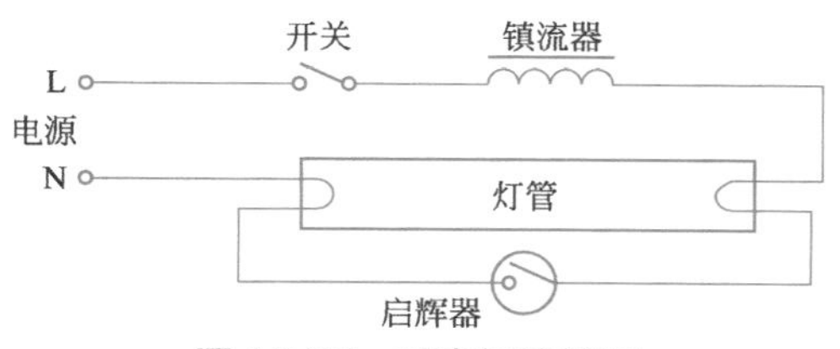

图 10.37　日光灯接线图

日光灯由于附件较多，故障相对来说比白炽灯多。日光灯常见故障及处理方法择典型案例见表 10.2 所示。

表 10.2　日光灯常见故障与处理方法

故障现象	造成原因	处理方法
闭合电源开关，启辉器不启动，灯管两端和中间均不发光	① 可能是电路中有断路 ② 灯管与灯座接触不良 ③ 灯丝烧断或脱焊 ④ 镇流器线圈断路 ⑤ 启辉器与启辉器座接触不良等	首先用万用表检查输入电压。如正常，测量启辉器座的两孔电压，电压表读数应为电源电压值。若没有万用表，串一只灯泡检查，灯泡亮则说明电路中无断路现象，可能是启辉器损坏，更换。如果万用表电压读数 0V 或串接灯泡不亮，则可能是灯管与灯座接触不良；若转动灯管仍然不亮，则可能是灯丝断路，用万用表测量灯丝直流电阻判断。 一般 6 ～ 8W 灯管，冷态直流电阻为 15 ～ 18Ω；15 ～ 40W 灯管为 3.5 ～ 5Ω。检查灯丝的电阻值相符，说明灯丝完好。若有断丝现象，可用裸铜线暂时将管脚短路后插入灯座，并用导线短接启辉器的两个触点，若灯管仍然不亮，则必须检查镇流器线圈是否断路。若检查结果与阻值相符，说明镇流器基本完好。若灯管还不能启动，则应再次检查启辉器，直至日光灯发光为止
灯管两端发亮但不能正常发光（灯丝部位可能有闪烁现象也可能没有）	① 一般是灯管慢性漏气造成的 ② 也可能是启辉器座的连线接触不良 ③ 启辉器损坏造成的	①把启辉器摘下，故障仍无变化，则可能是接线或启辉器座有短路现象，应予检修。 ② 去掉启辉器后，用导线瞬间短接其触点，日光灯能正常工作，一般是启辉器内部的电容击穿或双金属片两触片粘连。 ③ 若电容击穿，可更换电容；若触片粘连，则更换新的启辉器

续表

故障现象	造成原因	处理方法
灯光闪烁但不亮	① 冬季气温较低 ② 湿度过高 ③ 电源电压低于额定最低启动电压值 ④ 灯管老化、镇流器不配套和启辉器不良等	① 管内气体不易电离，导致日光灯启动较难，有时启辉器跳动不止，而灯管却不能正常发光，提高室内温度。 ② 对照原因解决问题，否则因闪动时间过长，灯管两端很快发黑，严重影响日光灯使用寿命
镇流器不断发出蜂音	① 电源电压过高 ② 安装不当引起周围物体共振 ③ 镇流器质量不良或长期使用后内部松动而使蜂音超过标准规定	在距镇流器 1m 处听不到明显蜂音即为合格。 ① 采取降压措施； ② 改变安装位置和夹紧铁芯等

（4）应急灯的安装

应急灯常用于备用照明、疏散照明及安全照明等场合。

当正常照明出现故障而工作和活动仍需继续进行时，应设置备用照明，备用照明宜安装在墙面或顶棚部位。

疏散照明是在紧急情况下将人安全地从室内撤离所使用的照明。按安装的位置分为应急出口（安全出口）照明和疏散走道照明。疏散照明宜设在安全出口的顶部、疏散走道及其转角处，距地 1m 以下的墙面上，当交叉口处的墙面下侧，安装难以明确表示疏散方向时，也可将疏散标志灯安装在顶部。疏散走道上的标志灯，应有指示疏散方向的箭头标志，标志灯间距不宜大于 20m（人防工程不宜大于 10m）。楼梯间的疏散标志灯宜安装在休息平台板上方的墙角处或壁上，并应用箭头及阿拉伯数字清楚标明上、下层层号。

安全照明是在正常照明出现故障时，能使操作人员或其他人员解脱危险而设的照明。安全出口标志灯宜安装在疏散门口的上方，在首层的疏散楼梯，应安装于楼梯口的里侧上方。安全出口标志灯距地高度宜不低于 2m。

疏散走道上的安全出口标志灯可明装，而厅室内宜采用暗装。安全出口标志灯应有图形和文字符号，在有无障碍设计要求时，宜同时设有音响指示信号。可调光型安全出口标志灯宜用于影剧院内观众厅。在正常情况下减光使用，火灾事故时应自动接通至全亮状态。

2. 照明配电箱安装

照明配电箱是用户室内照明及电器用电的配电点，输入端接在供电部门送到用户的进户线上，它将计量、保护和控制电器安装在一起，便于管理和维护，有利于安全用电。住宅楼总配电箱和单元及梯间配电箱，一般应安装在梯间过道的墙壁上。单相照明配电箱一般由电度表、控制开关、过载和短路保护器等组成，要求较高的装有漏电保护器。

（1）照明配电箱一般规定

照明配电箱在实际中一般需要遵循以下规定，详见表 10.3 所示。

表 10.3　单相照明配电箱安装一般规定

序号	一般规定
1	照明配电箱（板）内的交流、直流或不同等级的电源，应有明显的标志
2	照明配电箱（板）不应采用可燃材料制作，在干燥无尘的场所，采用木制配电箱（板）应经阻燃处理

续表

序号	一般规定
3	导线引出面板时，面板线孔应光滑无毛刺，金属面板应装设绝缘保护套
4	照明配电箱（板）应安装牢固，其垂直偏差不应大于 3mm。暗装时，照明配电（板）四周应无空隙，其面板四周边缘应紧贴墙面，箱体与建筑物、构筑物接触部分应涂防腐漆
5	照明配电箱底边距地面高度宜为 1.5m；照明配电板底边距地面高度不宜小于 1.8m
6	照明配电箱（板）内，应分别设置零线和保护接地（PE 线）汇流排，零线和保护线应在汇流排上连接，不得绞接，且应有编号
7	照明配电箱（板）内装设的螺旋熔断器，其电源线应装在中间触点的端子上，负荷线应接在螺纹的端子上
8	照明配电箱（板）上应标明用电回路名称

（2）照明配电箱安装要求

照明配电箱安装有悬挂式、嵌入式及落地式几种。

常用的悬挂式可安装在墙上或柱子上。直接安装在墙上时，应先埋设固定螺栓，固定螺栓的规格和间距应根据配电箱的型号和重量以及安装尺寸决定。螺栓长度应为埋设深度（一般为 120 ～ 150mm）加箱壁厚度以及螺帽和垫圈的厚度，再加上 3 ～ 5 扣螺纹的余量长度。其具体安装应遵循以下要求，详见表 10.4 所示。

表 10.4 照明配电箱安装要求

序号	照明配电箱安装要求
1	配电箱（板）应安装在安全、干燥、易操作的场所，配电箱安装时底口距离地面一般 1.5m，明装电能表板底口距地面不得小于 1.8m。在同一建筑物内，同类箱（板）的高度应一致，允许偏差为 10mm
2	安装配电箱（板）所需的木砖及铁件等均应预埋。挂式配电箱（板）应采用金属膨胀螺栓固定
3	铁制配电箱（板）都需先刷一遍防锈漆，再刷灰油漆两遍。预埋的各种铁件都应刷防锈漆
4	配电箱（板）上配线应排列整齐，并绑扎成束，在活动部位要用长钉固定。盘面引出及引进的导线应留有余量，以便于检修
5	导线剥削处不应损伤线芯或使线芯过长，导线压头应牢固可靠，多股导线不应盘圈压接，应加装压线端子（有压线孔者除外）。必须穿孔用顶丝压接时，多股线应涮锡后再压接，不得减少导线股数
6	配电箱（板）带有器具的铁制盘面和装有器具的门都应有明显可靠的裸软铜 PE 线接地
7	配电箱（板）盘面上安装的刀开关及断路器等，当处于断路状态时，刀片可动部分都不应带电（特殊情况除外）
8	垂直装设的刀开关及熔断器等上端接电源，下端接负荷，水平装设时，左侧（面对盘面）接电源，右侧接负荷
9	TN-C 和 TN-C-S 保护接零系统的中性线应在箱体进户线处做好重复接地
10	配电箱（板）的电源指示灯，其电源应接至总开关的外侧，应装单独熔断器（电源侧）
11	瓷插式熔断器底座中心明露螺钉孔应填充绝缘物，以防止对地放电。瓷插式熔断器不得裸露金属螺钉，应填满火漆
12	配电箱（板）上器具、仪表应安装牢固、平正、整洁、间距均匀、铜端子无松动，启闭灵活，零部件齐全。其排列间距应符合规定要求
13	固定面板的螺钉，应采取用镀锌圆帽螺钉，其间距不得大于 250mm，且应均匀的对称四角
14	配电箱应安装在靠近电源的进口处，使电源进户线尽量短些，并应在尽量接近负荷中心的位置上，一般配电箱的供电半径为 30m 左右
15	多层建筑各层配电箱应尽量设在同一垂直位置上，以便于干线立管敷设和供电
16	配电箱与采暖管道距离不应小于 300mm；与给排水管道不应小于 200mm；与燃气管、表不应小于 300mm

（3）电度表的安装

电度表又称电能表，是用来对用户的用电量进行计量的仪表。按电源相数分有单相电度表和三相电度表，在小容量照明配电板上，大多使用单相电度表。选择电度表时，应考虑照明灯具和其他用电器具的总耗电量，电度表的额定电流应大于室内所有用电器具的总电流，电度表所能提供的电功率为额定电流和额定电压的乘积。

在使用中电度表接线一般遵循“1 3 接进线，2 4 接出线”的原则，即：电度表的 1、3 端子电源接进线，其 1 号端子接火线，3 号端子接零线；电度表的 2、4 端子接出线，2 号端子为火线，4 号端子为零线。也有的电度表接线特殊，如有五个接线端等，具体接线时应以电度表所附接线图为依据。

照明电路安装时，空气开关常接在电度表出线。电度表与双极、单相空气开关的连接可参考图 10.38 所示电路。

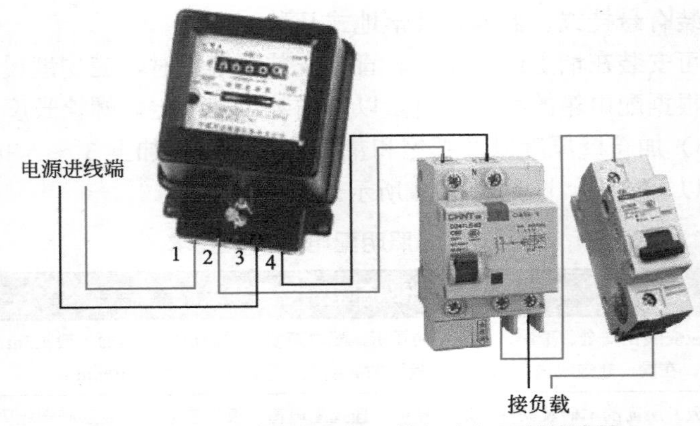

图 10.38 电度表与双极、单相空气开关的连接

单相电度表一般应安装在配电箱左边，开关安装在右边，与其他电器的距离大约为 60mm。安装时应注意电度表与地面必须垂直，否则将会影响电度表计数的准确性。

（4）漏电保护器的安装

当低压电网发生人身触电或设备漏电时，若能迅速切断电源，就可以使触电者脱离危险或使漏电设备停止运行，从而避免造成事故。在发生上述触电或漏电时，能迅速自动完成切断电源的装置称为漏电保护器，又称漏电保护开关或漏电保护断路器，它与自动开关组装在一起，同时具有短路、过载、欠压、失压和漏电等多种保护功能。

漏电保护器按其动作类型可分为电压型和电流型，电压型性能较差，已趋淘汰，电流型漏电保护器可分为单相双极式、三相三极式和三相四极式三类。对于居民住宅及其他单相电路，应用最广泛的是单相双极电流型漏电保护器。三相三极式漏电保护器应用于三相动力电路，三相四极式漏电保护器应用于动力、照明混用的三相电路。

照明线路的相线和零线均要经过漏电保护器，电源进线必须接在漏电保护器的正上方，即外壳上标注的“电源”或“进线”的一端；出线接正下方，即外壳上标注的“负载”或“出线”的一端。安装漏电保护器后不准拆除原有的闸刀开关、熔断器；在带负荷状态分、合三次，不应出现误动作；再按压试验按钮三次，应能自动跳闸，按钮时间不要太长，以免烧坏漏电保护器，试验正常后即可投入使用。运行中，每月应按压试验按钮检验一次，检查动作性能确保运行正常。安装与使用注意事项参见表 10.5 所示。

表 10.5　漏电保护器安装与使用注意事项

序号	安装与使用注意事项
1	装接时，分清漏电保护器进线端和出线端，不得接反
2	安装时，必须严格区分中性线和保护线，四极式漏电保护器的中性线应接入漏电保护器。经过漏电保护器的中性线不得作为保护线，不得重复接地或接设备外露的导电部分，保护线不得接入漏电保护器
3	漏电保护器中的继电器接地点和接地体应与设备的接地点和接地体分开，否则漏电保护器不能起保护作用
4	安装漏电保护器后，被保护设备的金属外壳仍应采用保护接地和保护接零
5	不得将漏电保护器当作闸刀使用

3. 插座安装

电源插座是各种用电器具的供电点，一般不用开关控制。单相插座分双孔和三孔，三相插座为四孔。照明线路上常用单相插座，使用时最好选用扁孔的三孔插座，它带有保护接地，可避免发生用电事故。

明装插座的安装步骤和工艺与安装吊线盒大致相同。先安装圆木或木台，然后把插座安装在圆木或木台上，对于暗敷线路，需要使用暗装插座，暗装插座应安装在预埋墙内的插座盒中。插座的安装工艺及注意事项如下。

① 两孔插座在水平排列安装时，应零线接左孔，相线接右孔，即左零右火；垂直排列安装时，应零线接上孔，相线接下孔，即上零下火，如图 10.39（a）所示。三孔插座安装时，下方两孔接电源线，零线接左孔，相线接右孔，上面大孔接保护接地线，如图 10.39(b)所示。

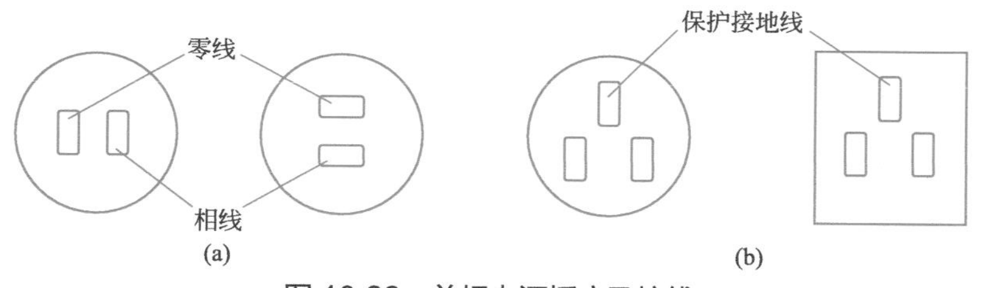

动画－插座的安装

图 10.39　单相电源插座及接线

② 插座的安装高度，一般应与地面保持 1.4m 的垂直距离，特殊需要时可以低装，离地高度不得低于 0.15m，且应采用安全插座。但托儿所、幼儿园和小学等儿童集中的地方禁止低装。

③ 在同一块木台上安装多个插座时，每个插座相应位置和插孔相位必须相同，接地孔的接地必须正规，相同电压和相同相数的插座，应选用统一的结构形式，不同电压或不同相数的插座，应选用有明显区别的结构形式，并标明电压。

4. 室内配电线路布线

室内布线就是敷设室内用电器具的供电电路和控制电路，室内布线有明装式和暗装式两种。明装式是导线沿墙壁、天花板、横梁及柱子等表面敷设；暗装式是将导线穿管埋设在墙内、地下或顶棚里。

室内布线方式分有瓷夹板布线、绝缘子布线、槽板布线、护套线布线和线管布线等，暗装式布线中最常用的是线管布线，明装式布线中最常用的是绝缘子布线和槽板布线。

（1）室内布线技术要求

室内布线不仅要使电能安全、可靠地传送，还要使线路布置正规、合理、整齐和牢固，技术要求如下。

① 所用导线的额定电压应大于线路的工作电压，导线的绝缘应符合线路的安装方式和敷设环境条件。导线的截面积应满足供电安全电流和机械强度的要求，一般家用照明线路选用 $2.5mm^2$ 的铝芯绝缘导线或 $1.5mm^2$ 的铜芯绝缘导线为宜。

② 布线时应尽量避免导线有接头，若必须有接头时，应采用压接或焊接，连接方法按导线连接方法进行，然后用绝缘胶布包缠好。穿在管内的导线不允许有接头，必要时应把接头放在接线盒、开关盒或插座盒内。

③ 布线时应水平或垂直敷设，水平敷设时导线距地面不小于 2.5m，垂直敷设时导线距地面不小于 2m，布线位置应便于检查和维修。

④ 导线穿过楼板时，应敷设钢管加以保护，以防机械损伤。导线穿过墙壁时，应敷设塑料管保护，以防墙壁潮湿产生漏电现象。导线相互交叉时，应在每根导线上套绝缘管，并将套管牢靠固定，以避免碰线。

⑤ 为确保用电的安全，室内电气线路及配电设备和其他管道、设备间的最小距离，应符合有关规定，否则应采取其他保护措施。

（2）室内布线工艺步骤

① 按设计图样确定灯具、插座、开关、配电箱等装置的位置。

② 勘察建筑物情况，确定导线敷设的路径，穿越墙壁或楼板的位置。

③ 在土建未涂灰之前，打好布线所需的孔眼，预埋好螺钉、螺栓或木榫。暗敷线路，还要预埋接线盒、开关盒及插座盒等。

④ 装设绝缘支撑物、线夹或管卡。

⑤ 进行导线敷设、导线连接、分支或封端。

⑥ 将出线接头与电器装置或设备连接。

（3）室内线管布线工艺

把绝缘导线穿在线管内敷设，称为线管布线。这种布线方式比较安全可靠，可避免腐蚀性气体侵蚀和遭受机械损伤，适用于公共建筑和工业厂房中。有明装式和暗装式两种，明装式要求线管横平竖直、整齐美观；暗装式要求线管短、弯头少。

① 线管布线的步骤与工艺要点　选择线管规格。常用的线管种类有电线管、水煤气管和硬塑料管三种。电线管的管壁较薄，适用于环境较好的场所；水煤气管的管壁较厚，机械强度较高，适用于有腐蚀性气体的场所；硬塑料管耐腐蚀性较好，但机械强度较低，适用于腐蚀性较大的场所。

线管种类选择好后，还应考虑管子的内径与导线的直径、根数是否合适，一般要求管内导线的总面积（包括绝缘层）不应超过线管内径截面积的 40%。为了便于穿线，当线管较长时，须装设拉线盒，在无弯头或有一个弯头时，管长不超过 50m；当有两个弯头时，管长不超过 40m；当有三个弯头时，管长不超过 20m，否则应选大一级的线管直径。

② 线管防锈与涂漆　管内除锈可用圆形钢丝刷，两头各绑一根钢丝，穿入管内来回拉动，把管内铁锈清除干净。管子外壁可用钢丝刷或电动除锈机进行除锈，除锈后在管子的内外表面涂以防锈漆或沥青。对埋设在混凝土中的线管，其外表面不要涂漆，以免影响混凝土

的结构强度。

③ 锯管套丝与弯管　按所需线管的长度将线管锯断，为使管子与管子或接线盒之间连接起来，需在管子端部进行套丝。水煤气管套丝，可用管子绞扳。电线管和硬塑料管套丝，可用圆丝扳。套丝完后，应去除管口毛刺，使管口保持光滑，以免划破导线的绝缘层。根据线路敷设的需要，在线管改变方向时，需将管子弯曲。为便于穿线，应尽量减少弯头。需弯管处，其弯曲角度一般要在 90° 以上，其弯曲半径，明装管应大于管子直径的 6 倍，暗装管应大于管子直径的 10 倍。

对于直径在 50mm 以下的电线管和水气管，一般可用手工弯管器弯管。对于直径在 50mm 以上的管子，可用电动或液压弯管机弯管。塑料管的弯曲，可采用热弯法，直径在 50mm 以上时，应在管内添沙子进行热弯，以避免弯曲后管径粗细不匀或弯扁。

④ 布管与连接　布管工作一般从配电箱开始，逐段布至各用电装置处，有时也可相反。无论从哪端开始，都应使整个线路连通。

• 固定管子。对于暗装管，如布在现场浇注的混凝土构件内，可用铁丝将管子绑扎在钢筋上，也可用垫块垫起、铁丝绑牢，用钉子将垫块固定在模板上；如布在砖墙内，一般是在土建砌砖时预埋，否则应先在砖墙上留槽或开槽；如布在地平面下，需在土建浇注混凝土前进行，用木桩或圆钢打入地中，并用铁丝将管子与其绑牢。对于明装管，为使布管整齐美观，管路应沿建筑物水平或垂直敷设。当管子沿墙壁、柱子和屋架等处敷设时，可用管卡或管夹固定；当管子沿建筑物的金属构件敷设时，薄壁管应用支架、管卡等固定，厚壁管可用电焊直接点焊在钢构件上；当管子进入开关、灯头、插座等接线盒内和有弯头的地方时，也应用管卡固定。对于硬塑料管，由于其膨胀系数较大，因此沿建筑物表面敷设时，在直线部分每隔 30m 要装一个温度补偿盒。对于安装在支架上的硬塑料管，可以用改变其挠度来适应其长度的变化，故可不装设温度补偿盒。硬塑料管的固定，也要用管卡，但对其间距有一定的要求。

• 管子连接。无论是明装管还是暗装管，钢管与钢管最好是采用管接头连接。特别是埋地和防爆线管，为了保证接口的严密性，应涂上铅油缠上麻丝，用管子钳拧紧。直径 50mm 以上的管子，可采用外加套管焊接。硬塑料管之间的连接，可采用插入法或套接法。插入法是在电炉上加热管子至柔软状态后扩口插入，并用粘接剂或塑焊密封；套接法是将同直径的塑料管加热扩大成套筒套在管子上，再用粘接剂或塑焊密封。

• 管子接地。为了安全用电，钢管与钢管、配电箱、接线盒等连接处都应做好系统接地。在管路中有了接头，将影响整个管路的导电性能和接地的可靠性，因此在接头处应焊上跨接线，钢管与配电箱上，均应焊有专用的接地螺栓。

• 装设补偿盒。当管子经过建筑物的伸缩缝时，为防止基础下沉不均，损坏管子和导线，须在伸缩缝的旁边装设补偿盒。暗装管补偿盒安装在伸缩缝的一边，明装管通常用软管补偿。

• 清管穿线。穿线就是将绝缘导线由配电箱穿到用电设备或由一个接线盒穿到另一个接线盒，一般在土建地平和粉刷工程结束后进行。为了不伤及导线，穿线前应先清扫管路，可用压缩空气吹入已布好的线管中，或用钢丝绑上碎布来回拉上几次，将管内杂物和水分清除。清扫管路后，随即向管内吹入滑石粉，以便于穿线。最后还要在管子端部安装上护线套，然后再进行穿线。

穿线时一般用钢丝引入导线，并使用放线架，以便导线不乱又不产生急弯。穿入管中的导线应平行成束进入，不能相互缠绕。为便于检修换线，穿在管内的导线不允许有接头和绞缠现象。为使穿在管内的线路安全可靠地工作，不同电压和不同回路的导线，不应穿在同一根管内。

（4）室内配电盘设计举例

试设计一个室内配电盘，控制要求如下。

① 能进行电能的计量，带有漏电保护。

② 一个开关控制一个日光灯。

③ 两个双联开关控制一个白炽灯，实现异地控制。

④ 一个开关控制一盏白炽灯且有备用插座，插座不受开关控制。

为实现以上控制要求，配电盘元件组成包括：电度表 1 个、两极空气开关 1 个、单极空气开关 1 个、日光灯 1 个、白炽灯 2 个、插座 1 个、单控开关 2 个及双联开关 2 个等。

单相电源供电，按照要求设计室内配电盘电路，其控制原理图如图 10.40（a）所示，对应实物图如图 10.40（b）所示。

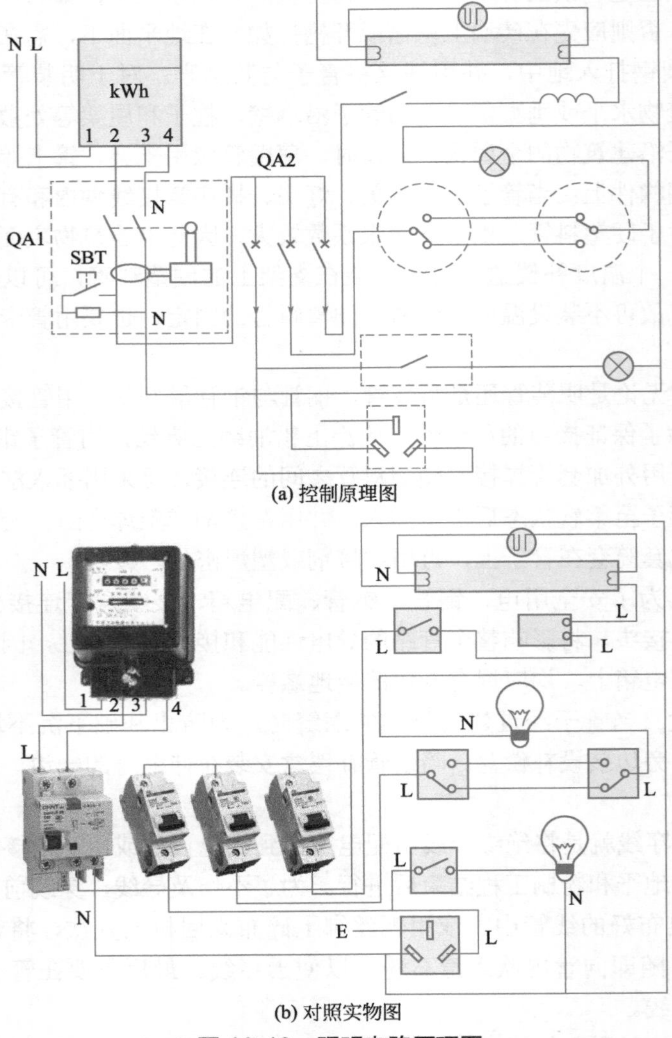

(a) 控制原理图

(b) 对照实物图

图 10.40　照明电路原理图

电气照明实际施工中，照明电路安装完工需按照验收流程进行通电试运行调试。

因施工过程可能存在一些不当操作行为，如存在元件安装不合格、多股导线未拧紧或未涮锡、接头压接不紧、有毛刺、负荷过大、相线与中性线（地线）间绝缘受潮或损坏，环境中有大量导电尘埃等种种因素，导致通电试运行出现短路、断路、漏电或绝缘电阻降低等问题。此时需要技术人员按照故障现象，逐步查找分析，直至定位找到故障点所在为止。

练一练

1. 螺口白炽灯接线时，相线应接在中心触点的端子上，零线应接在螺纹的端子上，对吗？

2. 照明电路中，开关接在零线上，对吗？

3. 在小容量照明配电板上，大多使用三相电度表，对吗？

4. 两孔电源插座在水平排列安装时，应零线接左孔，相线接右孔，即左零右火，对吗？

5. 对于居民住宅及其他单相电路，应用最广泛的漏电保护器型号是（　　）

A. 单相双极式　　B. 三相三极式　　C. 三相四极式　　D. 以上都是

10.1　图 10.41 中哪一幅图是没有违反安全用电原则的（　　）。

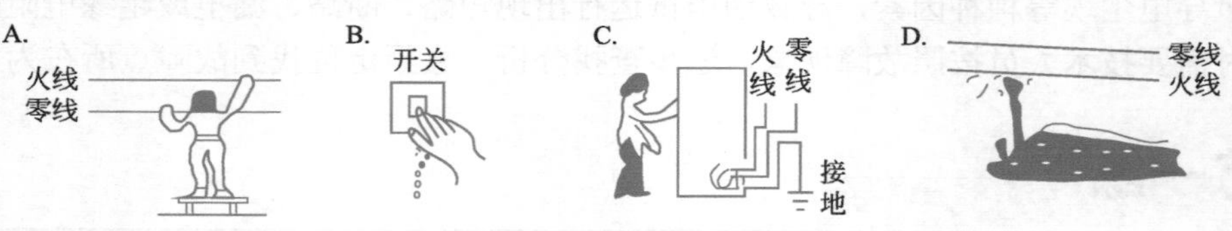

图 10.41　习题 10.1 图

10.2　当触电人神志清醒，只是感到心慌、四肢发麻、全身无力时，应将触电人（　　）。

A. 就地安静舒适下休息　　B. 就地进行心肺复苏

C. 送医院救护　　D. 等 110 救护

10.3　会造成人眼伤害的电伤是（　　）。

A. 皮肤表面金属化　　B. 电烙印　　C. 直接灼伤　　D. 电弧灼伤

10.4　生活中需要安全用电，下列说法中正确的是（　　）。

A. 可以在高压线下放风筝

B. 家庭电路中的保险丝越粗越好

C. 给电冰箱供电要使用三孔插座

D. 电灯的开关可以接在火线上，也可以接在零线上

10.5　误入跨步电压危险区时，人体应该采取什么方式逃离危险区？为什么？

10.6　什么是工作接地？什么是保护接地？什么是保护接零？

10.7　由同一台变压器供电的系统，可将一部分设备保护接零，另一部分设备保护接地，对吗？

10.8　判断图 10.42 中包含几种接地和接零，并说明其作用。

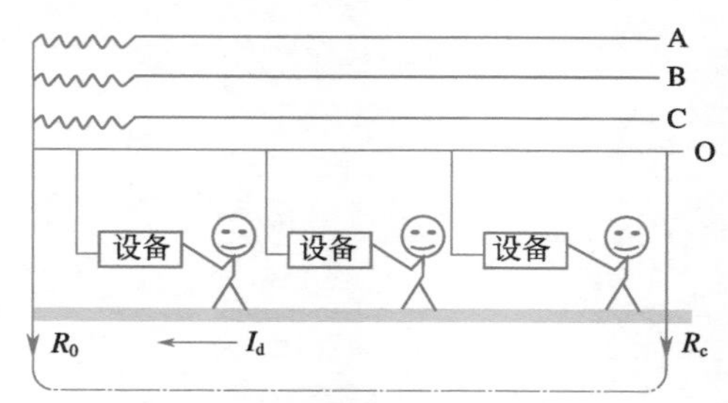

图 10.42　习题 10.8 图

10.9　判断以下说法正确与否。

① 剥线钳是用来剥削小导线头部表面绝缘层的专用工具。（　　）

② 一号电工刀比二号电工刀的刀柄长度长。（　　）

③ 用万用表测量电压时，万用表要串联在被测电路中。（　　）

④ 用万用表测量电流时，万用表要并联在被测电路中。（　　）

⑤ 用指针式万用表测量电阻时，为了使测量值比较准确，应该用两手分别将两表笔与待测电阻两端紧紧捏在一起，以使表笔与待测电阻接触良好。（　　）

⑥ 钳形电流表必须在断电的情况下才能测量电流。（　　）

⑦ 使用钳形电流表进行电流测量时，被测载流体的位置应放在钳口中央，以免产生误

差。（　　）

⑧ 当需要将铜导线与铝导线进行连接时，必须采取防止电化腐蚀的措施。（　　）

⑨ 安装扳动开关时，方向要一致，一般向上为“合”，向下为“断”。（　　）

⑩ 单相电度表的接线盒一般有四个接线端子，自左向右为①、②、③、④编号。接线方法是①、③接进线，②、④接出线。（　　）

⑪ 单相插座为两孔，三相插座为三孔。（　　）

⑫ 三孔插座安装时，下方两孔接电源线，零线接左孔，相线接右孔，上面大孔接保护接地线，即左零右火上接地。（　　）

10.10　兆欧表又称绝缘电阻表，俗称（　　）。

A. 电表　　B. 欧姆表　　C. 摇表　　D. 万用表

10.11　兆欧表有三个接线端钮，标有 E 的是（　　）。

A. 接地　　B. 线路　　C. 屏蔽　　D. 高电位

10.12　导体的绝缘电阻可用（　　）来测量。

A. 欧姆表　　B. 摇表　　C. 电桥　　D. 万用表

10.13　请使用小截面单股铜导线进行 T 形连接练习。

10.14　请使用七股芯线进行多股铜导线直接连接练习。

10.15　试设计一个室内配电盘，控制要求如下：

① 能进行电能的计量，带有漏电保护；

② 一个开关控制一个日光灯；

③ 两个双联开关控制一个白炽灯，实现异地控制；

④ 有备用插座。

部分练一练及习题参考答案

参考文献

[1] 邱关源. 电路. 第3版. 北京：高等教育出版社，1999.

[2] 李瀚荪. 电路分析基础. 第3版. 北京：高等教育出版社，1999.

[3] 周南星. 电工基础. 北京：中国电力出版社，2004.

[4] 沈国良. 电工电子技术基础. 北京：机械工业出版社，2002.

[5] 孙琴梅. 实用电工电子技术. 上海：上海交通大学出版社，2003.

[6] James W. Nilsson, Susan A. Riedel 著. 电路. 第8版. 周玉坤，冼立勤等译. 北京：电子工业出版社，2009.

[7] 林训超. 电工技术与应用. 北京：高等教育出版社，2013.

[8] 李元庆. 电路基础与实践应用. 北京：中国电力出版社，2011.

[9] 赵会军. 电工技术. 第2版. 北京：高等教育出版社，2014.

[10] 刘秉安. 电工技能培训. 北京：机械工业出版社，2011.

[11] 燕庆明. 电路基础及应用. 北京：高等教育出版社，2014.

[12] 李贞权. 电工技术基础与技能. 北京：机械工业出版社，2011.

[13] 张虹. 实用电路基础. 北京：北京大学出版社，2009.

[14] 席时达. 电工技术. 第4版. 北京：高等教育出版社，2014.

[15] 孙爱东. 电工技术及应用. 北京：中国电力出版社，2012.

[16] 谭维瑜. 电工技术与技能实训. 北京：机械工业出版社，2012.

[17] 石生. 电路基本分析. 第4版. 北京：高等教育出版社，2014.

[18] 张恩沛. 电路分析实训教程. 北京：机械工业出版社，2008.

[19] 刘科. 电路基础与实践. 北京：机械工业出版社，2012.

[20] 才家刚. 电工工具和仪器仪表的使用. 北京：化学工业出版社，2011.